C 语言程序设计实验教程

主　编　刘　强　童　启
副主编　李长云　蒋　鸿　廖立君
　　　　杨名念　张宇坤　王志兵

科 学 出 版 社

北　京

内 容 简 介

本书是《C语言程序设计》（李长云等主编）的配套实验书，目的是帮助学生加深对主教材内容的理解，注重学生程序设计综合能力的培养。本书与理论教材内容相结合，对目前流行的5种C语言编辑环境进行了介绍，精心设计了13个课内实验、12个课外实验、10个经典的课程设计项目及相关的习题与学习指导。本书的实验力争由浅入深、循序渐进地培养学生的编程能力；习题解答则对重难点题目给出了详细的解析，方便学生自学。

本书可以作为高等院校C语言程序设计课程的实验教材，还可作为各类计算机培训的教学用书及计算机工作者和爱好者的参考用书。

图书在版编目（CIP）数据

C语言程序设计实验教程/刘强，童启主编. —北京：科学出版社，2015
ISBN 978-7-03-043210-0

Ⅰ. ①C… Ⅱ. ①刘… ②童… Ⅲ. ①C语言-程序设计-高等学校-教材 Ⅳ. ①TP312

中国版本图书馆 CIP 数据核字（2015）第 021566 号

责任编辑：李淑丽 /责任校对：李 影
责任印制：霍 兵 /封面设计：华路天然工作室

科 学 出 版 社 出版
北京东黄城根北街 16 号
邮政编码：100717
http://www.sciencep.com

文林印务有限公司 印刷

科学出版社发行　各地新华书店经销

*

2015 年 3 月第 一 版　　开本：787×1 092　1/16
2016 年 12 月第三次印刷　　印张：16 3/4
字数：397 000

定价：31.40 元
（如有印装质量问题，我社负责调换）

前　　言

　　C 语言是一种通用的程序设计语言，也是普通高等院校常用的一种程序设计教学语言。要学好 C 语言，需要进行大量的实际操作和实践训练。本书通过大量的实验可以帮助学生学习 C 语言程序设计的有关知识，深入理解和掌握 C 语言程序设计所涉及的概念、方法与技巧。

　　本书是《C 语言程序设计》（李长云、刘强主编）的配套实验书，为 C 语言学习者提供上机实验指导、习题解答。全书分为 5 章：第 1 章为 C 语言集成环境简介，介绍了 Visual C++6.0、Code::Blocks、C4Driod、Turbo C++3.0 和 UNIX/Linux 下的 C 语言开发环境；第 2 章为 C 语言程序设计实验，安排了 13 个课内实验，每个课内实验分为"观察与验证"、"分析与改错"、"设计与综合" 3 个不同的实验环节，可分层次、循序渐进地进行实验教学；第 3 章为 C 语言程序设计课外实验，供学有余力的同学选做；第 4 章为 C 语言课程设计，提供了 10 个课程设计项目，以培养学生实际分析问题、编程和动手操作的能力，可供不同专业有不同应用要求的学生选做；第 5 章为习题与学习指导，提供主教材配套习题及解答，并对部分重难点题目给出解析，方便学生自学。

　　本书在内容编排上以验证和观察型实验为基础性实验，以分析型实验培养学生分析问题和解决问题的能力，以设计型和综合型实验训练学生进行程序设计的能力，力图体现因材施教和循序渐进的教学原则，使学生通过实验掌握 C 语言程序设计的基础知识，并提高综合应用的能力。

　　本书是湖南省普通高等学校省级精品课程"C 语言程序设计"、湖南省普通高等学校特色专业计算机科学与技术的建设与研究成果，本书配套源代码等资源请参见网站 http://jsjjc.hut.edu.cn，或联系作者：hutjsj@163.com。

　　本书由刘强提出编写思路和编写大纲，刘强、李长云、童启、廖立君、蒋鸿、杨名念、王志兵、张宇坤参加编写，最后由刘强统稿。胡泰室同学参与了部分程序的编写与测试，在此表示衷心的感谢。

　　由于编者水平有限，书中难免有错误和不妥之处，恳请读者批评指正。

编　者

2015 年 2 月

目　　录

第1章 C语言集成环境简介

不同的专业需求、不同操作系统对 C 语言运行环境有不同的要求，目前 Visual C++、Code::Blocks、Turbo C++3.0、Linux 下的 C 环境是最为常用的并能满足不同专业需求的集成环境，而 C4droid 则是智能手机上常用的一种编译器。下面对这几种编程环境进行介绍。

1.1 Visual C++集成环境

Visual C++是 Microsoft 公司 Visual Studio 开发工具箱中的一个 C++程序开发包。Visual Studio 提供了一整套开发 Internet 和 Windows 应用程序的工具，包括 Visual C++、Visual Basic、Visual Foxpro、Visual InterDev、Visual J++及其他辅助工具，包含文本编辑器、资源编辑器、工程编译工具、连接器、源代码浏览器、集成调试工具，以及联机文档。使用 Visual C++可以完成创建、调试、修改应用程序等的各种操作。Visual C++是可视化编程集成工具，可视化技术是当前发展迅速并引人注目的技术之一，它的特点是把原来抽象的数字、表格、功能逻辑等用直观的图形、图像的形式表现出来，可视化编程是它的重要应用之一。所谓可视化编程，就是在软件开发过程中，用直观和具有一定含义的图标按钮、图形化的对象取代原来手工和抽象的编辑、运行、浏览操作，软件开发过程表现为鼠标单击按钮和拖放图形化的对象以及指定对象的属性、行为的过程。这种可视化的编程方法易学易用，而且大大提高了工作效率。Visual C++一般分为三个版本：学习版、专业版和企业版，不同的版本适合于不同类型的应用开发。这里主要是介绍 Visual C++ 6.0 中文专业版。

1.1.1 Visual C++安装与启动

安装 Visual C++ 6.0：运行 Visual Studio 软件中的 Setup.exe 程序，选择安装 Visual C++ 6.0，然后按照安装程序的提示完成安装过程。

启动 Visual C++ 6.0：安装完系统后，可以选择以下两种方式启动。

（1）点击 Windows "开始"菜单，选择"程序"组下"Microsoft Visual Studio 6.0"子组下的快捷方式 Microsoft Visual C++ 6.0 启动 Visual C++ 6.0（以下简称 VC++）。

（2）点击 Windows "开始"菜单，选择"运行"，输入 msdev，即可启动。

如果桌面上有快捷图标，也可双击启动。

1.1.2 Visual C++集成开发环境（IDE）

集成开发环境（IDE）是一个将程序编辑器、编译器、调试工具和其他建立应用程序的工具集成在一起的，用于开发应用程序的软件系统。Visual C++软件包中的 Developer Studio 就是一个集成开发环境，它集成了各种开发工具和 VC++编译器。使用者可以在不离开该环境的情况下编辑、编译、调试和运行一个应用程序。IDE 中还提供大量在线帮助信息协助程序员做好开发工作。Developer Studio 中除了程序编辑器、资源编辑器、编译器、调试器外，还有各种工具和向导（如 AppWizard 和 ClassWizard），以及 MFC 类库，这些都可以帮助程序员快速而正确地开发出应用程序。

Visual C++ 6.0 界面是一个由窗口、工具条、菜单及其他部分组成的一个集成界面，如图 1.1 所示。通过这个界面，用户可以在同一环境下创建、测试、调试应用程序。在开发环境界面中，可以看到在它的上方排列着一系列菜单和工具栏，而每一个菜单下都有各自的菜单命令。在进一步与开发环境打交道之前，我们先了解各个菜单命令的基本功能，因为大部分的操作都是通过菜单来完成的。

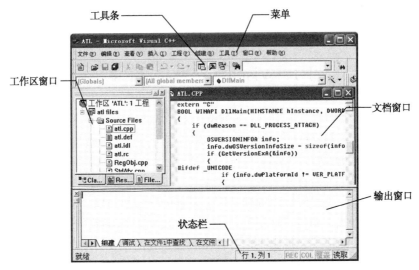

图 1.1　Visual C++集成界面

（1）工具栏和菜单：用于提供用户操作的命令接口。菜单以文字和层次化的方式提供命令接口，工具条由一系列按钮组成。这些按钮是一系列小的位图标志。工具条以图标方式提供快速的命令选择。菜单和工具条在开发的不同进程中有不同显示内容。当第一次打开 Visual C++时，标准的工具条和菜单就会显示出来，随着开发的不同步骤，不同的工具条就会自动显示出来，菜单也会有所变化。工具条有很多种，你可以显示任意多的工具条，只要屏幕空间允许。工具条可以任意移动，也可以放大缩小。工具条和菜单条功能基本相同，唯一的区别是：菜单条总占据一行，并且一般不能隐藏。

图 1.2　工作区窗口

（2）工作区窗口：这个窗口包含关于正在开发的这个项目的有关信息。在没有开发任何项目时，该窗口显示系统的帮助目录。当打开一个项目以后，工作区窗口将会显示关于当前项目的文件信息和类的信息。如图 1.2 所示是打开一个项目 ATL 以后的工作区窗口。

（3）文档窗口区：这个区域可以显示各种类型的文档，如源代码文件、头文件、资源文件等，可以同时打开多个文档。

（4）输出窗口：输出窗口用来显示几种信息，可以通过选择不同的标签显示不同的信息。这些信息包括：编译连接结果信息（"组建"标签）、调试信息（"调试"标签）、查找结果信息（"在文件中查找"标签）。其中查找结果信息有两个标签，可以显示两次在文件中查找指定内容的结果。

（5）状态栏：状态栏主要显示进行各种操作时的状态信息。

（6）帮助信息：大多数时候，你可以通过按 F1 得到上下文帮助。如在编辑文件时按 F1 可以得到有关编辑的帮助，在编译连接错误信息上按 F1 可以得到关于该错误的帮助信息。如果想系统地获得帮助，可以通过选择菜单"帮助"→"内容"来启动 MSDN 查阅器，MSDN

查阅器是一个功能强大的程序，可以方便地浏览、查找信息，要想知道具体如何使用 MSDN 查阅器，可以在 MSDN 查阅器中选菜单 Help 下的命令。

（7）Visual C++的编辑器：Visual C++包含一个功能强大的编辑器，可以编辑将被编译成 Windows 程序的 Visual C++源文件。这个编辑器有点像字处理器，但是没有字处理器具备的复杂的排版、文本格式等功能，它注重的是如何帮助程序员快速高效地编制程序。它具有以下特点：

① 自动语法。用高亮度和不同颜色的字来显示不同的语法成分，如注释、关键字和一般代码用不同的颜色显示。

② 自动缩进。帮助你排列源代码，使其可读性更强。

③ 拖放编辑。能够用鼠标选择文本并自由拖动到任意位置。

④ 自动错误定位。能自动将光标移动到有编译错误的源代码处。

⑤ 参数帮助。在编辑时用到预定义的 Windows 函数时，可以自动为你显示函数参数。

⑥ 集成的关键字帮助。能够使你快速得到任何关键字、MFC 类或 Windows 函数的帮助信息（按 F1 即可）。

当打开一个源代码文件时，就可以利用编辑器对其进行编辑。源代码文件在文档显示区显示，每个文件有独立的显示窗口。如果你选择用其他编辑器编辑源文件，必须将它以纯文本的方式保存。VC 的编译器不能处理其中有特别格式字符的文件。

1.1.3　项目和项目工作区

一个 Windows 应用程序通常有许多源代码文件及菜单、工具栏、对话框、图标等资源文件，这些文件都将纳入应用程序的项目中。通过对项目工作区的操作，可以显示、修改、添加、删除这些文件。项目工作区可以管理多个项目。

1. 项目基本概念

在 Windows 环境下，大多数应用程序除了许多源代码文件外，还包含菜单、工具栏、对话框、图标等，Visual C++称它们为资源，这些资源通常用资源文件保存起来。另外，还要包含应用程序代码源文件编译时所需要的库文件、系统 DLL 文件等。有效组织这些文件并维护各源文件之间的依赖关系是应用程序最先要达到的目的，Visual C++中的项目就起这样的作用。实际上，项目作为工作区中的主要内容已加入集成开发环境中，不再需要自己来组织这些文件，只需要在开发环境中进行设置、编译、连接等操作，就可创建可执行的应用程序文件或 DLL 文件。

在 Visual C++中，项目中所有的源文件都是采用文件夹方式进行管理的，它将项目名作为文件夹名，在此文件夹下包含源程序代码文件（.cpp 和.h）、项目文件（.dsp）、项目工作区文件（.dsw），以及项目工作区配置文件（.opt），还有相应的 Debug（调试）或 Release（发行）、Res（资源）等子文件夹。

在开发环境中，Visual C++是通过左边的项目工作区窗口对项目进行各种管理。项目工作区窗口包含三种视图，它们分别是类视图（ClassView）、文件视图（FileView）和资源视图（ResourceView）。

2. 类视图（ClassView）

项目工作区窗口的类视图（ClassView）用以显示项目中的所有各类信息。假设打开的项目名为 ATL，单击项目区窗口底部的 ClassView，则显示出一个标题"atl classes"的树状条目，在它的前面是一个图标和一个套在方框中的符号"+"，单击符号"+"或双击图标，atl 中的所有类名（包括结构体类型名）将被显示，如图 1.3 所示。

图 1.3 类视图

在类视图（ClassView）中，每个类名前也有一个图标和一个套在方框中的符号"+"，双击图标，则直接打开并显示类定义的头文件（如 exp1.h）；单击符号"+"，则会显示该类中的成员函数和成员变量；双击成员函数前的图标，则在文档窗口中直接打开源文件并显示相应函数体代码。

这里要注意一些图标所表示的含义。例如，在成员函数的图标中，使用紫色方块表示公共成员函数（包括普通函数），使用紫色方块和一把钥匙表示私有成员函数，使用紫色方块和一把锁表示保护型成员函数；又如，用蓝绿色图标表示成员变量等。

图 1.4 文件视图

3. 文件视图（FileView）

FileView 可将项目中的所有文件（C++源文件、头文件、资源文件、Help 文件等）分类显示，如图 1.4 所示。

每一类文件在文件视图（FileView）中都有自己的目录项，例如所有的 C++源文件都在 Source Files 目录项中。你不仅可以在目录项中移动文件，而且还可以创建新的目录项及将一些特殊类型的文件放在该目录项中。

若创建一个新目录项，可在添加目录项的地方右击，弹出一个快捷菜单，从中选择"New Folder"，将出现如图 1.5 对话框，只要输入目录项名称和相关文件的扩展名，单击"确定"命令按钮即可。

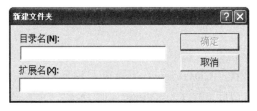

图 1.5 "New Folder"对话框

在大型项目开发中，除了类视图和文件视图外，还包括资源视图（ResourceView）等，后者已超出 C 程序设计的内容，在这里不作介绍。

1.1.4　项目开发过程

在一个集成的开发环境中开发项目非常容易。一个用 VC++开发的项目的通用开发过程如图 1.6 所示。

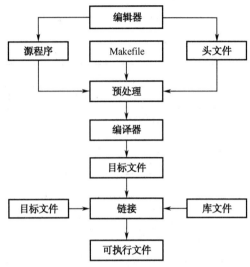

图 1.6　项目开发过程

建立一个项目的第一步是利用编辑器建立程序代码文件，包括头文件、代码文件、资源文件等。然后，启动编译程序，编译程序首先调用预处理程序处理程序中的预处理命令（如 #include、#define 等），经过预处理程序处理的代码将作为编译程序的输入。编译对用户程序进行词法和语法分析，建立目标文件，文件中包括机器代码、连接指令、外部引用以及从该源文件中产生的函数和数据名。此后，连接程序将所有的目标代码和用到的静态连接库的代码连接起来，为所有的外部变量和函数找到其提供地点，最后产生一个可执行文件。一般由一个 makefile 文件来协调各个部分产生可执行文件。

Visual C++集成开发环境中集成了编辑器、编译器、连接器及调试程序，覆盖了开发应用程序的整个过程，程序员不需要脱离这个开发环境就可以开发出完整的应用程序。

使用 Visual C++编辑调试 C 语言程序的过程将在 2.1 中讲解，在此不再叙述。

1.1.5　Visual C++常用菜单命令及功能键

VC++开发环境界面由标题栏、菜单栏、工具栏、项目工作区窗口、文档窗口、输出窗口及状态栏等组成。在开发环境界面中，可以看到在它的上方排列着一系列菜单和工具栏，而每一个菜单下都有各自的菜单命令。在进一步与开发环境打交道之前，我们先了解各个菜单命令的基本功能，因为大部分的操作都是通过菜单来完成的。

文件菜单中的命令主要用来对文件和项目进行操作，如"新建"、"打开"、"保存"、"打印"等。

编辑菜单中的命令用来使用户方便快捷地编辑文件内容，如进行删除、复制等操作，其中大多数命令功能与 Windows 中标准字处理程序的编辑命令一致。

查看菜单中的命令主要用来改变窗口和工具栏的显示方式，激活调试时所用的各个窗口等。

　　插入菜单中的命令主要用于创建和添加项目及资源。

　　工程菜单中的命令主要用于项目的一些操作，如向项目中添加源文件等。

　　工具菜单命令主要用于选择或定制开发环境中的一些实用工具。

　　窗口菜单中的命令主要用于文档窗口的操作，如排列文档窗口、打开或关闭一个文档窗口、重组或切分文档窗口等。

　　为了使使用者能够方便快捷地完成程序开发，开发环境提供了大量快捷方式来简化一些常用操作的步骤。键盘操作直接、简单，而且非常方便，表 1.1 是一些最常用的功能键。

表 1.1　File 菜单命令的快捷键及功能描述

菜　　单	菜 单 命 令	快 捷 键	功 能 描 述
文件	新建	Ctrl+N	创建一个新项目或文件
	打开	Ctrl+O	打开已有的文件
	文件|保存	Ctrl+S	保存当前文件
编辑	取消	Ctrl+Z	撤销上一次操作
	重做	Ctrl+Y	恢复被撤销的操作
	剪切	Ctrl+X	将当前选定的内容剪切掉，并移至剪贴板中
	复制	Ctrl+C	将当前选定的内容复制到剪贴板中
	粘贴	Ctrl+V	将剪贴板中的内容粘贴到光标当前位置处
	删除	Del	删除当前选定的对象或光标位置处的字符
	断点	Alt+F9	在程序中设置/取消断点
查看	全屏显示		切换到全屏显示方式
	工作空间	Alt+0	显示并激活项目工作区窗口
	输出	Alt+2	显示并激活输出窗口
	调试窗口		操作调试窗口
工程	设置	Alt+F7	修改当前编译和调试项目的一些设置
	导出制作文件		生成当前可编译项目的（.MAK）文件
	插入工程到工作区		将项目加入到项目工作区中
组建	编译	Ctrl+F7	编译 C 或 C++源代码文件
	组建	F7	生成应用程序的 EXE 文件（编译、连接又称编连）
	全部重建		重新编连整个项目文件
	批组建		成批编连多个项目文件
	清除		清除所有编连过程中产生的文件
	开始调试		开始调试，给出调试的一些操作
	执行	Ctrl+F5	执行应用程序
调试	调试→GO	F5	继续执行
	调试→Restart	Ctrl+Shift+F5	重新开始执行
	调试→Stop Debugging	Shift+F5	或 F11（跟踪进函数内）
	调试→Step Into	F11	单步执行（跟踪进函数内）
	调试→Step Over	F10	单步执行（不跟踪进函数）

续表

菜　　单	菜 单 命 令	快 捷 键	功 能 描 述
调试	调试→Step Out	Shift+F11	跳出当前函数
	调试→Run to Cursor	Ctrl+F10	执行到光标处
工具	定制		定制菜单及工具栏
	选项		改变开发环境的各种设置
窗口	D 浮动显示	Alt+F6	浮动显示项目工作区窗口
	层叠		层铺所有的文档窗口
	水平平铺		多个文档窗口上下依次排列
	垂直平铺		多个文档窗口左右依次排列
	窗口		文档窗口操作

1.2　Code::Blocks

1.2.1　Code::Blocks 环境简介

C/C++的 IDE（Integrated Development Environment，集成开发环境）非常多，对于学习 C/C++语言的同学而言，用什么 IDE 可能并不重要，重要的是学习 C/C++语言本身，不过，会用一款自己习惯的 IDE 进行程序的编写和调试确实很方便。

这里主要讲解一款开源、免费、跨平台的集成开发环境 Code::Blocks 的安装、配置，以及程序的调试和编译等。Code::Blocks 支持十几种常见的编译器，安装后占用较少的硬盘空间，个性化特性十分丰富，功能十分强大，而且易学易用。我们这里介绍的 Code::Blocks 集成了 C/C++编辑器、编译器和调试器于一体，使用它可以很方便地编辑、调试和编译 C/C++应用程序。Code:: Blocks 具有很多实用的个性化特性，这里简单介绍几个常用的特性。

1.2.2　Code::Blocks 安装

1. 下载

为了安装 Code::Blocks IDE，首先需要下载安装程序。我们登陆 Code::Blocks 官网下载 Code::blocks，网址为 http://www.codeblocks.org/。登录后的首页如图 1.7 所示：

图 1.7　Code::Blocks 官网

建议初学 C/C++的同学下载内置 MinGW 的安装程序，这样不致于花费太多时间配置编译器和调试器，从而把大部分时间用于学习调试和编写程序。待将来熟悉了 Code::blocks，再搭配 GW 或者其他编译器一起使用。点击如图 1.8 所示的"点这里下载"后跳转到如图 1.9 所示的页面。

图 1.8　Code::Blocks 官网下载（1）

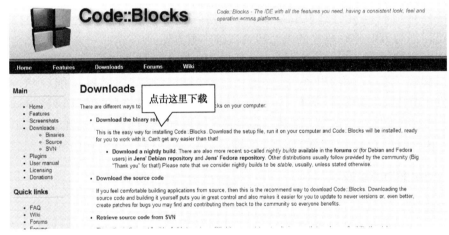

图 1.9　Code::Blocks 官网下载（2）

点击如图 1.9 所示的"点击这里下载"后跳转到如图 1.10 所示的页面。

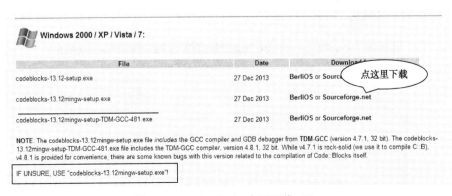

图 1.10　Code::Blocks 官网下载（3）

点击如图 1.10 所示的"点这里下载"后将转到下载页面，选择保存的路径，即下载完毕。

2. 安装

安装过程比较简单，只需要运行下载后的安装文件，按照安装程序窗口的提示一步步点击，即可安装完成。

1.2.3　Code::Blocks 环境配置

1. 启动

第一次启动 Code::Blocks，可能会出现如图 1.11 所示的对话框，自动检测到 GNU GCC Compiler 编译器，用鼠标选择对话框右侧的 Set as default 按钮，然后再选择 OK 按钮即可。

假如 Code::Blocks 安装正确的话，接下来就进入 Code::Blocks 的主界面，但是会弹出一个标签为 Tips of the Day 的小对话框，如图 1.12。把 Show tips at startup 前面的勾去掉，然后选择 Close，这样下次启动就不会再出现这个小对话框了。

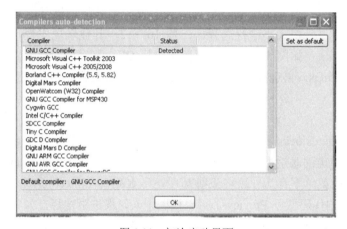

图 1.11　初次启动界面

图 1.12　启动提示窗口

启动后的窗口如图 1.13 所示，即为 Code::Blocks 的工作界面。

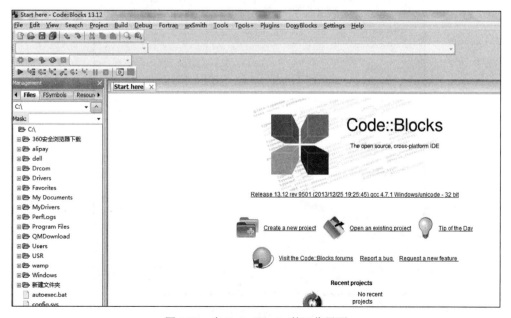

图 1.13　为 Code::Blocks 的工作界面

2. 编辑器

编辑器主要用来编辑程序的源代码，Code::Blocks 内嵌的编辑器界面友好，功能比较完备，操作也很简单。

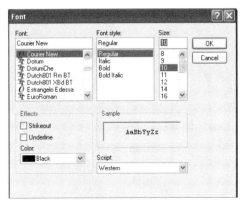

图 1.14　通用设置界面

3. 通用设置

启动 Code::Blocks，选择主菜单 Settings 下的子菜单 Editor...会弹出一个对话框，默认通用设置 Generalsettings 栏目，选中一些选项如图 1.14 所示。

然后设置字体，字体设置首先选择右上角的 Choose 按钮，会弹出一个对话框，对话框主要有三个竖向栏目，最左侧的栏目 Font 用来选择字体类型，建议选择 Courier New，中间栏目 Font style 是字体样式，建议选择 Regular，最右边的栏目 Size 是文字大小，根据个人习惯和电脑显示器显示面积大小进行选择，一般 10～12，其他选项不变，如图 1.14。然后用鼠标选择 OK，则字体参数设置完毕，进入上一级对话框 General settings，再选择 OK，则 General settings 设置完毕，回到 Code::Blocks 主界面。

4. 源代码格式

不同的人编写代码风格不同，Code::Blocks 提供了几种代码的书写格式。首先从 Settings 主菜单进入子菜单 Editor...，然后从弹出的对话框中移动滚动条，找到标签为 Source formatter 的按钮，选中它，可以看到右侧 Style 菜单下有几种风格分别为 ANSI、K&R、Linux、GNU、Java、Custom，最右侧则是这些风格的代码预览 Preview。可以根据个人习惯进行选择，如果选择 Custom 则需要自己设置两个子菜单 Indentation 和 Formatting 下的各个选项，选中自己习惯或者喜欢的风格（笔者的习惯是用 ANSI），然后点击 OK 按钮即可，如图 1.15 所示。

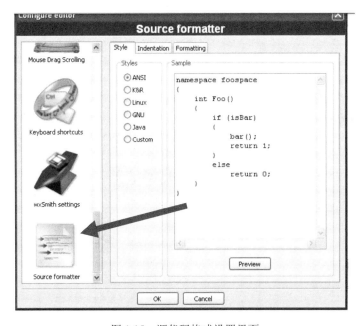

图 1.15　源代码格式设置界面

如此以来，编辑器的基本设置就完成了，尽管还有很多其他的选项和参数，但是并不太常用，因此这里就不做详细介绍了。

1.2.4　程序编写与运行

1.　建立工程

下载安装 Code::Blocks 并配置完成以后，就可以编辑调试程序了。利用 Code::Blocks 创建一个工作空间（workspace）跟踪你当前的工程（project）。如果有必要，还可以在当前空间创建多个工程。一个工程就是一个或者多个源文件（包括头文件）的集合。源文件（source file）就是程序中包含源代码的文件，如果正在编写 C 程序，也就是在编写 C 源代码（文件后缀名为.c）。创建库文件（library files，文件后缀名为.h 或.hpp）时，会用到头文件（header file）。一个库（library）是为了实现特定目标的函数集合，例如数学运算。

创建一个工程可以方便地把相关文件组织在一起。一个工程刚建立时，一般仅仅包含一个源文件。但是，伴随着编程经验的增长可能会用到更复杂的工程，此时一个工程可能包含很多源文件和头文件。

创建一个工程如图 1.16 所示。

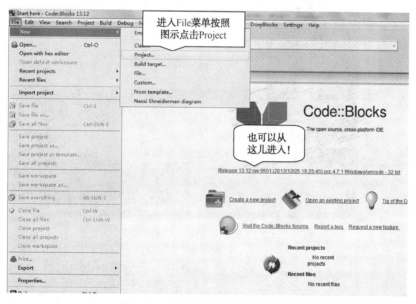

图 1.16　建立工程界面（1）

点击后出现如图 1.17 所示的对话框。这个窗口中含有很多带有标签的图标，代表不同种类的工程。最常用的是 Console application，用来编写控制台应用程序，其他的是一些更高级的应用。

选择 Console application（控制台应用程序）。点击 Go，接着点击 Next 后出现如图 1.18 所示的对话框，要求选择编程语言。由于是学习 C 语言，我们选择"C"。

编程环境选择完毕之后，接着进入项目设置界面，如图 1.19 所示，依次输入项目名称、项目路径，并选择默认的编译器，如图 1.20 所示，即可进入程序编辑界面，如图 1.21 所示。

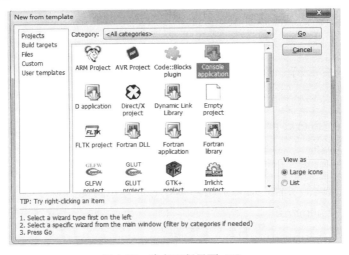

图 1.17　建立工程界面（2）

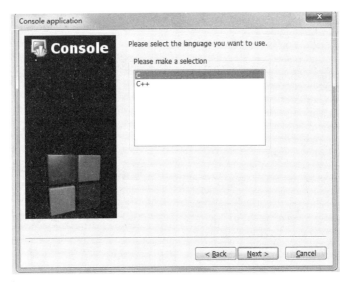

图 1.18　编程语言选择

图 1.19　项目信息设置界面

图 1.20　编译器选择界面

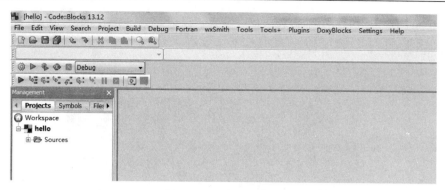

图 1.21　程序编辑界面

之后即可以编写代码了。如图 1.22 所示，点击 Sources 前的"+"号，可以看到已经生成的 main.c 源代码文件，双击它，可以输入源代码。

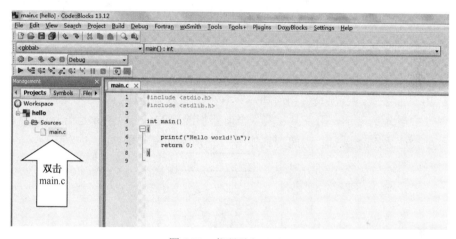

图 1.22　代码录入（1）

输入自己的源程序，然后编译，运行。如图 1.23 所示，直接点击 进行编译，编译后点击 运行，或者点 Build 菜单下的编译和运行。

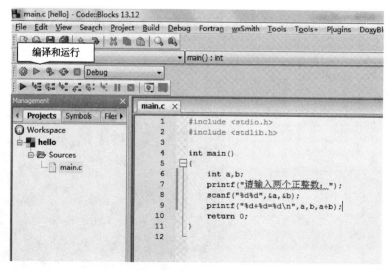

图 1.23　代码录入（2）

这是如图 1.24 所示的代码的运行结果，下面两行是 Code::Blocks 自动加的，可以看到程序的返回值和执行时长。按任意键回到编辑程序界面。

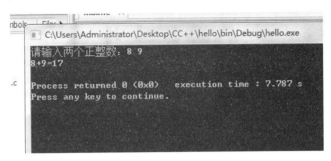

图 1.24　程序运行结果

2．程序的调试

以下例说明在 Code::Blocks 中关于程序调试的简单方法。

例　由级数知识可知，$e \approx 1 + \dfrac{1}{1!} + \dfrac{1}{2!} + \dfrac{1}{3!} + \dfrac{1}{4!} + \cdots + \dfrac{1}{n!}$，由此编写程序求 e，直到右式中最后一项小于 10^{-10}。

分析：由上面右式，看出是多项连加，并且项的生成有规律，所以考虑用循环实现连加。

如果把 1/1!看作第 1 项，用变量 a 表示当前要加的数的分母，当 a 是第 k 项分母时，则第 k+1 项分母可表达为：a*=k+1。由此得到如图 1.25 所示的流程图。

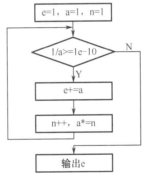

图 1.25　程序流程图

编写源代码之后，编译运行，运行结果如图 1.26 所示。

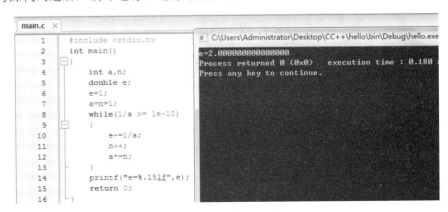

图 1.26　程序运行图

结果显然是错误的，下面调试程序。先预估一个可能的错误位置，并将光标移至该处，如图 1.27 所示。

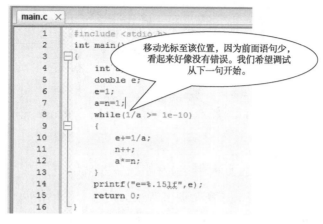

图 1.27　程序错误示意图

接下来点击 Debug 菜单下的 Run to cursor，如图 1.28 所示。

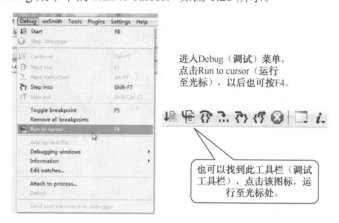

图 1.28　程序分布调试方法

点击后将弹出个黑框，如图 1.29 所示。黑色窗口说明程序正在运行，全黑说明还没有任何输出。前面编辑窗口中的第 8 行前的小三角形说明已经运行到该行。

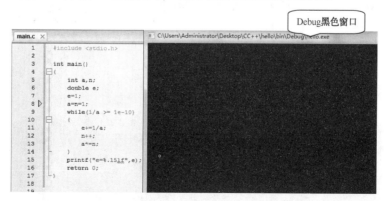

图 1.29　程序分布调试窗口

为了看清程序运行过程中变量的变化，可以添加变量的观察。打开 Debug 菜单，点击"Edit watchs…"命令，添加要查看的变量如图 1.30 所示。

图 1.30　程序分布调试之变量测试

为了能看见变量的值，按图 1.31 所示调出 Watches 窗口。

图 1.31　程序错误跟踪

我们把定义修改为 double。之后编译，运行结果如图 1.32 所示，说明结果是正确的。

图 1.32　运行成功界面

初学者先编写单文件程序，点击 File→New→Empty file。操作上和编写多文件程序差不多，比多文件更简单一些。Code::blocks 功能强大，初学者应把精力放在 C/C++语言本身上。

1.3　Turbo C++集成环境

Turbo C 是美国 Borland 公司的产品，Borland 公司是一家专门从事软件开发、研制的公司。该公司相继推出了一系列 Turbo 系列软件，如 Turbo BASIC、Turbo Pascal、Turbo Prolog，这些软件很受用户欢迎。该公司在 1987 年首次推出 Turbo C 1.0 产品，其中使用了全然一新的集成开发环境，即使用了一系列下拉式菜单，将文本编辑、程序编译、连接，以及程序运行一体化，大大方便了程序的开发。1988 年，Borland 公司又推出 Turbo C 1.5 版本，增加了图形库和文本窗口函数库等，而 Turbo C 2.0 则是该公司 1989 年推出的。Turbo C 2.0 在原来集成开发环境的基础上增加了查错功能，并可以在 Tiny 模式下直接生成.COM（数据、代码、堆栈处在同一 64K 内存中）文件。还可对数学协处理器（支持 8087/80287/80387 等）进行仿真。

Borland 公司后来又推出了面向对象的程序软件包 Turbo C++，继承发展 Turbo C 2.0 的集成开发环境，并包含了面向对象的基本思想和设计方法。

Turbo C++ 3.0 是 Borland 公司在 1992 年推出的强大的——C 语言程序设计与 C++面向对象程序设计的集成开发工具。它只需要修改一个设置选项，就能够在同一个 IDE 集成开发环境下设计和编译以标准 C 和 C++语法设计的程序文件。

Turbo C++ 3.0 与 Turbo C 2.0 的主要区别如下。

（1）Turbo C++ 3.0 不仅能设计和编译 C 程序文件，而且修正了 Turbo C 2.0 中存在的一些 Bug（如不能正常使用 float 数组等问题）。

（2）Turbo C++ 3.0 还支持多窗口操作，窗口间可以快速切换。

（3）完全支持鼠标选择、拖放和右键操作，很好地照顾了习惯于图形操作环境的用户。

（4）建立了即时帮助系统，只需要选定关键字后按"Ctrl+F1"即可查看详细的帮助说明，并且每个函数都具有完整的示例解释说明，只需要复制到新文件即可运行，无论对 C 语言初学者还是 C++高手都是不错的实例程序。

（5）可以自定义语句按照语法高亮多色显示，令代码编写、程序查错时更直观方便。

（6）程序编辑器的查找、替换等编辑功能更方便易用。

（7）建立和管理 Project 项目更方便容易。

1.3.1　Turbo C++ 3.0 系统的安装

在 Windows 环境下，将 Turbo C++ 3.0（以下简称为 TC）的安装文件夹复制到 C:盘，双击 install，出现图 1.33 所示窗口。

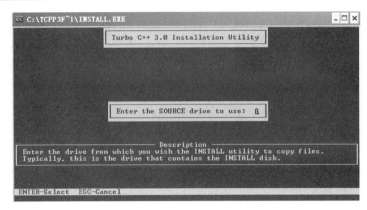

图 1.33　选择安装源盘

在光标处将 a 改为 c 盘，按回车键，输入源安装文件夹的路径（Enter the SOURCE Path），本例中是安装在 C 盘的 TC 目录中，即 C:\TC，按提示选择后，再按 F9 后完成安装过程，如图 1.34 所示。

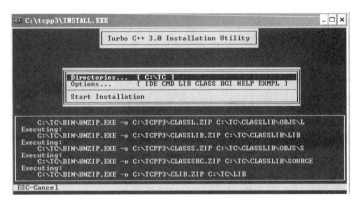

图 1.34　Turboc C++V3.0 安装过程

在 DOS 环境下，TC 有两个安装软盘，插入 A 盘到软盘驱动器，在 DOS 提示符下键入：A:>install ✓，可按提示安装。

安装完毕后，在 TC 文件夹下生成下列几个子目录：

C:\TC\BGI——图形驱动文件目录

C:\TC\BIN——二进制文件目录

C:\TC\CLASSLIB——类库目录

C:\TC\DOC——文档目录

C:\TC\EXAMPLES——范例文件目录

C:\TC\INCLUDE——包含文件目录

C:\TC\LIB——库文件目录

1.3.2　Turbo C++ 3.0 主窗口及菜单操作

TC3 可在 DOS 和 Windows 两种环境下启动。

1. Turbo C 工作环境介绍

进入 C 语言的环境，一般有两种途径：从 DOS 环境进入和从 Windows 环境进入。

1）从 DOS 环境进入

通过 Windows 进入仿真 DOS 环境的方法：点击"开始"→"程序"→"附件"→"命令提示符"，即进入仿真 DOS 环境。

假设 TC 目录安装在 C:\下。在 DOS 命令行上键入：

C:\>CD\TC\BIN✓（指定当前目录为 C 盘 TC 下的子目录 BIN）

C:\TC\BIN>TC✓（进入 Turbo C 环境）

这时进入 TC 集成环境的主菜单窗口。

2）从 Windows 环境进入

在 Windows 环境中，如果本机桌面上建立有一个 TC 快捷方式，双击该快捷图标即可进入 C 语言环境。或者从开始菜单中找到"运行"，在运行对话框中键入"C:\TC\BIN\TC"，再按"确定"即可。还可以通过资源管理器，找到 C:\TC 中 BIN 子文件夹下双击 TC.EXE 可执行文件即可启动。如果 TC 的安装路径不同的话，则应改变相应路径。

默认情况下启动后是以全屏方式显示 TC 界面的，若要以窗口方式显示，可右击 TC.EXE 文件，在弹出的对话框中选"屏幕"选项卡（图 1.35），选择窗口方式后按"确定"，TC 将按窗口方式显示。也可以在 TC 启动后，按 ALT+ENTER 键使窗口最大化，成为仿真 DOS 界面。再按 ALT+ENTER 又会恢复窗口方式显示。

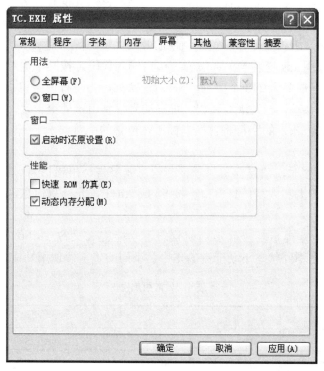

图 1.35　将全屏显示方式改为窗口显示方式

TC 主屏幕由如下几个部分组成（见图 1.36）：主菜单、编辑窗口、编译信息窗口、输出窗口、监视窗口和功能提示行（或称快速参考行）。菜单包含了所有操作的功能；编辑窗口是用于输入、修改程序的区域；信息窗口将显示程序编译、连接和运行过程中的错误信息或有关提示信息；监视窗口用于跟踪观察某些变量或表达式值；输出窗口用于观察输出信息；快捷热键提示将给出常用操作的快键提示信息，以方便用户的操作。

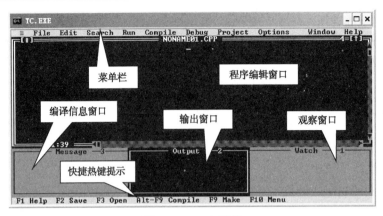

图 1.36　TC 主屏幕

2．窗口操作

1）编辑窗口

在编辑窗口中可以建立、编辑源文件。功能键 F5 可以扩大编辑窗口到整个屏幕，或恢复分屏式环境。

进入编辑窗口后，编辑窗口的名字是高亮度的，表示它是活动窗口。窗口的顶部第一行是状态行，给出有关正在被编辑文件的信息，如当前光标所在的行、列。

编辑模式（插入/改写）：正在编辑文件的文件名等，当需要编辑修改时，在编辑窗口中灵活地使用光标移动键及编辑命令即可达到预期的效果。

在插入模式下（用 Ins 键转换）向编辑窗口内输入代码，按回车键结束一行（TC 编辑器不能自动换行）。一行最多为 248 个字符，窗口宽 77 列，当一行内字符多于 77 列时，窗口随着字符的输入而左右移动，若发现有错误，可移动光标到出错处更正之；再按一次 Ins 键，屏幕转换成为替换模式，输入的字符将替换光标所在位置的字符。

2）信息窗口

编译和调试源程序时，信息窗口显示诊断信息、警告、出错信息、错误在源程序中的位置。功能键 F5 可以扩大和恢复信息窗口，按 F6 或 Alt+E，光标从信息窗口跳到编辑窗口。

3）功能键提示行

屏幕底行是功能键提示行，显示当前状态下功能键（又称 Turbo C 热键）的作用，见表 1.2。应当注意，在不同状态下功能键的作用是不同的，正确使用功能键可以简化操作。

表 1.2　常用热键

热　键	操　作	功　能　说　明
F1	Help	以分页的形式显示帮助信息
F2	Save	保存当前正在编辑窗口中的文件
F3	Open	打开一个文件，按 F3，屏幕上弹出一个输入框，输入要打开的文件名
F5	Zoom	缩放活动窗口，在整屏和分屏之间放大缩小活动窗口
F6	Switch	活动窗口开关，按 F6 键，在不同窗口之间切换
F7	Trace	单步执行，每按一下 F7 走一步（一条语句），并跟踪进入被调函数
F8	Step Over	与 F7 类似，单步执行，每按一下 F8 走一步（一条语句），当遇到被调函数时，不跟踪进入被调函数（即被调函数一步执行完）

续表

热　键	操　作	功 能 说 明
F9	Make	对当前文档进行编辑、连接，产生可执行程序
F10	Menu	激活主菜单，光标跳到主菜单
Ctrl+F1	Topic search	搜索主题
Ctrl+F3	Call Stack	显示调用栈，可显示任何函数的当前执行位置，其方法是在调用栈中选择相应的函数名。仅在调试时有效
Ctrl+F4	Debug/Eavluate	计算表达式，允许修改变量的值
Ctrl+F7	Add Watch	增加一监视表达式
Ctrl+F8	Toggle Breakpoint	设置或清除光标所在行的断点
Ctrl+F9	Run	调试运行或不调试运行程序，必要时编译、连接源文件
Alt+F3	Close	关闭当前窗口
Alt+F4	Inspect	输入变量或表达式进行数据检查
Alt+F5	User screen	将显示转到用户屏，击任意键返回
Alt+F6		若编辑窗口是活动的，转到最近一次装入编辑器的文件；若下面窗口是活动的，则在监视窗口和消息窗口间切换
Alt+F7	Previous error	跳到前一错处
Alt+F8	Next error	跳到下一错处
Alt+F1	Previous topic	返回上一级主题
Shift+F1	Index	索引帮助

此外，还有编译窗口、输出窗口、监视窗口等，其作用与前面介绍的 VC++类似。

3. 菜单的操作功能

TC 的菜单丰富，功能强大，如图 1.37，下面作简要介绍。

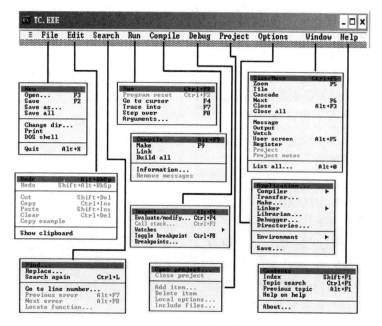

图 1.37　TC 的菜单功能

1）主菜单

显示屏的顶部是主菜单条，它提供了 10 个选择项：

File：处理文件（装入、存盘、选择、建立、换名存盘、写盘），目录操作（列表、改变工作目录），退出 Turbo C，返回 DOS 状态。

Edit：复制、剪切、粘贴、编辑源文件。

Search：查找与替换功能。

Run：自动编辑、连接并运行程序。

Compile：编辑、生成目标文件组合成工作文件。

Debug：检查、改变变量的值、查找函数，程序运行时查看调用栈。选择程序编译时是否在执行代码中插入调试信息，增加、删除、编辑监视表达式及设置、清除、执行至断点。

Project：将多个源文件和目标文件组合成工作文件。

Option：提供集成环境下的多种选择和设置（如设置存储模式、选择参数、诊断及连接任选项）以及定义宏；也可记录 Include、Output 及 Library 文件目录，保存编译任选项和从配置文件加载任选项。

Windows：设置窗口的显示方式、隐藏及关闭等状态。

Help：提供帮助信息。

在主菜单中，Edit 选项仅仅是一条进入编辑器的命令。其他选项均为下拉式菜单，包含许多命令选项，使用方向键移动光带来选择某个选项时，按回车键，表示执行该命令，若屏幕上弹出一个下拉菜单，以提供进一步选择。

2）File 菜单

File 菜单常用子功能项解释如下：

New：新建一个 C 程序，系统预置名为 NONAME00.CPP。

Open…（F3）：调入一个已存在的程序文件（扩展名为 c 或 CPP），F3 是快捷键，可使用通配符"*"或"？"。

Save（F2）：把 Edit 编辑窗口中的程序保存到文件中。如果该程序已经保存过，该操作将更新文件内容；如果该程序是新输入的，需要进一步输入文件名称或路径。若原文件名为 NONAME00.CPP，则系统提示你输入文件名。

Save as…：相当于 Windows 文件菜单中的"另存为"功能。将 Edit 视窗的程序按指定名存储，若该文件名已存在，则提示你是否重写。

Save all：保存所有编辑窗口的程序。

Change dir：显示当前目录，并允许用户修改驱动器或目录。

Print：提供打印功能。

DOS Shell：进入到 DOS 环境界面，可执行 DOS 命令，在 DOS 提示符下按 EXIT 返回。

Quit（Alt+x）：退出 TC 系统。

3）Edit（编辑操作）

可用 F1 键获得有关编辑方法的帮助信息。与编辑有关的功能键如下：

F1：获得 Turbo C 2.0 编辑命令的帮助信息。

F5：扩大编辑窗口到整个屏幕。

F6：在编辑窗口与信息窗口之间进行切换。

F10：从编辑窗口转到主菜单。

Undo（Alt+Backspace）：撤消上次的操作。

Redo（Shift+Alt+ Backspace）：恢复上次的操作。

Copy（Ctrl+Ins）：复制文本（放入剪贴板）。

Cut（Shift+Del）：删除选定的文本（删除的文本放入剪贴板）。

Clear（Ctrl+Del）：清除选定的文本（清除的文本不放入剪贴板）。

Paste（Shift+Ins）：粘贴文本（从剪贴板）。

Show clipboard：显示剪贴板中的内容。

除了菜单命令，编辑窗口中还支持其他编辑操作：

Ctrl+y：删除光标所在行的整行信息。

Ctrl+k+b：把光标所在位置定义为块信息的头部。

Ctrl+k+k：把光标所在位置定义为块信息的尾部。

Ctrl+k+h：取消所定义的块信息，若重新定义新块也会取消原定义块。

Ctrl+k+c：把定义的块信息复制到光标所在位置。

Ctrl+k+v：把定义的块信息移动到光标所在位置。

在"记事本"中选中一块文本，使用鼠标能很方便地实现。由于在 TC 中无法使用鼠标，只能通过键盘进行，我们需要定义文本块的开始位置与结束位置，当选中后，文字变成白底蓝字，然后才能实现文本块的复制和移动，步骤与"记事本"中相似。因此，上述 5 个操作需要配合使用。

常用的编辑功能键如下：

←：光标左移。

→：光标右移。

↑：光标上移。

↓：光标下移。

Del：删除光标所处位置的字符。

Ins：设置插入方式 on/off。

PgUp：上翻一页。

PgDn：下翻一页。

Home：光标移至当前行首列。

End：光标移至当前行未列。

Ctrl+Home：光标移至屏幕顶端。

Ctrl+End：光标移至屏幕尾端。

4）Search 菜单

Find...（Ctrl+q+f）：打开查找操作对话框。

Replace...（Ctrl+q+a）：打开替换操作对话框。

Search Again（Ctrl+L）：重复上一次查找或替换。

Go to Line Number...：定位到某一行号。

Locate Function...：在运行 Turbo C debugger 时用于显示规定的函数。

5）Run 菜单（运行操作）

Run 下拉菜单含如下 6 项子功能：

Run（Ctrl+F9）：执行编辑窗口中的程序。如果该程序最近未编译连接过，将先自动编译连接，然后再执行。

Go to Cursor（F4）：执行光标所处位置停下来，排错时用到。

Trance Into（F7）：单步执行，若遇到过程或函数，则跟踪进入过程或函数内部。

Step Over（F8）：与 Trance Into 类似，亦为单步执行，区别在于遇到过程或函数时，一步完成。

Argument...：命令行参数，允许用户使用命令行参数。

6）Compile 菜单（编译连接操作）

Compile 下拉子菜单常用子功能项如下：

Compile（Alt+F9）：把 Edit 编辑窗口中的程序编译成目标文件。

Link：把编辑窗口中的程序连接成可执行文件。

Make（F9）：把 Edit 编辑窗口中的程序经编译、连接，生成可执行文件（若已选择了主文件，则编译、连接的是主文件，默认情况下未选择主文件）。

Build all：重新编译项目里的所有文件，并进行装配生成.EXE 文件。该命令不作过时检查（上面的几条命令要作过时检查，即如果目前项目里源文件的日期和时间与目标文件相同或更早，则拒绝对源文件进行编译）。

编译过程中若发现错误，系统将自动转到 Edit 视窗，光标指向出错位置，视窗顶行显示出错号码和错误信息（出错原因），提示你修改。若编译无错将会给出编译信息。

7）Debug（调试）菜单

按 Alt+D 可选择 Debug 菜单，该菜单主要用于查错，它包括以下内容：

Inspect...：可检查不同类型数据。

Evaluate/Modify...（Ctrl+F4）：计算和修改变量和表达式的值。

① Expression：要计算结果的表达式。

② Result：显示表达式的计算结果。

③ New value：赋给新值。

Call stack：检查堆栈信息。

Break/watch：（断点及监视表达式）。

Watch 菜单有以下内容：

① Add watch（Ctrl+F7）：向监视窗口插入一监视表达式。

② Delete watch：从监视窗口中删除当前的监视表达式。

③ Edit watch：在监视窗口中编辑一个监视表达式。

④ Remove all watches：从监视窗口中删除所有的监视表达式。

Toggle breakpoint（Ctrl+F8）：对光标所在的行设置或清除断点。

Breakpoints...：调出断点操作对话框。

8）Project（项目）菜单

Open Project...：打开工程文件

Close Project：关闭工程文件

Add Item...：添加一个项目到工程中

Delete Item：删除一个项目

9）Options 菜单

按 Alt+O 可进入 Options 菜单，该菜单对初学者来说要谨慎使用，该菜单有以下内容：

Compiler：本项选择又有许多子菜单，可以让用户选择硬件配置、存储模型、调试技术、代码优化、对话信息控制和宏定义。

Linker：本菜单设置有关连接的选择项。

Environment：菜单规定是否对某些文件自动存盘及制表键和屏幕大小的设置。

Directories：规定编译、连接所需文件的路径，有下列各项。

① Include directories：包含文件的路径，多个子目录用"；"分开。

② Library directories：库文件路径，多个子目录用"；"分开。

③ Output directoried：输出文件（.OBJ，.EXE，.MAP 文件）的目录。

④ Turbo C directoried：Turbo C 所在的目录。

Arguments：允许用户使用命令行参数。

Save…：保存环境、桌面、项目等配置信息到配置文件中。

10）Windows 菜单

Windows 菜单包括各种窗口管理命令：

Size/Move（Ctrl+F5）：窗口的大小、移动。

Zoom（F5）：窗口的放大、缩小。

Tile：窗口平铺排列。

Cascade：窗口层叠排列。

Next（F6）：窗口的切换。

Close（Alt+F3）：关闭当前窗口。

List All…（Alt+0）：列出在使用的窗口和使用过的文件。

User screen（Alt+F5）：查看运行结果，因为一个程序运行结束后，自动返回编辑视窗，程序运行的输出结果往往看不见，利用此项子功能可以重现运行输出结果情况。

Windows 可以打开的窗口有 Message、Output、Watch、User Screen、Project、Project Notes 等。

11）帮助菜单

可以按目录、索引等方式获取帮助信息。

1.3.3　配置工作环境

TC 的工作环境配置包括文件编辑器、屏幕、鼠标、界面、颜色等参数选择，还包括文件编译、连接的选择和路径等信息。一般在 Options 和 Window 菜单中完成。

（1）环境参考配置：Options→Environment→Preferences 或 Editor……，可按对话框提示设置。

例如，在 Windows 环境下启动 TC，默认屏幕高度是 25 行，可以通过 F10→Options→Environment→preferences 进入对话框，将 Screen Size 改为 43/50 lines，如图 1.38 所示，在此还可以对自动保存等相关内容作不同的设置。

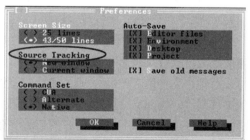

图 1.38　参数选择界面

（2）工作环境目录的设置：Options→Directories…

如果使用安装盘安装，该工作环境目录会自动设置好。如果是通过系统复制的，则需要对"Option"菜单的"Directories"菜单项进行设置。进入设置对话框后出现如图 1.39 所示。

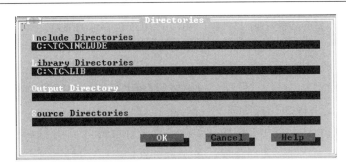

图 1.39　环境目录设置

假设 TC 所在目录为"D:\TC",在打开的目录窗口中应填入:

Include directories: D:\TC\INCLUDE

Library directories: D:\TC\LIB

Turbo C directory: D:\TC

以确保程序连接时能从这几个位置找到系统包含文件和系统库文件。

(3)窗口的打开、关闭、排列等:Window→"相关项"。例如,①Window→Output:打开或关闭输出窗口;②Window→Watch:打开或关闭监视窗口;③Window→User screen(Alt+F5):切换到用户屏幕,再按一次返回 TC 环境。

1.3.4　源程序的建立、编译、运行与保存

1. 编辑源文件

C 语言程序的源文件是指扩展名为.C 或.CPP 的文本文件,可以在 TC 的编辑窗口编辑。编辑的文件可以是装入一个已经存在的文件,也可以是新建的文件。

按 F10 键激活菜单选项,用光标移动键将亮条移到 File 处。此时,屏幕将显示 File 菜单项的下拉子菜单。用光标键将亮条移至 New 或 Open 项,按回车键,按要求输入源程序文件名即可。选择 New 项表示编辑新文件,选择 Open 项表示编辑已存在的文件。当然,如果该文件不存在,则建立新文件。

在编辑状态下,用户可以用键盘输入源程序,也可以对已有的源程序进行修改。编辑功能在主菜单 Edit 项的下拉式菜单列出,常用的编辑快捷键如前所述。

编写好的源程序,可以选择主菜单 File 项的下拉子菜单中的 Save 项或直接按 F2 存盘。如果要另存为其他文件名,则选 Save as...项。

2. 编译源程序

编辑好的程序必须先进行编译,即生成目标文件(扩展名为.OBJ),然后将目标文件进行连接生成可执行文件(扩展名为.EXE)。

对单个文件程序进行编译、连接的方法是将源文件存盘后,按 F10 键,将亮条用光标移动键移到"Compile"处回车。用"↓"或"↑"键将亮条移到"Compile to OBJ"处,按回车键,即进行编译生成目标文件。然后将亮条移到"Make"处,则 TC 将编译后的文件进行连接并生成可执行文件,也可直接按 F9 来进行编译连接。

若程序有错,则在屏幕底部的"Message"窗口显示出错及警告信息。按回车键或 Alt+E可回到编辑窗口,根据提示信息进行修改,修改后再进行编译连接。如此反复,直到无错误为止。

3. 运行程序

程序经编译、连接后未发现错误，便可运行可执行程序。程序运行有如下几种方式：

按 F10 键激活主菜单，并用光标移动键将亮条移至 Run 项，再在下拉子菜单选择 Run 命令后回车；或直接按 Ctrl+F9 键来运行程序。

程序运行后，仍回到 TC 环境，看不到运行结果。若想看到运行结果，可选择 Run 的子菜单中的 User Screen 项，便可切换到用户屏幕看运行结果。也可直接按 Alt+F5 键切换到用户屏幕，程序执行的结果显示在用户屏幕上，看完后可按任意键回到 TC 环境。

在 DOS 状态下运行扩展名为.EXE 文件；而在 Windows 下双击应用程序名。

对于已确认无误的简单源程序，可以在编辑结束后，直接选择 Run，一次完成编译、连接、运行过程。

4. 退出 Turbo C

使用 Alt+X 快捷键或通过 File 菜单→Quit，退出 TC 环境。

1.3.5　程序的动态调试

由于程序的复杂性，仅靠阅读程序本身很难掌握程序运行时变量内容的动态变化，因而给调试程序中的运行错误带来很大的困难。如果能在程序运行过程中动态地显示程序执行的流向和变量的内容，则有助于我们了解程序的动态运行情况，从而更好、更快地调试程序。Turbo C 集成环境有很强的动态调试能力，以下简要介绍几种最主要的调试手段。

（1）设置断点（Debug→Toggle Breakpoint，Ctrl+F8）：设置断点的作用是使程序可以分段运行。如果在程序中的某个语句设置了断点，则在运行程序时就会在断点处停下来，这时可以利用下面介绍的其他调试功能观察程序的运行情况，包括和数据区和变量的当前值。在程序中可以设置多处断点，这时每调用一次运行功能，则程序从当前位置执行到下一个断点处。如果断点是设置在循环中的，则每循环一次，程序就中断一次。为了管理断点，在集成环境的 Debug 菜单中还有"Breakpoint…"对话框，在对话框中可编辑、修改、删除、查看断点。

（2）变量查看及修改（Debug→Evaluate，Ctrl+F4）：该项功能用于在程序运行到断点处时查看变量或其他数据项的内容。对于变量来说，还可以改变其内容，便于下一步继续调试。在调用本功能时，屏幕上弹出一个窗口，窗口分为三栏：最上面是设置（Evaluate）栏，用于输入要观察的变量名或表达式；中间是结果（Result）栏，用于显示要观察的变量或表达式的值；而最下方是修改（New value）栏，用于修改变量的值。在查看或修改完毕时可以使用退出键（ESC）返回编辑状态。

（3）查看函数调用情况（Debug→Call stack，Ctrl+F3）：该功能用于查看当前调用栈的情况。如果断点设置在函数中，则调用该功能会在屏幕上弹出一个窗口，显示出程序运行到断点时的函数调用顺序（最下方是主函数，最上方是当前正在执行的函数）。

（4）查找函数（Search→Locate function）：可用于在程序中快速查找某个函数的位置。如果一个程序很大，或者包括多个源程序文件，则使用该功能是相当方便的。调用该功能的结果是光标移到指定函数的开始。

（5）设置观察对象（Debug→watch→Add watch，Ctrl+F7）：使用该项功能可以将变量或表达式设置为观察对象，这些观察对象的值在调试过程中会在屏幕下方的信息显示窗口中显示出来。该功能类似于上面介绍的"变量查看与修改（Evaluate）"功能，但更直观、更方便，只是不能修改变量的值。

（6）执行到当前光标位置（Run→Go to cursor，F4）：以当前光标位置为断点，使程序执行到光标指向的语句时停下来。该功能类似于使用上述运行功能加断点设置，同样可以观察断点处的变量内容。

（7）跟踪（Run→Trace into，F7）：使用该功能可以一步一步地执行程序，相当于在程序的每一行都设置一个断点。这是最常用的调试手段，通常和以上介绍的几种调试手段结合起来使用。

（8）步进（Run→Step over，F8）：该功能和跟踪功能类似，只是在对函数调用的处理方法上有所不同。在跟踪时，如果遇到函数调用，则转到该函数的源程序中继续跟踪，而步进则不转入被调用的函数，直接执行到源程序中的下一行。

（9）程序重置（Run→Program reset，Ctrl+F2）：中断当前的调试过程，重新回到程序的开始处。在重新调试时，原来设置的断点和观察对象等继续有效。

Turbo C 集成环境的调试功能非常强大，在调试程序时可以灵活选用和组合上述功能。

1.4　UNIX/Linux 下的 C 开发环境

Windows、UNIX 和 Linux 操作系统是现今流行的三大操作系统，而微软早期的版本 DOS 操作系统现在已经用的很少，所以我们最主要的是要学习三大操作系统下的编程。在这一节里，主要介绍 UNIX/Linux 下的 C 开发环境。

1.4.1　UNIX/Linux 简介

1. UNIX

标准 UNIX 操作系统是一个交互式的分时系统，提供了一个支持程序开发全过程的基础和环境，可以支持 40 个终端用户。UNIX 系统是由美国电报电话公司（AT&T）下属的 Bell 实验室的两名程序员 K.汤普逊（Ken Thompson）和 D.里奇（Dennis Ritchie）于 1969～1970 年研制出来的。UNIX 问世以来十分流行，它运行在从高档微机到大型机各种具有不同处理能力的机器上。随着 UNIX 的普及，书写系统的 C 语言也成为引人注目的语言，得到广泛使用。UNIX 具有短小精悍、简易有效，并具有易理解、易扩充、易移植性的特点。UNIX 与 C 是共生的，UNIX 的思考方式和习惯更加符合 C 语言的思考方式和习惯。在 UNIX 下，你可以找到无数优秀的源代码供你尽情阅读，可以方便地查看某个库函数的联机手册，还可以看到最优秀的代码风格。

2. Linux

Linux 是一个多用户操作系统，是 UNIX 的一个克隆版本（界面相同但内部实现不同），同时它是一个自由软件，是免费的、源代码开放的，这是它与 UNIX 的不同之处。同时，由于现在 Linux 是 UNIX 的完整实现，Linux 支持一系列的 UNIX 开发工具，几乎所有的主流程序设计语言都已移植到 Linux 上并可免费得到，如 C、C++、Fortran 77、ADA、PASCAL、Modual 2 和 3、Tcl/TkScheme、SmallTalk/X 等。Linux 凭借优秀的设计，不凡的性能，加上 IBM、Intel、CA、CORE、Oracle 等国际知名企业的大力支持，市场份额逐步扩大，已成为与 Windows、UNIX 并存的三大主流操作系统。UNIX 程序开发环境与 Linux 类似，下面主要以 Linux 环境为依据，进行讲解。

1.4.2　文本编辑工具 vi 的使用

vi 是 Linux 环境下赫赫有名的文本编辑工具之一，任何一台安装了 UNIX 或 Linux 的计算机都会提供这套软件。在 Windows 环境下，往往源程序编辑工具和程序编译工具集中在一个开发工具中，而在 Linux 环境下，一般是先用文本编辑器编辑源程序，然后再用编译工具进行编译。下面文件编辑工具使用 vi，编译程序使用 gcc 来进行讲解。

1．vi 的操作模式

vi 有三种操作状态：命令模式（Command mode）、插入模式（Insert mode）和末行命令模式（Last line mode）。它们的功能如下。

（1）命令模式。当执行 vi 后，首先会进入命令模式，此时输入的任何字符都被视为命令。命令模式用于控制屏幕光标的移动、文本的删除、移动复制某区域。

（2）插入模式。在命令模式下输入相应的插入命令进入该模式。只有在插入模式下，才可以进行文字数据输入，按 Esc 键可回到命令模式。

（3）末行命令模式。在命令模式下输入某些特殊字符，如"/"、"?"、和"："，可进入末行命令模式。在该模式下可存储文件或离开编辑器，也可设置编辑环境，如寻找字符串，列出行号等。

2．vi 的进入与退出

1）进入 vi

若要编辑文件 filename.c，执行如下命令即可。

$vi　filename.c

屏幕显示 vi 的编辑窗口，进入命令操作模式。

注　文件名必须带有扩展名.c，如 filename.c，否则无法通过编译。

也可直接输入 vi，但要在退出前保存文件。

2）退出 vi

如果是在输入方式下，则先按 Esc 键进入命令模式，然后即可选用下列命令退出 vi。

:q!：不保存文件退出。

:wq：保存文件并退出。

ZZ：保存文件并退出（注意，前面不要冒号）。

:x：同 wq。

:w：保存文件。

:q：退出 vi，若文件被修改过，则会被要求确认是否放弃修改的内容。

注意　如果不知道现在是处于什么模式，则可以多按几次 Esc 键，以便确定进入命令模式。

3．命令模式下其他一些常用命令

j，k，h，l：向上/下/左/右移动一个字符，同键盘的箭头键。

0：移至行首。

$：移至行尾。

Ctrl+f：后翻页。

Ctrl+b：前翻页。

G：移至文件尾。

数字 G：数字所指定行。

i，I：插入命令，i 在当前光标处插入，I 行首插入。

a，A：追加命令，a 在当前光标后追加，A 在行末追加。

o，O：打开命令，o 在当前行下打开一行，O 在当前行上插入一行。

x：删除光标处字符。

dd：删除当前行。

d0：删除光标前半行。

d$：删除光标后半行。

r，R：替换命令，r 替换当前光标处字符，R 从光标处开始替换。

/string：查找字符串。

n：继续查找。

N：反向继续查找。

%：查找对应括号。

u：取消上次操作。

vi 是一个功能强大的编辑器，以上只罗列了一些常用命令，若想了解更多的操作方法，请参阅相关的书籍。

4．vi 使用实例

下面将用 vi 编辑一个 C 语言源程序 hello.c 为例，介绍 vi 的基本用法。

（1）在提示符下启动 vi，编辑 hello.c 脚本，如图 1.40 所示。

图 1.40　vi 的进入

（2）接着进入 vi 命令模式的主界面，最下面一行为状态提示信息，可以看到当前正在处理的名为 hello.c 的新文件，如图 1.41 所示。

图 1.41　vi 进入后的状态

（3）此时按 A 键进入插入模式，注意界面最下面一行的提示信息变成"插入"，并且显示当前光标的所在位置为第 0 行第 1 列，如图 1.42 所示。

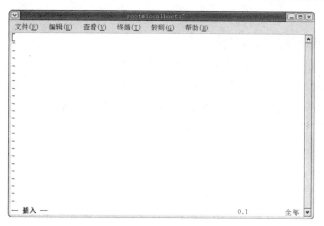

图 1.42　vi 的插入模式

（4）输入 C 语言源程序，你会发现 vi 自动将一些关键字或者具有一些类型信息的字符串涂上不同颜色，这样大大方便了我们进行编程，如图 1.43 所示。

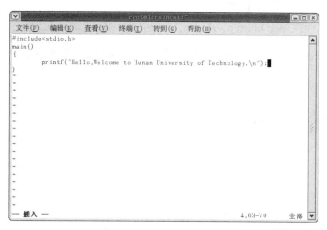

图 1.43　vi 输入程序后的状态

（5）编辑好后要保存它，首先按 Esc 键，从插入模式退回到命令模式，接着输入 ":w"，此时文件就保存到了当前文件夹中。

（6）最后在输入 ":q"，并按回车，退出 vi 环境。

1.4.3　编译器 gcc 的使用

Linux 系统上运行的 GNU C 编译器（GCC）是一个全功能的 ANSI C 兼容编译器。虽然 GCC 没有集成的开发环境，但堪称是目前效率很高的 C/C++编译器。

1. 命令格式

gcc　[选项] 源文件 [目标文件]

选项含义如下。

-o: filename 指定输出文件名，在编译为目标代码时，这一选项不是必须的。如果 filename 没有指定，默认文件名是 a.out。

-c: GCC 仅把源代码编译为目标代码。默认时 GCC 建立的目标代码文件有一个 ".o" 的扩展名。

-static：链接静态库，即执行静态链接。

-O：GCC 对源代码进行基本优化。

-On：指定代码优化的级别为 n，n 为 0≤n≤3 的正整数。-O2 选项告诉 GCC 产生尽可能小和尽可能快的代码。-O2 选项是编译的速度比使用-O 时慢，但通常产生的代码执行速度会更快。

-g：在可执行程序中包含标准调试信息。GCC 产生能被 GNU 调试器使用的调试信息，以便调试你的程序。GCC 提供了一个很多其他 C 编译器没有的特性，在 GCC 里可以把-g 和-O 联用。

-pedantic –errors：允许发出 ANSI/ISO C 标准所列出的所有错误。

-w：关闭所有警告，建议不要使用次项。

-Wall：允许发出 GCC 能提供的所有有用的警告，也可以用-W（warning）来标识指定的警告。

-MM：输出一个 make 兼容的相关列表。

-v：显示在编译过程中的每一步用到的命令。

2. 一个编译 hello.c 源文件的例子

（1）在提示符下输入 gcc hello.c–o hello，如图 1.44 所示。

图 1.44　编译 hello.c 程序

（2）编译成功后，在提示符下输入 "./hello" 就可执行文件，如图 1.45 所示。

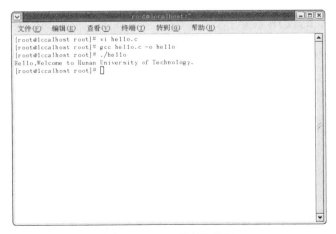

图 1.45　hello 程序的执行

1.5　C4droid 手机编程环境

1.5.1　c4droid 简介

c4droid 是一款 Android 设备上的 C/C++程序编译器，基本上只要是 Android 的手机都可以运行。对于刚刚接触 C 语言的同学来说，用 C4droid 来练习编程是很方便的，随时随地都可以编程。

1.5.2　c4droid 安装与配置

安装比较容易，直接在各种软件助手（如 360 手机助手、百度手机助手、豌豆荚等下载 C4droid app 的软件）上搜索 C4droid 即可，点击下载，下载之后安装即可。打开后可以看到如图 1.46 所示的界面，在编辑区编写 hello world 程序如下，编写完后点 compile 编译，编译无错误后，点 run 运行。

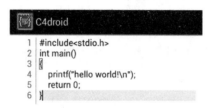

图 1.46　安装后界面

1.5.3　程序的编写与运行

下面通过一个例子来熟悉该编译器的使用。

例题：编写一个求 1～100 之间的素数的程序。

程序实现的方法有多种，下面的代码供参考。如图 1.47（1）所示，编写完程序后，点 compile 编译，编译成功后运行的结果如图 1.47（2）。

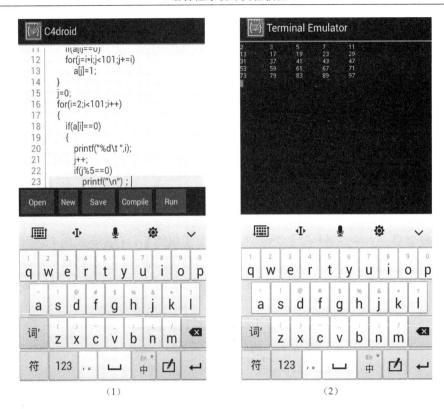

图 1.47　程序编辑界面

为了熟悉该编辑器中程序的调试情况，现在将 23 行的分号去掉，点击编译，出现如图 1.48 所示信息。

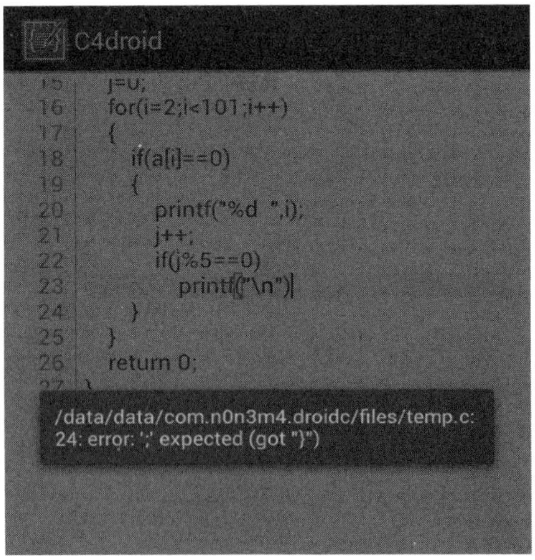

图 1.48　编译错误提示

错误信息为在 24 行少了"；"号，因为编译器允许一条语句占两行的，23 行没有分号，会到 24 行检查，24 行也没有，就会报错。我们根据错误提示去修改。

对程序修改之后，再次点运行，则在终端模拟器上看到如图 1.47 的正确运行结果。

对终端模拟器的某些属性可以根据个人情况进行设置。点击手机左边的按钮，出现如图 1.49 所示的对话框。

图 1.49 编译器属性设置界面   图 1.50 编译器属性设置对话框

如果需要对某些属性进行设置，可以点击"Preferences"进行设置，点击"Preferences"后的对话框如图 1.50 所示。如果需要对字体大小进行设置点击 font size 进行设置。选择自己需要的大小即可。

在编辑区域还有部分不常用功能，如图 1.51 所示。

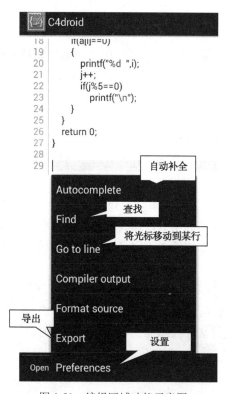

图 1.51 编辑区域功能示意图

第 2 章　C 语言程序设计实验

下面安排的实验设置验证和观察、分析与改错、设计与综合等不同的实验环节，以验证和观察性实验为基础性实验，是初学者需要掌握且能易于完成的实验，分析型实验培养分析和解决问题的能力，设计型和综合型实验训练设计和综合编程能力，读者可有选择地分层次进行实验。

2.1　熟悉 C 语言程序编辑与调试环境

2.1.1　实验目的和要求

（1）熟悉 Visual C++ 6.0 的集成开发环境。

（2）学习运行一个 Visual C++程序。

（3）通过运行简单的 Visual C++ 程序，掌握调试程序的方法。

2.1.2　实验重点和难点

（1）Visual C++的集成环境的使用。

（2）编辑、编译、连接和运行一个 Visual C++程序。

（3）Visual C++语言程序的调试。

2.1.3　实验内容

整个实验内容包括建立工程环境、编辑源程序、编译链接和运行程序、调试程序，最后让读者仿照案例编写、调试一个程序。以下分步骤进行。

1. 验证和观察

1）VC++工程建立

VC 中要编制程序不应该一开始就写 cpp/h 文件，而应该首先创建一个合适的工程。因为只有这样，VC 才能选择合适的编译、连接选项。下面以一个实例说明 VC++环境的建立及使用。

（1）进入 Visual C++集成开发环境后，选择"文件"→"新建"菜单，弹出"新建"对话框，单击"工程"标签，打开其选项卡，在其左边的列表框中选择 Win32 Console Application 工程类型，在"工程名称"文本框输入工程名 exp1，在"位置"文本框输入工程路径，单击"确定"按钮，如图 2.1 所示。

（2）在弹出的对话框（图 2.2）中，选择"一个空工程"，单击"完成"按钮。

（3）此时出现"新建工程信息"框，如图 2.3 所示。此对话框提示用户创建了一个空的控制台应用程序，并且没有任何文件被添加到新工程中，此时，工程创建完成。

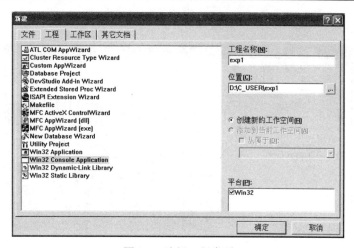

图 2.1 选择工程类型

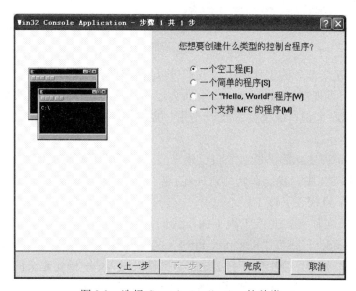

图 2.2 选择 Console Application 的种类

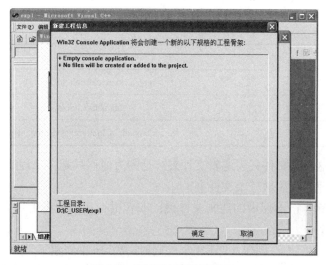

图 2.3 选新建工程信息窗口

创建完成后会显示创建的结果，如图 2.4 所示。

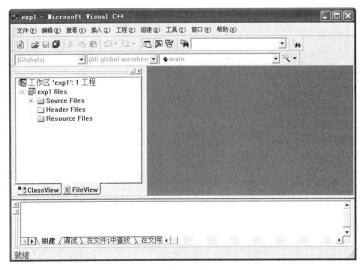

图 2.4　新建工程的工作区

（4）在窗口的左半部分的工作区上，我们可以看到有两个视图：类视图 ClassView 和文件视图 FileView。 类视图（ClassView）页面会显示当前工程中所声明的类、全局变量等；对于仅写 C 语言程序来说，这个视图暂时不用。文件视图（FileView）页面显示了当前项目中的所有文件。

观察和验证：工程建立后，请对照自己建立的工程了解下列相关信息的含义。

① 工程。在图 2.4 中，我们看到，VC++创建了一个叫做 "exp1" 的工程。左边树型结构中的 "exp1 files" 节点代表了该工程。

② 文件和逻辑文件夹。在该工程下面，我们看到了三个预定义的逻辑文件夹，分别是 "Source Files"、"Header Files"、"Resource Files"。在每一个文件夹下面，都没有文件；这是因为此前我们选择的是创建一个空的工程。这三个文件夹是 VC++预先定义的，就编写简单的单一源文件的 C 程序而言，我们只需要使用 Source Files 一个文件夹就够了。

事实上这三个文件夹是按照里面所存放的文件类型来定义的，如表 2.1 所示。

表 2.1　三个逻辑文件夹

预定义文件夹	包含的文件类型
Source Files	cpp;c;cxx;rc;def;r;odl;idl;hpj;bat
Header Files	h;hpp;hxx;hm;inl
Resource Files	ico;cur;bmp;dlg;rc2;rct;bin;rgs;gif;jpg;jpeg;jpe

我们之所以称这三个文件夹为逻辑文件夹，是因为他们只是在工程的配置文件中定义的，在磁盘上并没有物理地存在这三个文件夹。

我们也可以删除自己不使用的逻辑文件夹；或者根据我们项目的需要，创建新的逻辑文件夹，来组织工程文件。

③ 工作区工作空间。在创建 exp1 工程的同时，VC++也创建了一个叫做 "exp1" 的工作空间，并且该工作空间只包含一个工程，如节点 "工作区"exp1":1 工程" 所示。

　　VC++是按照工作区来管理项目和代码的。一次必须打开一个工作区。

　　一个工作区中可以包含一个或者多个工程；一个工程可以包含一个或者多个逻辑文件夹；一个文件夹里面可以包含零个或者多个文件；一个工程至少包含一个源代码文件。

　　当创建新工程的时候，一个同名的工作区同时被创建；该工作区只包含一个项目，就是新创建的这个项目。

　　④ 查看物理文件夹。打开 Windows 资源管理器，选择 D:\C_user\exp1 目录，可以看到如图 2.5 所示的文件和文件夹。

图 2.5　工程的物理文件夹

下面是这些文件和文件夹的简单说明，如表 2.2 所示。

表 2.2

文件和文件夹	说　　明
文件：exp1.dsw	这是工作区描述文件
文件：exp1.dsp	这是 exp1 项目配置文件。包括逻辑文件夹在内的关于该项目的所有配置，都保存在此文件中
文件：exp1.ncb	这是 VC 内部使用的一个临时文件
文件夹：Debug*	Debug 版本的编译输出文件将被保存在该文件夹中。如果项目的编译属性修改为 Release* 之后，会生成另外一个叫做"Release"的文件夹

　　*关于 Debug 和 Release，这是两个最常见的编译选项。相同源代码生成的 Debug 版本的 .exe 文件比 Release 版本要大一些，因为 Debug 版本多包含了一些帮助 VC 调试程序的符号等信息。

　　2）源程序编辑和保存

　　选择"文件"→"新建"菜单项，出现"新建"对话框，打开"文件"选项卡，在列表框中选择 C++ Source File，在"文件名"文本框中输入文件名 Exp1.cpp，选中"添加到工程"复选框，如图 2.6 所示。

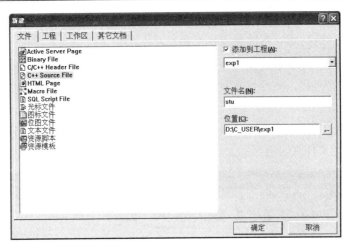

图 2.6　创建新的 C++源文件

然后单击"确定"按钮，打开源文件编辑窗口，在其中输入以下求最大数的源代码：

```
1    #include<stdio.h>
2    void main ( )
3    {   int a,b,c,max;
4        printf ("Please enter    a,b,c:\n" );
5        scanf ("%d,%d,%d",&a,&b,&c );
6        max=a;
7        if (max<b )
8            max=b;
9        if (max<c )
10           max=c;
11       printf ("max = %d",max );
12   }
```

将上述内容保存为 stu.cpp。对于已经存在的源文件，可选择"工程"→"增加到工程"→"文件…"菜单项，在随后打开的插入文件对话框中选择待添加文件，按"确定"添加进工程。对于加入到工程中的 cpp 文件，应该检查是否在第一行显示的包含 stdafx.h 头文件，这是 Microsoft Visual Studio 为了加快编译速度而设置的预编译头文件。在这个#include "stdafx.h"行前面的所有代码将被忽略，所以其他头文件应该在这一行后面被包含。

对于.c 文件，由于不能包含 stdafx.h，因此可以通过"工程"→"设置"把它的预编译头设置为"不使用"，方法如下：

（1）弹出 Project settings 对话框。

（2）选择 C/C++。

（3）Category 选择 Precompilation Header。

（4）选择不使用预编译头。

3）编译、链接和运行

（1）选择"组建"→"编译"（或按 Ctlr+F7）菜单项，即可编译源文件 Exp1.cpp，系统会在"输出"窗口显出错误 （Error）信息以及警告（Warning）信息。当所有 Error 改正后，可得到目标文件（Exp1.obj）。

这里可不用菜单而改用工具条操作，其方法是使用鼠标右键单击工具栏的空白处，在弹出的菜单中选中"组建"一项，就可以打开"组建"工具栏。如图 2.7 弹出菜单。

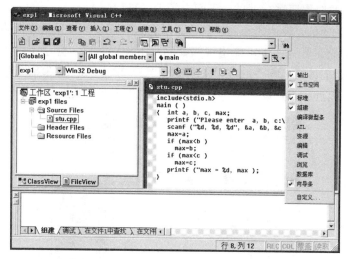

图 2.7　打开其他工具栏

编译器在"输出"窗口给出语法错误和编译错误信息。

语法错误处理：鼠标双击错误信息可跳转到错误源代码处进行修改，一个语法错误可能引发系统给出很多条 Error 信息，因此，发现一个错误并修改后最好重新编译一次，以便提高工作效率。

警告信息（Warning）处理：一般是触发了 C\C++的自动规则，如将一个浮点型数据给整型变量赋值，需要系统将浮点型数据自动转换为整型，此时小数部分会丢失，因而系统给出警告信息。警告信息不会影响程序执行，本例可以通过强制类型转换去掉警告信息。

（2）选择"组建"→"组建"（F7）菜单项，连接并建立工程的 EXE 文件，得到可执行文件 stu.exe。如果这时编译器可能会给出连接错误（Linking Error），其原因可能是缺少所需要的头文件（如 include 前没有#号）、库文件或目标文件，或程序中调用的外部函数没有定义等，只要补充相应文档再重新建立即可。

（3）选择"Build→Execute"菜单项，执行工程文件，会出现一个类似 DOS 操作系统的窗口，按要求输入三个不等的整数后按 Enter 键，屏幕上显示最大数，如图 2.8 所示。

图 2.8　输入数据及运行结果

2. 分析与改错

现在来介绍程序的动态调试。

运行程序时，可能会发现程序没有编译错误，而且也能执行，但执行的结果不对，此时，除了仔细分析源程序，还可以借助调试工具进行跟踪调试。

例如，若在 Exp1.cpp 的第 9 行中后面多加一个分号：

…if(max<c);

用 3，8，1 这组数据测试，编译时没有出现错误信息，但发现输出结果为 max=1，显然结果不对。此时需要对程序进行调试，下面介绍调试过程。

VC++支持查看变量、表达式和内存的值，所有这些观察都必须是在断点中断的情况下进行。因此，我们首先在源程序中可能出现错误的行上设置断点，方法是将光标移至该行，然后按 F9 键，或选择工具栏上的手形按钮（再按一次 F9 键或手形按钮将取消断点），此时该行左侧出现一个红色圆点，断点设置成功，如图 2.9 在第 10 行设置断点。

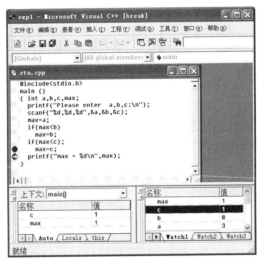

图 2.9　程序的调试

提示　选择"组建"→"开始调试"→Go…菜单命令（也可选择"组建"工具栏上的 Go 图标），程序执行到断点处停止，这时选择"查看"→"调试窗口"子菜单的 Watch 和 Variables 两个菜单项，打开监视和变量窗口观察变量值（也可以在执行到断点处时，把光标移动到这个变量上，停留一会就可以看到变量的值），分析并查找出错原因。

在 Watch 窗口加入 max 变量，进行监视。Watch 窗口的每一行可显示一个变量，其中，左栏显示变量名，双击它可进行编辑；右栏显示变量值，在左栏输入变量名，右栏便显示相关的值。

此外，VC++还提供一种被称为 Watch 的机制来观看变量和表达式的值：在断点状态下，在变量上单击右键，选择 Quick Watch，就弹出一个对话框，显示这个变量的值。

要控制程序运行的进程，这时可选择继续运行（F5）、单步运行（F10/F11）或运行到指定光标处（Ctrl+F10）。

分析　在执行了 if 后，接着执行{max = c;}。当程序执行到箭头所指处时，max=1 与预期结果不相符（图 2.9），说明程序的流程有问题。此时再仔细分析源程序，发现问题出在 if 后多了分号，变成了两条语句。

在编写较长的程序时，能够一次成功而不含有任何错误地编写代码是不容易的，这需要进行长期大量的练习。编写的程序若已没有编译错误，可以成功运行。对于程序中的错误，VC 提供了易用且有效的调试手段。

调试过程中 Variables 窗口动态显示各变量值随程序执行而变化的结果。在面向对象程序设计中，若程序中有类的对象，Variables 窗口的页面可显示当前指针所指向对象的各个值。

经过反复的修改和调试，使程序中所有问题都得到改正后，可得到正确的执行结果。

3．设计与综合

调试是程序开发过程中一个必不可少的阶段。程序初步完成后要经过调试，试验性地运行，设法确认程序无问题，或者找出程序中潜藏的错误。调试的基本出发点是设法发现程序中的错误，基本方法是选择一些数据实例，令程序用这些数据运行，考查运行过程和有关结果。如果在实例运行中发现错误，则应设法确定出错原因并予以排除。

当程序在编译、连接中没有错误，并不能说明程序就没有问题。在运行结果不正确的情况下，我们通常用以下两种方法调试程序：单步执行及控制执行和设置监视（Watch）表达式。

有以下程序：

```
1    #indude <stdio h>
2    void main()
3    {int   x;
4     int y=2,z=3;
5     scanf("%d", &x);
6     if (x=y+z);
7        printf ("*****");
8     else
9        printf ("#####" );
10    }
```

程序要求键盘输入 x 的值，当 x 为 5 时输出"*****"，否则输出"#####"。

在运行中编译、连接通过，但不管 x 为何值运行结果总是输出"*****"，所以需要检查执行输出前 x 的值。

请用上述所叙述的方法对此程序进行调试。

2.1.4　课后思考

（1）编译后没显示错误，但为什么连接或运行时又会出现错误信息？

（2）参照上面调试的题，编写一个 C 程序，输出以下图案，并上机调试通过。

```
   *
  ***
  OK
  Hello !
*********
```

（3）编写一个 C 程序，输入 a、b、c 三个数，输出其中最小者，并在机器中调试通过。

2.2　数据类型、运算符、表达式实验

2.2.1　实验目的和要求

（1）熟悉 C 语言中的各种数据类型（整型、字符型和实型等），掌握变量的定义与赋值方法。

（2）学会使用 C 的有关运算符，以及包含这些运算符的表达式，特别是自加（++）和自

减（--）运算符的使用。

（3）进一步熟悉 C 程序的编辑、编译、连接和运行的过程。

2.2.2　实验重点和难点

（1）输入有代表性的程序比较整型数据、字符型数据，以及字符串型数据的区别与联系。

（2）运行程序体会 C 编译系统自动的数据类型转换。

2.2.3　实验内容

1. 观察与验证

（1）在 C 程序中运行下面程序，观察运行结果。熟悉如何定义一个整型、字符型和实型的变量，以及对它们赋值的方法。

```
1    #include<stdio.h>
2    void main( )
3    {
4    char c1,c2;
5    c1=97; c2=98;
6    printf( "%c, %c", c1, c2);
7    }
```

观察和验证：

① 在此基础上加一个"printf（"%d，%d"，c1，c2）;"语句，运行观察两种输出结果的不同。

② 再将第 4 行"char c1，c2;"改为"int c1，c2;"运行该程序，运行观察两种输出结果，了解不同数据类型的数据的定义。

③ 再将第 5 行"c1=97;c2=98;"改为"c1=300;c2=400;"再运行一次，分析为什么会有这种结果。

（2）在 C 程序中运行下面程序，观察运行结果。掌握不同的类型数据之间赋值的规律。

```
1    #include <stdio.h>
2    void main()
3    {
4        short int a,b;
5        unsigned short c,d;
6        long   e,f;
7        a=100;b=-100;e=70000;f=32767;
8        c=a;d=b;
9        printf("%hd, %hd\n",a,b);
10       printf("%u, %u\n",a,b);
11       printf("%hu, %hu\n",c,d);
12       c=a=e; d=b=f;
13       printf("%hd, %hd\n",a,b);
14       printf("%hu, %hu\n",c,d);
15       printf("%d, %d\n",e,f);
16   }
```

观察和验证：

① 将一个负整数赋给一个无符号短整型的变量，如程序运行至第 11 行将输出变量 c,d 的无符号短整型值分别是 100 和 65436，可以得到其在内存中的表示形式为：

a:

0	0	0	0	0	0	0	0	0	1	1	0	0	1	0	0

b:

1	1	1	1	1	1	1	1	1	0	0	1	1	1	0	0

② 将一个大于 32767 的长整数赋给短整型变量，会得到什么结果？

③ 将一个长整数赋给无符号短整型变量，会得到什么结果（分别考虑该长整数的值大于或等于 65535 以及小于 65535 的情况）？

我们也可以改变程序中各变量的值，以便比较。例如：a＝65580，b＝-40000，e＝65535，f＝65580。

（3）在 C 程序中运行下面程序，观察运行结果。学会使用 C 的有关算术运算符，以及包含这些运算符的表达式，特别是自加（++）和自减（--）运算符的使用。

```
1    #include<stdio.h>
2    void main( )
3    {
4      int i, j, m, n;
5      i=8;j=10;
6      m= ++i;n= j ++;
7      printf("%d, %d, %d, %d", i, j, m, n);
8    }
```

观察和验证：

① 将第 6 行改为 m=i++;n=++j; 观察变量 i，j，m，n 的值与修改前的变化，了解自增运算符与自减运算符的两个功能。

② 程序

```
1    #include<stdio.h>
2    void main( )
3    {
4      int i, j;
5      i=8;j=10;
6      printf("%d, %d", i++, j++);
7    }
```

观察程序运行的结果。

③ 在②的基础上，将 printf 语句改为:printf（"%d, %d", ++i, ++j）;，与②的运行结果进行比较，并说明原因。

④ 再将 printf 语句改为: printf（"%d, %d, %d, %d", i, j, i++, j++）;，观察程序运行的结果。

⑤ 程序改为

```
1    #include<stdio.h>
2    void main( )
```

```
3    {
4        int i, j, m=0, n=0;
5        i=8;j=10;
6        m+=i++;
7        n-=--j;
8        printf("i=%d, j=%d, m=%d, n=%d", i, j, m, n);
9    }
```

2. 分析与改错

（1）下面程序是对输入值 a，b 进行自加和自减运算。试改正程序中的错误，并指出错误原因。

```
1    #include<stdio.h>
2    void main( )
3    {
4    int a, b;
5    printf("please enter a, b:\n");
6    scanf("%d, %d", &a, &b);
7    a++;
8    ++b;
9    ++(a+b);
10   printf("a+b=%d", a+b)
11   }
```

分析与改错：分析程序中第 7 行至第 9 行的自加和自减运算，由于此类运算只能针对变量，运算对象不能是变量表达式。

（2）下面程序是将从键盘输入的任意大写字母转换为小写字母，将小写字母转换为大写字母。在 C 程序中补充完整以下程序，并观察运行结果。

```
1    #include<stdio.h>
2    void main( )
3    {
4        char c;
5        scanf("%c", &c);
6        _____
7        printf("%c",c);
8    }
```

分析与改错：大、小写字母的 asc 码值相差 32，如：asc（"a"）=asc（"A"）+32。

（3）下面程序是从键盘输入 x、y 两个整数，打印输出 x 除以 y 的商和余数。在 C 程序中补充完整以下程序，并观察运行结果。

```
1    #include<stdio.h>
2    void main()
3    {
4        int x，y，tr，re;
5        printf("请输入两个整数: ");
6        scanf("%d, %d", _____);
7        tr=_____;
```

```
8          re=_____;
9          printf("tr=%d, re=%d", tr, re);
10    }
```

分析与改错：a）scanf 函数的格式。

　　　　　　b）求商表达式、求余表达式。

3. 设计与综合

（1）按要求编写程序，要将 "China" 译成密码，译码规律是用原来字母后面的第 4 个字母代替原来的字母。例如，字母 "A" 后面第 4 个字母是 "E"，用 "E" 代替 "A"。因此，"China" 应译为 "Glmre"。请编写程序，用赋初值的方法使 c1、c2、c3、c4、c5 五个变量的值分别为'C'、'h'、'i'、'n'、'a'，经过运算，使 c1、c2、c3、c4、c5 分别变为'G'、'l'、'm'、'r'、'e'，并输出。

程序提示：

① 定义五个字符变量。

② 以字符型数据打印输出各变量之后的第四个字符。

（2）用 getchar 函数读入两个字符给变量 c1、c2，然后分别用 putchar 函数和 printf 函数输出这两个字符。

程序提示：

```
...
       char c1;
       c1=getchar();
...
       putchar(c1);
...
```

2.2.4　课后思考

（1）如何正确地选用数据类型？

（2）编写一个程序，测试常用的十个运算符的优先顺序。

（3）"=" 和 "==" 有什么区别？

（4）"&" 和 "&&"、"|" 和 "||" 有什么区别？

2.2.5　实验报告要求

将设计与综合的源程序、运行结果和改错题改正后的源程序、运行结果，以及实验中遇到的问题和解决问题的方法，写在实验报告上。

2.3　顺序结构程序实验

2.3.1　实验目的和要求

（1）熟悉 C 语言的算术表达式和赋值表达式的使用。

（2）熟悉函数调用语句，尤其是输入输出函数调用语句。

（3）熟悉顺序结构程序中语句的执行过程。

（4）设计简单的顺序结构程序。

2.3.2 实验重点和难点

（1）掌握 C 语言中使用最多的一种语句——赋值语句的使用方法。
（2）掌握各种类型数据的输入输出的方法，能正确使用各种格式转换符。
（3）顺序结构程序中语句的执行过程。

2.3.3 实验内容

从本实验起，运行设计程序时，可先建立一工程，然后将已写好的程序加入工程中，操作为："工程"菜单→"增加到工程"→"文件"。或在菜单中选"文件"→"新建"→"C++ Source File"，然后录入下列代码，运行调试。

如果要在一个工作区中调试运行不同的、不相关的 C 程序，可对每个要调试运行的 C 程序建立工程，并将要运行调试文件的工程设为活动工程。

1. 观察与验证
（1）在 C 程序中运行下面程序，分析运行结果。

```
1    #include<stdio.h>
2    void main( )
3    {
4        int a=4, b=7;
5        float x=21.2356, y=-78.5648;
6        char c='A';
7        long s=987654321;
8        unsigned r=655326;
9        printf("%d%d\n", a, b);
10       printf("%f%f\n", x, y);
11       printf("%c, %d\n", c, c);
12       printf("%ld, %d\n", s, s);
13       printf("%u", r) ;
14   }
```

观察与验证：观察第 9 行至第 13 行 printf 语句的输出格式，了解顺序结构中语句顺序执行的过程。观察运行结果。如果将第 4 行与第 6 行的位置交换，将第 10 行与第 12 行的位置交换，观察运行结果是否与前一次的运行结果一致。

（2）在 C 程序中运行下面程序，分析运行结果。

```
1    #include<stdio. h>
2    void main( )
3    {
4        printf("\t*\n");
5        printf("\t\b***\n");
6        printf("\t\b\b*****\n" );
7    }
```

观察和验证：关键在于理解第 4、5、6 行的打印输出语句。

（3）下面是一个加法程序，程序运行时该程序等待用户从键盘输入两个整数，然后求出它们的和，并输出。在 C 程序中运行程序，观察运行结果。

```
1    #include<stdio.h>
2    void main( )
3    {
4      int a, b, c;
5      printf("Please input a, b: ");
6      scanf("%d, %d", &a, &b);
7      c=a+b;
8      printf("%d+%d=%d\n", a, b, c)
9    }
```

观察和验证：分三种形式输入数据。其一如：3，5；其二如：3 5 回车；其三如：3 回车 5 回车。 如果将第 6 行与第 8 行交换位置，程序运行是否会出错，并分析原因。

2. 分析与改错

（1）下面程序是不用第三个变量实现将两个数进行对调的操作。请选择填空。

```
1    #include<stdio.h>
2    void main()
3    {
4      int a, b; printf("Enter a and b:");
5      scanf("%d%d", &a, &b);
6      printf("a=%d b=%d\n", a, b);
7      a=_____①_____; b=_____②_____; a=_____③_____;
8      printf("a=%d   b=%d\n", a, b);
9    }
```
① A）a+b   B）a-b   C）a*b   D）a/b
② A）a+b   B）a-b   C）b-a   D）a*b
③ A）a+b   B）a-b   C）b*a   D）a/b

分析与改错：该程序要求掌握 C 语言中语句顺序执行的结构。分析第 7 行中程序在顺序执行过程中各变量中值的变化过程。

（2）下面程序是输入一个华氏温度（℉），求出摄氏温度（℃）的程序，其计算公式为 c=5/9（F-32）。试改正程序中的错误，并指出错误原因。

```
1    #include<stdio.h>
2    void main()
3    {
4      double  F, c;
5      scanf("%f", F);
6      c=5/9(F-32);
7      printf('F=%7.2f\n', F, 'c=%7.2\n', c);
8    }
```

分析与改错：输出语句格式一般为 printf（格式控制，输出表列），所以程序中的第 7 行输出语句应该为 printf（"F=%7.2f\n, c=%7.2\n", F, c）

（3）下面程序的功能：已知单价=30，x 表示商品数量，求商品的总价钱。试改正其中的错误，并指出错误原因。

```
1    #include<stdio.h>
2    #define PRICE 30
3    void main( )
4    {
5        int x=5;
6        PRICE=PRICE*x;
7        printf("%d%d", x, PRICE);
8    }
```

分析与改错：PRICE 是宏定义的一个量，它的值为 30，所以在以后的语句中，它相当于一个常量，因此语句第 6 行"PRICE=PRICE*x"是一个非法的语句。

3. 设计与综合

（1）编程求当 x=346 时，分别求解 x 的个位数字、十位数字和百位数字的值。

程序提示：

```
     ...
digit1=x%10;              /*digit1 为个位数字*/
digit2=(x/10)%10;         /* digit2 为十位数字*/
digit3=x/100;             /* digit3 为百位数字*/
     ...
```

（2）编程求从键盘上输入一个学生的 5 门课程的成绩，计算出该学生的总成绩和平均成绩。

程序提示：

```
...
for(i=1;i<=5;i++)
{
    scanf("%d",&mark);          /*mark 为某门课程成绩*/
    total=total+mark;           /*total 为课程总成绩*/
}
average=(double)total/5;        /*average 为课程平均成绩*/
    ...
```

（3）已知：a=4，b=5，c=6，编程求以 a，b，c 为边长的三角形的面积 area。提示：其中 s=(a+b+c)/2。

$$area = \sqrt{s(s-a)(s-b)(s-c)}$$

程序提示：

```
    ...
area=sqrt(s*(s-a)*(s-b)*(s-c));      /* 求平方根函数*/
    ...
```

2.3.4　课后思考

（1）总结在 printf、scanf 函数中使用的各种格式字符的用法。

（2）什么是顺序程序结构？

（3）指出以下程序的错误并改正，上机把程序调试通过。

```
1    #include<stdio.h>
2    void main( )
3    {
4        int  a;
5        scanf("%f", a);
6        printf("a=%", a);
7        char c;
8        c=A:
9        printf("%f", c)
10   }
```

（4）已知圆半径为 3.62，圆柱高 6，求圆周长、圆球表面积和圆柱体积。用 scanf 输入数据，用 printf 输出计算结果，输出时要求有文字说明，取小数点后两位数字。

2.3.5　实验报告要求

将设计与综合的源程序、运行结果和改错题改正后的源程序、运行结果，以及实验中遇到的问题和解决问题的方法，写在实验报告上。

2.4　选择结构程序实验

2.4.1　实验目的和要求

（1）学会利用 if 单分支、双分支语句及 if 语句嵌套实现选择结构。
（2）能使用 switch 语句实现多分支选择结构。
（3）熟悉各种逻辑运算及其运算符的优先顺序。
（4）掌握关系运算符和关系表达式的使用。

2.4.2　实验重点和难点

（1）关系运算符和逻辑运算符的优先顺序。
（2）if 语句和 switch 语句嵌套结构的使用。
（3）问号表达式实现条件运算的使用。

2.4.3　实验内容

1. 观察与验证
（1）下面程序是从键盘输入字符，判别输入字符是否为大写字母，如果是则输出该大写字母。在 C 程序中运行下面的程序并观察程序运行结果。

```
1    #include<stdio.h>
2    void main( )
3    {
4        char a;
5        printf("请输入一个字符: ");
```

```
6        scanf("%c", &a);
7        if(a>='A' && a<='Z')
8            printf("%c\n", a);
9    }
```

观察与验证：对于 if 分支语句的条件描述第 7 行中判断的数值范围是什么？如果输入的是"+"号，会输出什么？

（2）下面程序是从键盘输入三个整数按从小到大的顺序输出。在 C 程序中运行下面的程序并观察程序运行结果。

```
1    #include<stdio.h>
2    void main( )
3    {
4      int a, b, c, t;
5      printf("请输入三个整数：");
6      scanf("%d%d%d", &a, &b, &c);
7      if(a>b)
8        { t=a;a=b;b=t;}
9      if(a>c)
10       { t=a;a=c;c=t;}
11     if(b>c)
12       { t=b;b=c;c=t;}
13     printf("从小到大排列为：%d, %d, %d", a, b, c);
14   }
```

观察与验证：程序中第 7 行至第 12 行用到了三个并列的分支语句结构，如果将三个语句的语序进行置换会不会影响程序的运行结果？

（3）下面程序是要求用户从键盘输入一年号，然后由程序判定是不是闰年。在 C 程序中运行下面的程序并观察程序运行结果。

```
1    #include<stdio.h>
2    void main( )
3    {
4      int year
5      printf("请输入一个年号：");
6      scanf("%d", &year);
7      if((year%4==0&&year%100!=0)||year%400==0)printf("%d 是闰年! ", year);
8      else printf("%d 不是闰年! ", year);
9    }
```

观察与验证：理解 if 语句是判断条件的判断过程；程序中第 7 行至第 8 行是一个双分支语句结构，理解双分支结构中语句运行过程，在 if 的判断条件为"真"时，语句将输出"xxx 是闰年!"，判断条件为"假"时，语句将输出"xxx 不是闰年!"

2. 分析与改错

（1）下面程序是计算并输出分段函数值，其中 x 由键盘输入。试改正程序中的错误，并指出错误原因（包括语法错误和逻辑错误）。

```
1    #include<stdio.h>
```

```
2      void main( )
3      {
4          double x, y ;
5          printf ("input x=");
6          scanf ("%f", &x);
7          if ((-5.0<x<0.0)&&(x!=-2.0)) y=1.0/(x+2.0)
8          else if(x<5.0) y=1.0/(x+5.0)
9          else if(x<10.0) y=1.0/(x+12.0)
10         else y=0.0;
11         printf("x=%o\n, y=%o\n", x, y);
12     }
```

具体要求如下：

① 不允许改变计算的精度。

② 不允许改变原来程序的结构，只能在语句或表达式内部进行修改。

③ 调试正确后，用 x=-7.0，-2.0，-1.0，0.0，2.0，5.0，8.0，10.0，11.0 运行这个程序。

分析与改错：程序中第 7 行至第 10 行是三个嵌套的双分支结构，分析 if…else…的嵌套格式，改正其语法错误。

（2）下面程序是使用 switch 分支结构实现对输入整数的奇、偶数判断，请将以下程序填写完整，并观察结果。

```
1      #include<stdio.h>
2      void main( )
3      {
4          int sc;
5          printf("请输入一个整数：");
6          sc=_____①_____;
7          switch(_____②_____)
8          {
9              case_____③_____:
10                 printf("输入的数为偶数！"); break;
11             case_____④_____:
12                 printf("输入的数为奇数！"); break;
13         }
14     }
```

3. 设计与综合

（1）计算下列分段函数值：

$$f(x)=\begin{cases} x^2+x-6 & x<0, x\neq-3 \\ x^2-5x+6 & 0\leqslant x<10, x\neq2, x\neq3 \\ x^2-x-1 & 其他 \end{cases}$$

具体要求如下：

① 用 if 语句实现。自变量 x 与函数值均用双精度类型。

② 自变量 x 用 scanf 函数输入，且输入前要有提示。结果的输出采用以下形式：x=具体值，f(x)=具体值。

③ 分别输入 x =-5.0，-3.0，0.1，2.0，2.5，3.0，5.0 运行该程序。

程序提示：

```
...
if(x<0&&(x!=-3)){
    ...;
}
else if(x>=0&&x<10&&(x!=2)&&(x!=3)){
    ...;
}
else {
    ...;
}
...
```

（2）用 scanf 函数输入一个百分制成绩（整型量），要求输出成绩等级 A，B，C，D，E。其中 90—100 分为 A，80—89 分为 B，70—79 分为 C，60—69 分为 D，60 分以下为 E。 具体要求如下：

① 用 switch 语句实现分支。

② 在输入百分制成绩前要有提示。

③ 在输入百分制成绩后，要判断该成绩的合理性，对于不合理的成绩（即大于 100 分或小于 0 分）应输出出错信息。

④ 在输出结果中应包括百分制成绩与成绩等级，并要有文字说明。

⑤ 分别输入百分制成绩-90，100，90，85，70，60，45，101， 运行该程序。

方法说明：

```
若 g<0 或 g>100，则 k =-1;
否则  k() = int() (g/10)。
然后根据 k 值输出成绩等级。
```

程序提示：

```
...
if(g>100||g<0)
    k=-1;
else k=(int)(g/10);
switch(k)
{
    case 10:
    case 9:printf("A\n");break;
    ...
    case -1:printf("成绩输入不合法\n");break;
}
...
```

（3）编写一个简易计算器程序，用来求解简单的四则运算表达式。具体要求如下：

① 输入加、减、乘、除、取余五种运算表达式中的任意一个（输入的表达式中间不含空格或其他字符），即给出计算结果。

② 对于除法，要能针对除数是否为零做不同处理。

程序提示：

```
…
if(op=='+')
    printf("%d + %d = %d\n",x,y,x+y);
else if …;
…
else if (op=='/')
    {
        if (y!=0) …
        else …;
    }
…
```

2.4.4　课后思考

（1）给出一个不多于 5 位的正整数，要求：①求出它是几位数；②分别打印出每一位数字；③按逆序打印出各位数字。

（2）任意输入 5 个字母，如果输入的不是字母，程序应能提示重新输入，然后按照字母的 ASCII 码值从小到大的顺序输出。

（3）学生成绩管理系统中，通过输入查询方式来查找学生的信息，要求：①可以按"学号"、"姓名"、"名次"方式查询记录；②能给出查询记录的信息；③如果查询的信息不存在，输出提示信息。

2.4.5　实验报告要求

将设计与综合的源程序、运行结果和改错题改正后的源程序、运行结果，以及实验中遇到的问题和解决问题的方法，写在实验报告上。

2.5　条件型循环结构程序实验

2.5.1　实验目的和要求

（1）掌握在设计条件型循环结构时，如何正确地设定循环条件，以及如何控制循环的次数。

（2）了解条件型循环结构的基本测试方法。

（3）能熟练运用 while，do-while 来编写程序。

（4）了解 goto 语句和 if 语句构成循环。

2.5.2　实验重点和难点

（1）while，do-while 语句的使用。

（2）程序设计中循环结构的运用。

2.5.3　实验内容

1. 观察与验证

（1）下面程序是一个球从 100m 高度自由落下，每次落地后反跳回原高度的一半，再落下，再反弹。求第 10 次落地时共经过了多少米？在 C 程序中运行下面的程序并观察程序运行结果。

```
1    #include<stdio.h>
2    void main()
3    {
4      int n;
5      double s, h;    /*h 为下降的高度, s 为球走过的路程*/
6      h=100;s=100;n=1;
7      while(n<=10)
8      {
9        h=h/2;
10       s=s+h*2;
11       n++;
12     }
13     printf("s=%.2lf\n", s);
14   }
```

观察与验证：根据循环条件判断循环体的执行次数；如果将第 11 行换置第 9 行的位置，判断对程序运行结果有无影响？

（2）下面程序是求解出 200 以内所有能被 5 整除的数的乘积。在 C 程序中运行下面的程序并观察程序运行结果。

```
1    #include<stdio.h>
2    void main()
3    {
4      int n=1, s=1;
5      do{
6        if(n!=(n/5)*5)
7        continue;
8        s*=n;
9        printf("%d*", n);
10     }while(++n<200);
11     printf("\b s=%.0lf\n",s);
12   }
```

观察与验证：观察 do-while 循环中的 if 条件语句的判断条件，如果将 "continue;" 语句改为 "break;" 语句程序中循环执行的过程是怎样的？

（3）仔细阅读以下程序。

```
1    #include<stdio.h>
2    void main()
3    {
4      int i=0, n=0;
5      float score;
```

```
6          do
7          {
8              i++;
9              scanf ("%f",&score);
10             if(score <0)
11                 n++;
12         } while (i<5);
13         printf("%3d",n);
14     }
```

观察与验证：

① 假设 score 代表学生成绩，该程序可实现什么功能？变量 i,n 用来表示什么？

② 如果程序要增加一项统计成绩总分的功能，该如何修改程序？

2. 分析与改错

（1）下面程序的功能实现从键盘上输入若干学生的成绩，统计并输出最高成绩，当输入负数时结束输入，请填空。

源程序：

```
1      #include <stdio.h>
2      void main()
3      {
4          int score,max;
5          (      ①      );
6          max= score;
7          while (      ②      )
8          {
9              if(max< score)
10                 (      ③      );
11             scanf("%d",&score);
12         }
13         printf("%d",max);
14     }
```

具体要求：

① 阅读完程序后，请补好括号部分缺失语句：

填空①：_____。

填空②：_____。

填空③：_____。

② 如果要统计并输出最低成绩，该如何修改程序？

（2）下面是一个计算 e 的近似值（使误差小于给定的 detax）的 C 程序。在 C 程序中分析下面的程序。

```
1      #include<stdio.h>
2      void main( )
3      {
4          double  e =1.0,  x=1.0,  y,  detax;
5          int i=1;
```

```
6        printf ("\n please enter a error: ");
7        scanf ("%lf ", &detax);
8        y =1/x;
9        while (y>=detax)
10       {
11         x=x *i;
12         y=1/x;
13         e=e+y;
14         ++i;
15       }
16       printf ("%12.11lf ", e);
17     }
```

具体要求如下：

① 阅读上面的程序，写出程序所依据的计算公式。

② 当输入的 detax 各是什么值时，能分别使程序按下面的要求运行：

a．不进入循环；

b．只循环一次；

c．只循环两次；

d．进入死循环（程序将永远循环下去）。

为了能知道程序循环了多少次，应该在程序中增加一条什么样的语句？

③ 若把原程序中第 9 行 while 语句中的 y>=detax，分别换成 y>=detax，y=detax，y<detax，y<=detax 观察程序运行将会有什么变化。 假如不知道机器内程序中的各语句实际上是什么，分别输入什么样的 detax 来调试出 while 语句中的循环条件写错了。

④ 若把原程序中第 9 行 while 语句之前的 y =1/x 语句去掉，程序的运行将会发生什么样的变化。假如不知道机器内的程序实际上是怎么写的，输入什么样的 detax 能测试出少了上述这条语句。

⑤ 若把原程序中的第 14 行++i 成 i++，观察程序的运行发生了什么样的变化。 假如不知道这条语句到底是怎么写的，输入什么样的 detax 就能测试出这条语句写错了。

⑥ 把原程序中的第 8 行 while 结构改写成 do-while 结构，再分别按上述的②③两步进行实验。

3. 设计与综合

（1）求 $\sum_{n=1}^{20}(n+1/n)$ 。

要求：

① 分别使用 while 语句，do-while 语句两种方法实现；

② 输出结果要求直观，有文字说明。

（2）输入两个正整数，求出它们的最大公约数和最小公倍数。

① 画出流程图；

② 输入两整数之前要有提示；

③ 输出的结果要有文字说明。

程序提示：

① 设 a 除以 b 得的余数为 r（r=a%b），记 a，b 的最大公约数为（a，b），则（a，b）=（b，r）。据此，下面以实例 a=42，b=30 说明求两数最大公约数的过程。

找出两个数中的较大数 a，然后用 a 除以 b，即

要求（42，30），而 42%30=12

只须求（30，12），而 30%12=6

只须求（12，6），而 12%6=0

所以（42，30）的最大公约数为 6 。

② a，b 的最小公倍数=（a*b）/（a，b 的最小公倍数）。

2.5.4　课后思考

以下各题要求使用 while 语句或 do-while 语句实现。

（1）从键盘输入一行字符（以回车符为结束标志），分别统计出其中英文字母、空格、数字和其他字符的个数，并将这些字符的 ASCII 码值求和。

（2）编写一个程序，检查从键盘输入的一行字符中有无相邻两字符相同。

（3）求 S_n=a+aa+aaa+aaaa+⋯+⋯之值，其中 a 是一个数字。

2.5.5　实验报告要求

（1）将观察与验证的验证结果、运行结果，分析与改错的填空结果和改正后的源程序段、运行结果，以及实验中遇到的问题和解决问题的方法，写在实验报告上。

（2）设计与综合的编程题程序流程图、源程序、运行结果，以及实验中遇到的问题和解决问题的方法，写在实验报告上。

2.6　计数型循环结构程序实验

2.6.1　实验目的和要求

（1）掌握利用 for 语句实现循环的方法。

（2）掌握 continue 和 break 的用法。

（3）掌握在程序设计中利用循环实现的一些常用的算法（如穷举、迭代、递推）。

（4）了解对计数型循环结构进行测试的基本方法。

（5）掌握三种循环（while，do while，for）互相嵌套结构的使用。

2.6.2　实验重点和难点

（1）for 语句及多重嵌套循环结构的使用。

（2）如何正确地控制计数型循环结构的循环次数。

（3）continue 和 break 的用法。

2.6.3　实验内容

1. 观察与验证

（1）下面程序是利用 for 循环结构求解 1×2×3×⋯×n 之积，当积大于 48 时终止程序的执行，

并输出此时的积值。在 C 程序中运行程序，观察运行结果。

```
1    #include<stdio.h>
2    void main()
3    {
4      int n, product;                    /*product 为积值*/
5      product=1;
6      for(n=1;;n++)
7      {
8        product=product*n;
9        if(product>48) break;            /*当 product 大于 48 时, 跳出循环*/
10     }
11     printf("product=%d\n", product);
12   }
```

观察与验证：了解 for 循环语句的运行过程；break 语句在程序运行过程中的作用是强行终止循环，所以执行完此语句后，下一执行语句为第 11 行的打印输出语句。

（2）在 C 程序中运行程序，了解 continue 语句和 break 语句的应用方法，观察运行结果。

```
1    #include <stdio.h>
2    void main()
3    {
4      int i;
5      for(i=1;i<=5;i++)
6      {
7        if(i%2)   putchar('<');
8        else   continue;
9        putchar('>');
10     }
11     putchar('#');
12   }
```

观察与验证：在程序中，当第 7 行 i%2 为真时，执行输出语句，否则执行 continue 语句，即开始 i++ 运算，进入下一次循环，即当 i 是偶数时（i%2 为 0）无任何输出。

（3）仔细阅读以下程序。

```
1    #include<stdio.h>
2    void main()
3    {
4      int i;
5      for(i=1;i<=5;i++)
6      {
7        if(i%2)
8          printf("*");
9        else
10         continue;
11       printf("#");
12     }
13     printf("$\n");
```

```
14    }
```

观察与验证：

① 该程序运行结果是什么？

人工分析运行结果：_____。

实际运行结果：_____。

② continue 起的作用是什么，如果将它改为 break，程序的结果又是什么？

2．分析与改错

（1）下面程序是为求解水仙花数。水仙花数为 3 位数中各位数的立方和等于该 3 位数，例如，$153=1^3+5^3+3^3$。将以下程序填写完整，在 C 程序中运行程序，观察运行结果。

```
1    #include<stdio.h>
2    #include<math.h>
3    viod main( )
4    {
5        int n, j, number;
6        double product;    /*product 为三位数字中各位的立方和*/
7        printf("水仙花数:\n");
8        for(n=100;n<1000;    ①    ){
9        product=0;
10       number=n;
11       do{
12            j=(    ②    );
13            product=product+pow(j, 3);
14            number=number/10;
15          }while(    ③    );
16       if(n==product)
17       printf("%d\n", n);
18       }
19    }
```

阅读完程序后，请补好括号部分缺失语句：

填空①：_____。

填空②：_____。

填空③：_____。

（2）以下程序希望实现以下功能：按顺序读入 4 名学生 3 门课程的成绩，计算出每位学生的平均分并输出，程序如下。

源程序：

```
1    #include <stdio.h>
2    void main()
3    {
4        int n,k;
5        float score ,sum,ave;
6        sum=0.0;
7        for(n=1;n<=3;n++)
```

```
8          {
9                 for(k=1;k<=4;k++)
10                {
11                       scanf("%f",&score);
12                       sum+=score;
13                }
14                ave=sum/4.0;
15                printf("NO%d:%f\n",n,ave);
16         }
17   }
```

具体要求：

① 以上程序能计算出每位学生的平均分吗？如果不能，请找出原因并改正。

② 运行程序，分别用以下数据作为测试数据，写出运行结果。

输入内容	NO 1	NO 2	NO 3	NO 4
60 70 80 90 100 50				
60 70 80 90 80 40				

3．设计与综合

（1）求解一个数如果恰好等于它的因子之和，这个数就称为"完数"。如 6 的因子 1，2，3，而 6=1+2+3，因此 6 是"完数"。设计程序找出 1000 之内的所有完数的和。

程序提示：

```
…
int i, n, sum;    /*sum 为因数的累加和*/
…
for(n=1;n<=1000;n++){
    …
    for(i=1;i<n;i++){
        …
    }
    …
}
…
```

（2）编写一简单学生成绩管理程序。

① 要求输入 4 名学生的 3 门成绩，求出每门成绩的最高分、最低分、总分及平均分。

② 输出结果要有相应的文字说明。

2.6.4 课后思考

以下各题要求使用 for 语句实现。

（1）请设计并实现一个简单的猜数游戏：由计算机"想"一个一位数，请人猜这个一位数是多少。人输入一位数字后，计算机首先判断用户是否猜对了，并将结果显示出来，请人再猜，直到人猜出计算机所想的数是多少时为止，或者连续猜 5 次都没猜对也退出此次数的猜想，但用户可以选择是否继续猜下一个数。除非用户选择退出游戏，否则将继续之前的猜数过程。

提示　可以使用函数 rand()产生随机数。

（2）编写程序计算 1−1/2+1/3−1/4+⋯1/99−1/100 的值，并显示出来。

（3）求解能被 3 整除且有一个数字为 5 的三位数的个数。

2.6.5　实验报告要求

（1）将观察与验证的验证结果、运行结果，分析与改错的填空结果和改正后的源程序段、运行结果，以及实验中遇到的问题和解决问题的方法，写在实验报告上。

（2）设计与综合的编程题程序流程图、源程序、运行结果，以及实验中遇到的问题和解决问题的方法，写在实验报告上。

2.7　函　数　实　验

2.7.1　实验目的和要求

（1）掌握定义函数的方法。

（2）掌握函数实参和形参的对应关系，以及"值传递"的方式。

（3）掌握全局变量和局部变量、动态变量和静态变量的概念和使用方法。

（4）学习函数的功能确定和函数的接口设计，掌握自定义函数的编写。

2.7.2　实验重点和难点

（1）函数定义的形式。

（2）函数参数和函数的值。

（3）函数的简单调用。

2.7.3　实验内容、步骤

1. 观察与验证：输入并运行下面的程序，分析运行结果

（1）函数定义的一般形式应用举例。

提示　函数定义的函数头没有"；"。自定义函数有参数时在函数名后的圆括号内应注明参数的数据类型及参数名称，无参数时圆括号也不能省略。注意：函数头和函数体是组成一个函数不可分割的两部分，就象人的"head"和"body"一样是不可分割的。

```
1    #include <stdio.h>
2    void   printstar()
3    {
4        printf("**********\n");
5    }
6    void main()
7    {
8        printf("WELCOME\n");
9        printstar();
10   }
```

① 分析程序的输出结果_____。

② 执行程序，检查输出结果和自己的分析是否一样。

③ 把 main 主函数移到 printstar 函数的前面（移动时要注意函数头和函数体要一起），重新编译程序，观察编译结果_____。

问题拓展：在 Visual C++6.0 中交换两函数的位置后，编译不能通过，为什么？

（2）函数声明示例。

提示　函数调用遵循先定义，后使用的原则。也就是说如果函数定义出现在主调函数之前，不需要进行声明；如果函数定义在主调函数之后，必须要对它进行声明。

```
1    #include <stdio.h>
2    max(int x, int y)              /*定义函数 max, 省略了函数类型标识符 int*/
3    {    int z;
4         z=x>y?x:y;
5         return(z);
6    }
7    void main()
8    {    int a,b,c;
9         scanf("%d,%d",&a,&b);
10        c=max(a,b);
11        printf("Max is %d\n",c);
12   }
```

① 若输入数据"45，78"，则程序的运行结果为_____。

② 将 max 函数移到 main 主函数之后，重新编译，有错误提示_____。

③ 在 main 函数前或在 main 函数里说明部分加上函数声明"int max(int a,int b);"或_____，再次编译，提示成功并能正确运行获得结果。

问题拓展：以后当我们遇到相同的错误提示时，有哪两种解决方法？

（3）函数的参数、函数调用与返回值示例。

提示　在函数调用中使用的参数称为实参，在函数定义中的参数称为形参。实参可以是常量、变量或表达式，将值传递给形参；形参只能是变量。return 语句返回函数值，返回值的类型是函数定义中的函数类型。

```
1    #include <stdio.h>
2    void main()
3    {    int a,b,c;
4         int sum(int,int);
5         scanf("%d,%d",&a,&b);
6         c=sum(a,b);                    /*调用 sum 函数*/
7         printf("%d+%d=%d\n",a,b,c);
8    }
9    int sum(int   x, int   y)           /*定义 sum 函数*/
10   {    int z;
11        z=x+y;
12        return(z);
13   }
```

① 程序中的 sum 函数和功能是＿＿＿＿＿＿＿＿＿＿＿＿＿＿＿。输入 a、b 的值分别为 9、8，输出结果为＿＿＿＿＿＿＿。

② 程序中形参是＿＿＿＿＿＿＿＿＿＿＿＿＿，实参是＿＿＿＿＿＿＿＿＿＿＿＿＿。

③ 程序中形参的数据类型为＿＿＿＿＿＿＿，实参的数据类型为＿＿＿＿＿＿＿，函数类型为＿＿＿＿＿＿＿，返回值类型为＿＿＿＿＿＿＿＿。

（4）变量作用域示例。

提示　局部变量，局部有效。函数内定义的局部变量只在本函数有效，复合语句内定义的局部变量只在本复合语句内有效。

```
1    #include <stdio.h>
2    void main()
3    {   int x=10;
4         {   int    x=20;
5              printf("%d ,",x);
6         }
7       printf("%d\n",x);
8    }
```

① 以上程序的运行结果为＿＿＿＿＿＿＿＿＿＿＿＿＿＿＿＿＿＿＿＿＿＿＿＿＿。

② 为什么会出现这样的结果＿＿＿＿＿＿＿＿＿＿＿＿＿＿＿＿＿＿＿＿＿＿＿。

（5）变量作用域示例。

提示　在函数之外定义的变量为全局变量，全局变量的作用域为从定义变量的位置开始到本源文件结束。如果在同一个源文件中，全局变量与局部变量同名，则在局部变量的作用范围内，全局变量不起作用。

```
1    #include <stdio.h>
2    int a=5;int    b=7;
3    void main()
4    {
5         int a=4,b=5;
6         int c;
7         int plus(int,int);
8         c=plus(a,b);
9         printf("A+B=%d\n",c);
10   }
11   int plus(int x,int y)
12   {
13        int z;
14        z=x+y;
15        return(z);
16   }
```

① 以上程序的运行结果为＿＿＿＿＿＿＿＿＿＿＿。

② 删除程序中的第 5 行 "int a=4,b=5;"，则程序的运行结果为＿＿＿＿＿＿＿＿＿，为什么？＿＿＿＿＿＿＿＿＿＿。

（6）静态存储变量示例。

提示　①被定义为 static 类型的变量，具有固定的存储空间，即使调用结束，其存储空间也不被释放；②被定义为 static 类型的变量，是在编译时赋初值的，即只赋初值一次；以后每次调用函数时，不再重新赋初值而只是保留上次函数调用结束时的值；③如在定义局部变量时不赋初值，则对 static 类型的变量来说，编译时自动赋初值 0（对数值型变量）或 '　'（空字符，对字符型变量）。

```
1    #include <stdio.h>
2    void add()
3    {
4        static int x=0;
5        x++;
6        printf("%d,",x);
7    }
8    void main()
9    {
10       int i;
11         for (i=0; i<3; i++)
12           add();
13   }
```

① 分析以上程序的运行结果_____。

② 执行程序，检查输出结果和自己的分析是否一致。

③ 将程序第四行"static int x=0;"改为"int x=0;"，则程序的运行结果为_____。

2. 分析与改错

（1）以下程序求 1+2+3+…+n 之和，请将程序补充完整。

```
1    #include <stdio.h>
2    float fun(int n)
3    {
4        int i;
5        float c;
6        _____①_____;
7        for(i=1;i<=n;i++)
8            c+=i;
9        _____②_____;
10   }

11   void main()
12   {
13       int n;
14       printf("\n 请输入整数 n: ");
15       scanf("%d", _____③_____);
16       printf("%f\n",fun(n));
17   }
```

① 程序中两个空白处分别应填：_____、_____、_____。

② 编译运行程序，输入一些数据验证程序的功能。

（2）请将程序补充完整。

以下程序求区间[200,3000]中所有回文数的和，回文数是正读与反读都是一样的数，如 525，1551。

```
1    #include <stdio.h>
2    int hws(long n)
3    {
4      long x=n,t=0,k;
5      while(x>0)
6      {
7          k=x%10;
9          t = t*10 + k;
9          x=x/10;
10     }
11     if(    ①    ) return 1;
12     else return 0;
13   }
14   void main( )
15   {
16       long k,s=0;
17       int hws(long n);
18       for(k=200; k<=3000;k++)
19           if(    ②    )
20               s=s+k;
21       printf("\n%ld",s);
22   }
```

① 程序中两个空白处分别应填：＿＿＿＿＿＿＿＿、＿＿＿＿＿＿＿＿。

② 程序运行结果为＿＿＿＿＿＿＿＿＿＿＿＿。

问题拓展：以上程序 hws 函数中变量 t 和 k 分别用于表示什么？

（3）本题的程序是求下列表达式的值。

s=1+1/3+(1*2)/(3*5)+(1*2*3)/(3*5*7)+…+(1*2*3*...*n)/(3*5*7*…(2*n+1))请将程序补充完整，并给出当 n=25 时，程序的运行结果(按四舍五入保留 10 位小数)。

```
1    #include <stdio.h>
2    double fun(int n)
3    {
4      double s=1.0, t=1.0;
5      int k;
6      double rtn=1.0;
7      for(k=1;k<=n; k++)
8      {
9          t = t*k;
10         s = s*(2*k+1);
11         _____①_____
12     }
```

```
13        return rtn;
14    }
15    void main()
16    {
17        double sum;
18        _____②_____
19        printf("\n %.10lf",sum);
20    }
```

① 程序中两个空白处分别应填：_____、_____。

② 当 n=25 时，程序运行结果为_____。

（4）下面的程序中，函数 fun 的功能。

根据形参 m，计算公式 T=1/1!+1/2!+1/3!+…+1/m!的值。请改正程序中的错误，并运行改正后的程序。当从键盘输入 10 时，给出程序运行的正确结果（按四舍五入保留 10 位小数）。

```
1    #include <stdio.h>
2    double fun(int m)
3    { double fac, t=0.0;
4    int i=1, j;
5    for(i=1;i<=m;i++)
6    { fac=1.0;
7        for(j=1; j<=m; j++)   fac=fac*i ;
8        t+=1.0/fac; }
9    return t;
10    }
11    void main()
12    { int m;
13    printf("\n 请输入整数: ");
14    scanf("%d", &m);
15    printf("\n 结果是: %12.10lf \n",fun(m));
16    }
```

① 程序中有两处错误，请划出并改正如下：_____，_____。

② 输入 10 时，程序的运行结果为_____。

问题拓展：如果要求公式 $T=1/1^1+1/2^2+1/3^3+…+1/m^m$ 的值，则应该怎样修改程序？

（5）改错。

下列程序的功能是寻找并输出 2000 内的亲密数对。亲密数对的定义为若正整数 a 的所有因子和为 b，b 的所有因子和为 a，且 a≠b，则称 a 和 b 为亲密数对。

```
1    #include <stdio.h>
2    int fact(int x)
3    {
4        int i,y=0;
5        for(i=1;i<x;i++)
6            if(x%i==0)
7                y+=i;
8        return y;
```

```
9         }
10    void main()
11    {
12        int i,j;
13        for(i=2;i<=2000;i++)
14        {
15            j=fact(i);
16            if(i==fact(j))
17                printf("%d,%d\n",i,j);
18        }
19    }
```

已知 2000 内的亲密数对有两对：220 和 284，1184 和 1210。试修改上列程序中的一处错误使程序输出正确的结果。划出程序中的错误并修改如下：_____。

3. 设计与综合

（1）求两个整数的最大公约数和最小公倍数。用一个函数求最大公约数，用另一个函数根据求出的最大公约数求最小公倍数，分别用下面的两种方法编程。

① 不用全局变量，在主函数中输入两个数和输出结果。

② 用全局变量的方法，数据的传递通过全局变量的方法。

程序提示：

使用下面函数求最大公因子，其中 v 为最大公因子，若将 v 设为外部变量，则可不使用 return 语句。

```
1    int hcf(int u, int v)//求最大公因子
2    {
3        int t, r;
4        if(v>u){t=u;u=v;v=t;}
5        while((r=u%v)!=0)/*余数 r 不为 0 时继续作辗转相除法*/
6        {u=v;v=r;}
7        return(v);
8    }
```

（2）写一个函数，输入一个十六进制数，输出相应的十进制数。

程序提示：

输入时将十六进制数作为一个字符串输入，然后将其每一个字符转换成十进制数并累加，转换方法如下：

```
if(s[i]>'0'&&s[i]<='9')
    n=n*16+s[i]-'0';
if(s[i]>='a'&&s[i]<='f')
    n=n*16+s[i]-'a'+10;
if(s[i]>='A'&&s[i]<='F')
    n=n*16+s[i]-'A'+10;
```

2.7.4　课后思考

（1）函数实参与形参有什么对应关系？"值传递"的方式是什么？

（2）全局变量和局部变量的使用范围是什么？

（3）任意输入一个 4 位自然数，调用函数输出该自然数的各位数字组成的最大数。

（4）给定年、月、日，计算是星期几。程序中要求有判断闰年的函数和计算星期几的函数。

2.7.5　实验报告要求

（1）将观察与验证的验证结果、运行结果，分析与改错的填空结果和改正后的源程序段、运行结果，以及实验中遇到的问题和解决问题的方法，写在实验报告上。

（2）设计与综合的编程题程序流程图、源程序、运行结果，以及实验中遇到的问题和解决问题的方法，写在实验报告上。

2.8　递归、嵌套函数及编译预处理实验

2.8.1　实验目的和要求

（1）掌握函数的嵌套调用和递归调用方法。

（2）掌握宏定义、文件包含、条件编译的方法。

2.8.2　实验重点和难点

（1）学习递归程序设计。

（2）了解递归函数的编写规律。

（3）掌握宏定义。

2.8.3　实验内容、步骤

1. 观察与验证

（1）函数的嵌套调用示例。

提示　函数不能嵌套定义，但是可以嵌套调用。

```
1    #include <stdio.h>
2    void func1(int),func2(int);
3    void main()
4    {
5        int   x=10;
6        func1(x);
7        printf("%d\n",x);
8    }
9    void func1( int   x)
10   {
11       x=20;
12       func2(x);
13       printf("%d\n",x);
14   }
15   void func2(int x)
```

```
16   {
17       x=30;
18       printf("%d\n",x);
19   }
```

① 程序的运行结果为_____。

② 试描述程序中各函数间的调用关系_____。

③ 将程序中第二行"void func1(int),func2(int);"移到 main 主函数内部，重新编译程序，有错误提示_____，为什么？_____。

（2）函数递归调用示例。

提示　递归定义的两个要素：①递归边界条件。②递归定义是使问题向边界条件转化的规则。

```
1    #include <stdio.h>
2    fun( int x)
3    { int p;
4    if( x==0||x==1) return(3);
5    p=x-fun( x-2);
6    return p;
7    }
8    void main()
9    { printf( "%d\n", fun(9));}
```

① 程序的输出结果为_____。

② 本程序中 fun 函数一共被调用几次？_____。

（3）编译预处理示例。

程序中头文件 type1.h 的内容为

```
#define    N     5
#define    M1    N*3
```

程序如下：

```
1    #include <stdio.h>
2    #include    "type1.h"
3    #define    M2    N*2
4    void main()

5    {
6        int i;
7        i=M1+M2;
8        printf("%d\n",i);
9    }
```

程序编译后运行的输出结果是_____。

2. 分析与改错

（1）jc 函数的功能是求 x 的阶乘，请将程序补充完整。

```
1    long    jc( long x)
2    {
3        long k,fac=1;
4        for(k=1;_____①_____;k++)
5            fac *=k ;
6        _____②_____;
7    }
```

① 空白处应该填：_____，_____。

② 编写 main 主函数，通过调用上列 jc 函数来求 10 的阶乘，输出结果为_____。

问题拓展：求 1!+2!+3!+…+7!，可不可以通过调用上列 jc 函数来完成？试完成程序。

（2）下面的函数是一个求阶乘的递归调用函数，请将程序补充完整。

```
int facto ( int    n)
{
    if (n==1)    _____①_____;
    else        return (_____②_____);
}
```

① 空白处应该填：_____，_____。

② 编写 main 主函数，通过调用上列 jc 函数来求 10 的阶乘，输出结果为_____。

（3）将程序补充完整。

下列程序的功能是用递归实现将输入小于 32768 的整数按逆序输出，如输入 12345，则输出 54321。

```
1     #include <stdio.h>
2     void main()
3     {
4         int    n;
5         void r(int m);
6         printf("Input n:");
7         scanf("%d",&n);
8         r(n);
9         printf("\n");
10    }
11    void r(int m)
12    {
13        printf ("%d",m%10);
14        _____①_____;
15        if (m>0)   r(m);
16    }
```

① 空白处应该填：_____。

② 运行程序，输入数据进行检验。

（4）写出下面程序的输出结果。

提示 函数调用作为一个函数的实参。

```
1     #include <stdio.h>
```

```
2    int func(int a,int b)
3    {
4         return(2*a+b);
5    }
6    void main()
7    {
8         int    x=2,y=5,z=8,r;
9         r=func(func(x,y),z);
10        printf("%d\n",r);
11   }
```

① 分析程序，程序的运行结果为＿＿＿＿＿＿＿＿＿＿＿＿＿。

② 运行程序，验证自己的分析结果是否正确。

（5）条件编译示例。

```
1    #define    DEBUG
2    #include <stdio.h>
3    void main()
4    {
5         int a=14,b=15,c;
6         c=a/b;
7         #ifdef    DEBUG
8             printf("a=%d,b=%d,",a,b);
9         #endif
10        printf("c=%d\n",c);
11   }
```

① 分析程序，程序的运行结果为＿＿＿＿＿＿＿＿＿＿＿＿＿。

② 运行程序，验证自己的分析结果是否正确。

③将程序第一行删除，分析程序，运行结果为＿＿＿＿＿＿＿＿＿＿＿。

3. 设计与综合

用递归法将一个整数 n 转换成字符串。例如，输入 483、应输出字符串"4 8 3"。n 的位数不确定，可以是任意的整数。

程序提示：

```
1    void convert(int n)
2    {
3        int i;
4        if((i=n/10)!=0)
5            convert（i）;
6        putchar(n%10+'0');
7        putchar(' ');
8    }
```

在 main 函数中输入一个整数，然后先输出该数的符号，然后调用函数 convert（n）。

2.8.4　课后思考

（1）动态变量、静态变量在使用上的区别？

（2）编写一个递归函数，实现下列 Ackman 函数，其中 m, n 为正整数：

$$Acm(m,n) = \begin{cases} n+1 & (m=0) \\ Acm(m-1,1) & (n=0) \\ Acm(m-1, Acm(m,n-1)) & (n>0, m>0) \end{cases}$$

2.8.5　实验报告要求

（1）将观察与验证的验证结果、运行结果，分析与改错的填空结果和改正后的源程序段、运行结果，以及实验中遇到的问题和解决问题的方法，写在实验报告上。

（2）设计与综合的编程题程序流程图、源程序、运行结果，以及实验中遇到的问题和解决问题的方法，写在实验报告上。

2.9　一维数组与二维数组设计实验

2.9.1　实验目的和要求

（1）掌握数组的定义、赋值和输入输出的方法。

（2）学习用数组实现相关的算法，如排序、求最大和最小值、对有序数组的插入等。

（3）熟悉 VC 集成环境的调试数组的方法。

2.9.2　实验重点和难点

（1）一维数组和二维数组的定义、赋值及使用。

（2）与数组有关算法的运用，特别是排序算法。

（3）与数组有关的一些常见问题的解决办法。

2.9.3　实验内容

1. 观察与验证

（1）该程序具有如下功能：输入 10 个整数，按每行 3 个数输出这些整数，最后输出 10 个整数的总和。

```
1    #include <stdio.h>
2    #define  N  10
3    void main( )
4    {
5        int i, a[N], sum=0;
6        for(i=0;  i<N;  i++)
7            scanf("%d", &a[i]);
8        for(i=0;  i<N;  i++)
9        {
10           printf("%d ", a[i]);
11           if(i%3==0)
12               printf("\n");
13       }
```

```
14        for(i=0; i<N; i++)
15            sum+=a[i];
16        printf("sum=%ld\n", sum);
17    }
```

验证和观察：本题所给出的程序是完全可以运行的，但是运行结果是完全错误的。通过不同的输出结果，读者可以验证一维数组元素的输入问题、输出格式问题。

问题拓展：①数组元素值的输入；②求和、求平均值的相关变量初始化问题；③输出格式符的正确使用；④数组元素的格式化输出。

将所有"for（i=0；i<N；i++）"改为"for（i=1；i<=N；i++）"观察并分析结果？

（2）该程序具有如下功能：有一个 3 行 4 列的距阵，现要求编程求出其中最大的那个元素的值，以及它所在的行号与列号。

```
1     #define M 3
2     #define N 4
3     #include"stdio.h"
4     void main( )
5     {
6         int max, i, j, r, c;
7         static int a[M][N]={{123, 94, -10, 218}, {3, 9, 10, -83}, {45, 16, 44, -99}};
8         max=a[0][0];
9         for(i=0;i<M;i++)
10        for(j=0;j<N;j++)
11        if ( a[i][j]>max)
12        {
13            max= a[i][j];
14            r=i;
15            c=j;
16        }
17        printf("max=%d ，  row =%d ，  colum=%d \n", max， r， c);
18    }
```

验证和观察：本题自定义了一个二维数组，通过二重循环得到实验结果，如第 6 行定义了一点静态二维数组；第 1，2 行定义了此二维数组的行数和列数。

问题拓展：①二维数组的定义和初始化；②使用二重循环对二维数组元素的访问；③求最值时相关变量初值的设定。

如何修改程序，使程序实现查找最小的元素值？

（3）该程序具有如下功能：键盘上输入 N 个整数，试编制程序使该数组中的数按照从大到小的次序排列。

方法一：起泡排序。

从第一个数开始依次对相邻两数进行比较，如果次序对，则不做任何操作；如果次序不对，则使这两个数交换位置。第一遍的（N-1）次比较后，最大的数已放在最后，第二遍只需考虑（N-1）个数，以此类推直到第（N-1）遍比较后就可以完成排序。

```
1     #define N 10
2     #include"stdio.h"
3     void main()
4     {
```

```
5        int a[N], i, j, temp;
6        printf("please input %d numbers\n", N);
7        for(i=0;i<N;i++)
8            scanf("%d", &a[i]);
9        for(i=0;i<N-1;i++)
10       for(j=0;j<N-1-i;j++)
11       {
12           if(a[j]>a[j+1])
13           {
14               temp=a[j];
15               a[j]=a[j+1];
16               a[j+1]=temp;
17           }
18       }
19       printf("the array after sort:\n");
20       for(i=0;i<N;i++)
21           printf("%5d", a[i]);
22   }
```

方法二：选择排序。

首先找出值最小的数，然后把这个数与第一个数交换，这样，值最小的数就放到了第一个位置；然后，再从剩下的数中找值最小的，把它和第二个数互换，使得第二小的数放在第二个位置上。以此类推，直到所有的值从小到大的顺序排列为止。

```
1        #include"stdio.h"
2        #define N 10
3        void main()
4        {
5            int a[N], i, j, r, temp;
6            printf("please input %d numbers\n", N);
7            for(i=0;i<N;i++)
8                scanf("%d", &a[i]);
9            for(i=0;i<N-1;i++)
10           {
11               r=i;
12               for(j=i+1;j<N;j++)
13               if(a[j]<a[r])
14                   r=j;
15               if(r!=i)
16               {
17                   temp=a[r];
18                   a[r]=a[i];
19                   a[i]=temp;
20               }
21           }
22           printf("the array after sort:\n");
23           for(i=0;i<N;i++)
24               printf("%5d", a[i]);
25           printf("\n");
26   }
```

2．分析与改错

（1）该程序具有如下功能：输入 5 个数据，然后求它们的和并输出结果。上机调试下面的程序，记录系统给出的出错信息，并指出出错原因。

```
1    #include <stdio.h>
2    void main( )
3    {
4        int  i,  a[5],  sum ;
5        scanf("%d, %d, %d, %d, %d",  a );
6        for (i = 0; i <= 4; i ++)
7            sum += a[i];
8        printf("sum = %d \n",  sum);
9    }
```

分析和提示：

① 数组元素的输入和输出只能逐个元素操作，而不能以数组名作整体操作，即第 5 行的输入语句出错。

② 当做循环累加时，累加器要赋初值为 0，即在第 4 行要作相应赋值。

（2）该程序具有如下功能：数组中已存互在不相同的 10 个整数，从键盘输入一个整数，输出与该值相同的数组元素下标。补足所缺语句。

```
1    #include <stdio.h>
2    void main( )
3    {
4    int i, x, a[10]={1, 2, 3, 4, 5, 6, 7, 8, 9, 10};        /*输入 x 变量的值  */
5    for  ( i=0; i<10; i++ )
6        printf("%4d", a[i]);
7        printf（"\n"）; scanf("%d", &x）;
8    for (i=0; i<10; i++)            /*循环查找与 x 相等的元素*/
9        if  (_____①_____)            /*判断是否有与 x 相等的元素*/
10           printf（"%d\n", i）;
11       else
12           printf（"Not found %d\n", x）;}
```

（3）该程序具有如下功能：从键盘上输入若干个学生的成绩，统计计算出平均成绩，并输出低于平均分的学生成绩，用输入负数结束输入。补足所缺语句。

```
1    #include <stdio.h>
2    void   main( )
3    {
4        float x[1000],  sum=0.0,  ave,  a;
5        int n=0,  i;
6        printf ("Enter   mark : \n") ;
7        scanf("%f",  &a);
8        while (a>=0.0 && n<1000)
9        {
10           sum+=_____①_____;        /*sum 是若干个成绩 a 的总和 */
11           x[n]=_____②_____;        /*将成绩 a 的值分别存入数组 x 中   */
```

```
12          n++;
13          scanf("%f", &a);
14      }
15      ave=_____③_____;              /*求若干成绩的平均值 */
16      printf ("Output : \n");
17      printf ("ave = %f\n", ave);
18      for (i=0; i<n; i++)
19          if (_____④_____)              /*判断 x[i]是否低于平均成绩 */
20              printf("%f\n", x[i]);
21  }
```

3. 设计与综合

（1）有 15 个数存放在一个数组中，输入一个数要求用折半查找法找出该数是数组中的第几个元素的值，如果该数不在数组中，则输出无此数，要找的数用 scanf 函数输入。

程序提示：

```
1   用循环语句输入 15 个数
2   调用排序算法对其进行排序
3   while(flag)
4   {
5       /*输入要查找的数 */
6       loca=0;
7       top=0;
8       bott=N-1;
9       if(number<a[0]||number>a[N-1])
10          loca=-1;
11      while(sign==1&&top<=bott&&loca>=0)
12      {
13          mid=(bott+top)/2;
14          if(number==a[mid])
15          {
16              loca=mid;
17              printf("找到了，数%d 在数组的第%d 位. \n", number, loca+1);
18              sign=0;
19          }
20          else if(number<a[mid])
21                  bott=mid-1;
22              else
23                  top=mid+1;
24      }
25      if(sign= =1||loca= =-1) printf("\n 查无此数\n");
26      printf("\n 是否继续查找？(Y/N)");
27      scanf("%c", &c);getchar();
28      printf("\n");
29      if(c= ='N'||c=='n')
30          flag=0;
31  }
```

（2）找出一个二维数组的"鞍点"，即该位置上的元素在该行上最大，在该列上最小，也可能没有鞍点。至少准备两组测试数据：

① 二维数组有鞍点。

9	80	205	40
90	-60	96	1
210	-3	101	89

② 二维数组没有鞍点。

9	80	205	40
98	-60	96	1
210	-3	101	89
45	54	156	7

用 scanf 函数从键盘输入数组各元素的值，检查结果是否正确，题目未指定二维数组的行数和列数，程序应能处理任意行数和列数的数组。

程序提示：

```
1    输入矩阵
2    flag2=0;//矩阵中无鞍点
3    for(i=0;i<n;i++)//找第 i 行的鞍点
4    {
5        max=a[i][0];maxj=0;
6        用 for 循环语句找第 i 行的最大值存放在 max 中，其下标 j 保存到 maxj 中
7        for(k=0, flag1=1;k<n&&flag1;k++)/*判断 max 是否在该列上最小 flag1=0 则不是最小*/
8          if(max>a[k][maxj])
9             flag1=0;//max 不是该列的最小元素
10         if(flag1)
11         {
12            printf("\n 第%d 行第%d 列的%d 是鞍点\n", i+ 1 , maxj+ 1 , max);
13            flag2=1;
14         }
15    }//endfori
16    if(!flag2) printf("\n 矩阵中无鞍点\n");
```

（3）输入十个互不相同的整数并存在数组中，找出最大元素，并删除。

程序提示：

① 求最大值所在元素下标：不必用 max 记住最大值，只要用 k 记住最大值所在的元素下标。

② 删除最大值：从最大值开始将其后面元素依次前移一个位置。

下标=	0	1	2	3	4	5	6	7	8	9	10
a	2	8	16	14	1	10	8	16	4	20	6

部分分析：

```
1    k=0;
2    if ( a[k]<a[1] )        真
3       k=1;                 执行
```

```
4    if ( a[k]<a[2] )      假
5      k=2;                不执行
6    if ( a[k]<a[3] )      真
7      k=3;                执行
```

其源代码可写成：

```
1    k=0;
2    for ( i=1; i<10; i++ )
3          if ( a[k]<a[i] )
4              k=i;
```

2.9.4　课后思考

（1）一维数组和二维数组在定义、赋值和输入输出的方法上有什么区别？

（2）打印如下杨辉三角形

```
1
1    1
1    2    1
1    3    3    1
1    4    6    4    1
1    5    10   10   5    1
```

（3）将一个数组中的值按逆序重新存放。例如，原来顺序为8，6，5，4，1，要求改为1，4，5，6，8。

2.9.5　实验报告要求

将设计与综合的源程序、运行结果和改错题改正后的源程序、运行结果，以及实验中遇到的问题和解决问题的方法，写在实验报告上。

2.10　字符数组程序实验

2.10.1　实验目的和要求

（1）掌握 C 语言中字符串的输入和输出。

（2）掌握 C 语言中字符数组和字符串处理函数的使用。

（3）掌握在字符串中删除和插入字符的方法。

（4）熟悉 VC 集成环境的调试字符串程序的方法。

2.10.2　实验重点和难点

（1）字符数组的定义、赋值及使用。

（2）与字符数组有关的一些常见问题的解决办法。

2.10.3　实验内容

1．观察与验证

（1）程序具有如下功能：任意输入两个字符串（如："Country"和"side"），并存放在 s1，s2 两个数组中，然后将 s1，s2 两个字符串串连，形成一个新字符串（如："Countryside"）放在 s1 数组中，并输出。

```
1    #include <stdio.h>
2    #include <string.h>
3    void main( )
4    {
5        char    s1[80],  s2[40];
6        int     i = 0,  j = 0;
7        printf(" \n Please input string1:");
8        scanf("%s",   s1);
9        printf(" \n Please input string2:");
10       scanf("%s",   s2);
11       while (s1[i]!= '\0' )
12           i++;
13       while (s2[j]!= '\0' )
14           s1[i++]=s2[j ++];
15       s1[i]= '\0';
16       printf("\n New string: %s",   s1);
17   }
```

验证和观察：程序通过输入和输出的结果，验证串结束符'\0'的作用。

问题拓展：①字符数组的定义和初始化；②求最值时相关变量初值的设定；③输出格式符的正确使用；④数组元素的格式化输出。

如何修改程序，使程序实现将 S2 字符串放在 S1 字符串前，形成一个新的字符串（如"sideCountry"）放在 S1 字符串中，并输出？

（2）程序具有如下功能：任意输入两个字符串（如"abc 123"和"china"），并存放在 a，b 两个数组中。然后把较短的字符串放在 a 数组，较长的字符串放在 b 数组，并输出。

```
1    #include <stdio.h>
2    #include <string.h>
3    void main()
4    {
5        char a[10]={0}, b[10]={0}, ch;
6        int c, d, k;
7        scanf("%s", &a);
8        scanf("%s", &b);
9        printf("a=%s, b=%s\n", a, b);
10       c=strlen(a);
11       d=strlen(b);
12       if(c>d)
13           for(k=0;k<d;k++)
```

```
14          {
15              ch=a[k];
16              a[k]=b[k];
17              b[k]=ch;
18          }
19          printf("a=%s\n", a);
20          printf("b=%s\n", b);
21      }
```

验证和观察：本题所给出的程序是完全可以运行的，但是运行结果是完全错误的。调试时注意库函数的调用方法，观察字符串存入字符数组的方法。

问题拓展：程序中的 strlen()是库函数，功能是求字符串的长度，它的原型保存在头文件"string.h"中。

将 13 行的"for（k=0;k<d;k++）"改为"for（k=0;k<c;k++）"观察并分析结果？

（3）程序具有如下功能：使其功能是对从键盘上输入的两个字符串进行比较，然后输出两个字符串中第一个不相同字符的位置。例如，输入的两个字符串分别为 abcdefg 和 abceef，则输出为 4。

```
1       #include <stdio.h>
2       void main ( )
3       {
4           char str1[100], str2[100];
5           int i;
6           printf("\n Input string 1:\n");
7           gets(str1);
8           printf("\n Input string 2:\n");
9           gets(str2);
10          i=0;
11          while((str1[i]= =str2[i])&&(str1[i]!='\0'))
12              i++;
13          printf("%d\n", i);
14      }
```

验证和观察：观察字符串存入字符数组的方法，分析为什么直接输出 i 的值。

问题拓展：①字符数组下标与数组元素位置关系；②字符数组的格式化输入字符串函数 gets()。

如何修改程序，使程序实现将输出两个字符串中第一个不相同字符的 ASCII 码之差？例如，输入的两个字符串分别为 abcdefg 和 abceef，则输出为-1。

2. 分析与改错

（1）该程序具有如下功能：统计从终端输入字符中大写字母的个数，用#号作为输入结束标志。补足所缺语句。

```
1       #include <stdio.h>
2       void main ( )
3       {
4           int s[100], i=1, j, num=0;
5           s[0]=0;
```

```
6         while (_____①_____ != '#')   /*循环输入字符串中字符, 用＃号结束*/
7         {
8             scanf("%c", &s[i]);
9             i++;
10        }
11        for (j=0;j<i;j++)
12            if (_____②_____)         /*判断数组 s 中元素是否输出大写字母*/
13                _____③_____;         /*计算大写字母个数*/
14        printf("%d\n", , num);
15    }
```

（2）该程序具有如下功能：从键盘输入一字符串 s，字符串 s 中包含若干个数字字符，将字符串 s 中的数字字符放入另一个数组 d 中，最后将数组 d 中的字符串输出。补足所缺语句。

```
1     #include "stdio.h"
2     #include "string.h"
3     void main()
4     {
5         char s[80], d[80];
6         int i, j;
7         _____①_____;              /*将字符串输入数组 s */
8         for (i=j=0;s[i]!='\0';i++)
9             if (_____②_____)        /*判断数组 s 中各元素是否为数字 */
10            {
11                d[j]=s[i];
12                _____③_____;       /*数组 d 的下标 j 的变化 */
13            }
14        d[j]='\0';
15        puts(d);
16    }
```

（3）该程序具有如下功能：输入一串字符，计算其中空格的个数。上机调试下面的程序，记录系统给出的出错信息，并指出出错原因。

```
1     #include <stdio.h>
2     void main( )
3     {
4         char c[30];
5         int i, sum;
6         scanf("%c", c)
7         for(i=0;i<30;i++)
8             if(c[i]==' ')
9                 sum=sum+1;
10        printf("空格数为：%d \ n", sum);
11    }
```

分析和提示：

① 计数器的初值一般为 0，对第 5 行 sum 赋值；

② 将字符串一次性输入一般用 gets()函数，对 6 行进行修改。

3. 设计与综合

（1）编写程序，输入若干个字符串，求出每个字符串的长度，并打印最长一个字符串的内容，以"stop"作为输入的最后一个字符串。

程序提示：

① 字符数组的输入输出有两种方法：第一种，逐个字符输入输出。用格式符"%c"输入或输出一个字符，此时输入输出函数中的输入输出项是数组元素名，而不是字符数组名；另一种，将整个字符串一次输入或输出。用"%s"格式符，意思是输出字符串（string），此时输入输出函数中的输入输出项是字符数组名，而不是数组元素名。写成"printf（"%s"，c[0]）；"是不对的。

② gets()函数和 scanf()函数输入字符串的区别，puts()函数和 printf()函数输出字符串的区别；

③ 求每个字符串的长度函数 strlen()的使用，字符串比较函数 strcmp()的使用；

④ 二维数组处理多个字符串。

（2）编写程序，输入字符串 s1 和 s2 以及插入位置 f，在字符串 s1 中的指定位置 f 处插入字符串 s2。如输入"BEIJING"、"123"和位置 3，则输出："BEI123JING123"。

程序提示：

① 定义数组 s1 时多开辟若干存储单元；

② 使用求每个字符串的长度函数 strlen()求出 s2 的长度；

③ 指定的插入位置 j。

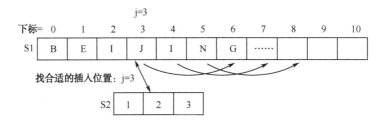

④ 找向右移动插入点后的元素，先把 s1[3]移到 a[6]，a[4]移到 a[7]，……，a[i]移到 a[i+j]。

⑤ 插入 s2。

2.10.4 课后思考

（1）字符串的输入和输出方法？

（2）编写程序，从键盘任意输入 a，b 两个字符串，将 b 串中的最大字符插入到 a 串的最小字符的前面。

（3）有一篇 80 个字符的文章，要求分别统计出其中英文大写字母、小写字母、数字、空格，以及其他字符的个数。

2.10.5 实验报告要求

将设计与综合的源程序、运行结果和改错题改正后的源程序、运行结果，以及实验中遇到的问题和解决问题的方法，写在实验报告上。

2.11　指针程序实验

2.11.1　实验目的和要求

（1）掌握指针变量的定义与引用。

（2）掌握指针与变量、指针与数组的关系。

（3）掌握用数组指针作为函数参数的方法。

（4）熟悉 VC 集成环境的调试指针程序的方法。

2.11.2　实验重点和难点

（1）指针变量与普通变量的区别。

（2）指针变量的赋值。

（3）利用指针操作数组的方法。

2.11.3　实验内容

1. 观察与验证

（1）程序具有如下功能：输出指针与指针变量的值。

```
1    #include <stdio.h>
2    void main()
3    {
4        int i, j, *pi, *pj;
5        pi=&i;
6        pj=&j;
7        i=5;
8        j=7;
9        printf("\n%d\t%d\t%d\t%d", i, j, pi, pj);
10       printf("\n%d\t%d\t%d\t%d", &i, *&i, &j, *&j);
11   }
```

验证和观察：运行结果如下，

5	7	−34	−32
−34	5	−32	7

问题拓展：

① 指针的值与指针指向的变量值的区别：一个指针是一个地址，是一个常量。而一个指针变量却可以被赋予不同的指针值，是变量。

② 指针变量的赋值：C 语言中提供了地址运算符&来表示变量的地址。其一般形式为 & 变量名；如&a 表示变量 a 的地址，&b 表示变量 b 的地址。变量本身必须预先说明，不允许把一个数赋予指针变量。

③ 指针运算符：

a. 取地址运算符&——取地址运算符&是单目运算符，其结合性为自右至左，其功能是取变量的地址。

b. 取内容运算符*——取内容运算符*是单目运算符，其结合性为自右至左，用来表示指针变量所指的变量。在*运算符之后跟的变量必须是指针变量。

（2）程序具有如下功能：输出数组指针与数组指针变量的值。

```
1    #include <stdio.h>
2    void main()
3    {
4        int i, a[]={1, 2, 3}, *p;
5        p=a;                    /*将数组 a 首地址赋给指针 p*/
6        for (i=0;i<3;i++)
7            printf("%d, %d, %d, %d\n", a[i], p[i], *(p+i), *(a+i));
8    }
```

验证和观察：运行结果如下，

1，1，1，1

2，2，2，2

3，3，3，3

问题拓展：指向数组的指针变量称为数组指针变量。一个数组是由连续的一块内存单元组成的。数组名就是这块连续内存单元的首地址。一个数组也是由各个数组元素（下标变量）组成的。每个数组元素按其类型不同占有几个连续的内存单元。一个数组元素的首地址也是指它所占有的几个内存单元的首地址。一个指针变量既可以指向一个数组，也可以指向一个数组元素，可把数组名或第一个元素的地址赋予它。如要使指针变量指向第 i 号元素可以把 i 元素的首地址赋予它或把数组名加 i 赋予它。

（3）程序具有如下功能：用指针法输入 12 个数，然后按每行 4 个数输出。

```
1    #include <stdio.h>
2    void main()
3    {
4        int j, a[12], *p=a;
5        for(j=0;j<12;j++)
6            scanf("%d", p++);
7        p=a;
8        for(j=1;j<=12;j++)
9        {
10           printf("%4d", *p++);
11           if(j%4 == 0)
12               printf("\n");
13       }
14   }
```

验证和观察：观察如何利用一重循环，使指针的移动；验证调试时如何使指针变量指向需要的目标变量。

问题拓展：①区分指针的值和指针指向变量的值；②通过指针操作数组元素。

2. 分析与改错

（1）程序具有如下功能：使指针变量 pt1 指向 a 和 b 中的大者，pt2 指向小者。上机调试下面的程序，记录系统给出的出错信息，并指出出错原因。

```
1      swap(int *p1, int *p2)
2      {
3          int *p;
4          p=p1;
5          p1=p2;
6          p2=p;
7      }
8
9      void main()
10     {
11         int a, b;
12         scanf("%d, %d", &a, &b);
13         pt1=&a;
14         pt2=&b;
15         if(a<b)
16             swap(pt1.pt2);
17         printf("%d, %d\n", *pt1, *pt2);
18     }
```

分析和提示：

① 指针的定义方式，即在主函数中使用了指针，则该指针要在主函数中定义，在第 11、12 行应添加定义指针变量的语句。

② 自定义函数一般指定其函数类型，并在主函数中予以定义，即在第 1、11、12 行应添加改语句。

③ 本题要求修改 4～6 行内容，即掌握两个指针变量的值通过第三方变量和相应指针变量进行交换的方式。

④ 本题要求自定义函数要返回值，即在 6、7 行要添加一处值返回语句。

（2）该程序具有如下功能：计算 1+2+3+…+10 的值，且将各个数字存放在一个数组中，输出数组各元素的值和最后结果。补足所缺语句。

```
1      #include "stdio.h"
2      void main()
3      {
4          int a[10], i, *pa;
5          pa=a;
6          for(i=0;i<10;i++)
7          {
8              _____①_____;      /*将变量 i 的值赋给由指针 pa 指向的 a[]的数组单元*/
9              sum=sum+*pa;
10             pa++;
11         }
12         _____②_____;          /*指针 pa 重新取得数组 a 的首地址*/
13         for(i=0;i<10;i++)
14         {
15             printf("a[%d]=%d\n", i, *pa);
16             _____③_____;       /*将指针 pa 指向 a[]的下一个单元*/
```

```
17        }
18        printf("sum=%d\n", sum);
19    }
```

（3）该程序具有如下功能：建立一个如下所示的二维数组，并按以下格式输出。请从对应的一组选择项中，选择正确的填入。

```
1  0  0  0  1
0  1  0  1  0
0  0  1  0  0
0  1  0  1  0
1  0  0  0  1
```

```
1     #include <stdio.h>
2     void main()
3     {
4         int a[5][5]={0}, *p[5], i, j;
5         for(i=0;i<5;i++)
6             p[i]=   ①   ;
7         for(i=0;i<5;i++)
8         {
9             *(p[i]+   ②   )=1;
10            *(p[i]+5-   ③   )=1;
11        }
12        for(i=0;i<5;i++)
13        {
14            for(j=0;j<5;j++)
15                printf("%2d", p[i][j]);
16            ④   ;
17        }
18    }
```

① A.&a[i][0]   B.&a[i][1]   C.&p[i]   D.&a[0][i]
② A.0   B.1   C.i   D.(i+1)
③ A.0   B.1   C.i   D.(i+1)
④ A.putchar("\n");   B. putchar('\n');   C. putchar(\n);   D.printf('\n');

3. 设计与综合

（1）输入三个整数，按由小到大的顺序输出。运行无错后改为输入三个字符串，按由小到大的顺序输出。

程序提示：

先排序，排序时交换两个数使用以下函数：

```
1     void swap(int *p 1 , int *p2)
2     {
3         int p;
4         p=*p1;
5         *p1=*p2;
6         *p2=p;
```

```
7    }
```

调用格式为 swap（&a，&b），可实现 a 与 b 的交换

字符串的交换使用以下函数：

```
1    void swap(char *p 1 , char *p2)
2    {
3         char p[80];
4         strcpy(p, p1);strcpy(p 1 , p2);strcpy(p2, p);
5    }
```

main 函数结构如下：

```
1    int n 1 , n2, n3, *p 1 , *p2, *p3;
2       void swap(int *p 1 , int *p2);
3       输入三个数或三个字符串
4       p 1 , p2, p3 分别指向这三个数
5       if(n1>n2) swap(p 1 , p2);
6       if(n1>n3) swap(p 1 , p3);
7       if(n2>n3) swap(p2, p3);
8       输出这三个数
```

（2）有 n 人围成一个圈，顺序排号，从第一个人开始报数（从 1 到 3 报数），凡报到 3 的人退出圈子，问最后留下的是原来第几号的那位。

程序提示：

报数程序段如下：

```
1    for(i=0;i<n;i++)
2        *(p+i)=i+1;
3        i=0;                /* i 为现正报数的人的编号 */
4        k=0;                /* k 为 1、2、3 计数时的计数变量 */
5        m=0;                /* m 为退出的人数 */
6        while(m<n-1)
7        {
8             if(*(p+i)!=0)k++;
9             if(k= =3)   //对退出的人的编号置 0
10            {
11                 *(p+i)=0;
12                 k=0;
13                 m++;
14            }
15            i++;
16            if(i= =n)i=0;
17       }
```

（3）用一个函数实现两个字符串的比较，即自己写一个 strcmp 函数。

```
int   strcmp (char   *p 1 , char   *p2);
```

设 p1 指向字符串 s 1 ，p2 指向字符串 s2，要求当两个字符相同时返回 0 ，若两个字符串

不相等，则返回它们二者第一个不同字符的 ASCII 码的差值。两个字符串 s 1，s2 由主函数输入，strcmp 函数的返回值也由主函数输出。

程序提示：

使用以下函数进行比较：

```
1     int strcmp (char *p 1 , char *p2)
2     {
3           int i=0;
4           while (*(p1+i)==*(p2+i))
5                 if(*(p1+i++)=='\0') return 0;
6           return *(p1+i)-*(p2+i);
7     }
```

2.11.4 课后思考

（1）指针的值和指针变量的值有什么不同？

（2）指针与数组的关系？数组指针作为函数参数有什么使用方法？

（3）编写一个函数，使输入的一个字符串按反序存放，在主函数中输入和输出字符串。

（4）已知一个整型数组 a[5]，其各元素值为 4，6，8，10，12。使用指针求该数组元素之积。

（5）有 n 个整数，使其右循环移 m 个位置，写函数实现以下功能，n，m 在 main 函数中输入，并输出循环可移之后的 n 个数。

2.11.5 实验报告要求

将设计与综合的源程序、运行结果和改错题改正后的源程序、运行结果，以及实验中遇到的问题和解决问题的方法，写在实验报告上。

2.12 结构体程序实验

2.12.1 实验目的和要求

（1）掌握结构体类型变量的定义和使用。

（2）掌握结构体类型数组的定义和使用。

（3）理解结构变量和结构指针作为函数参数的使用方法及区别。

（4）了解共用体的定义和使用。

（5）掌握链表的概念，初步学会对链表进行操作。

（6）了解枚举类型的定义及枚举变量的使用。

2.12.2 实验重点和难点

（1）结构体类型变量的定义和使用。

（2）结构体指针、结构数组名作为函数参数的调用方法。

2.12.3　实验内容

1. 观察与验证

（1）运行以下程序，并分析运行结果。

```
1    #include   <stdio.h>
2    void main()
3    {
4      struct   student_info
5      {
6         long   num;
7         char   name[20];
8         int age;
9      }st[3]={{1001,"wang",19},{1002, "li",18},{1003, "zhang",20}},*p;
10     printf("No.\tName\tAge\n");
11     for(int i=0; i<3; i++)
12         printf("%ld\t%s\t%d\n",st[i].num, st[i].name, st[i].age);
13   }
```

观察与验证：分析运行结果。

然后将 8、9 行的语句改为

```
for(p=st; p<st+3; p++)
printf("%ld\t%s\t%d\n",p->num, p->name, p->age);
```

分析运行结果。

（2）仔细阅读以下程序。

```
1    #include<stdio.h>
2    void main()
3    {
4          union EXAMPLE
5          {
6             struct
7             {
8                  int x;
9                  int y;
10            }in;
11            int a;
12            int b;
13         }e;
14         e.a=1;
15         e.b=2;
16         e.in.x=e.a*e.b;
17         e.in.y=e.a+e.b;
18         printf("%d,%d\n",e.in.x,e.in.y);
19   }
```

观察与验证：

分析运行结果，画出共用体变量各成员在内存中的结构图。

（3）仔细阅读以下程序。

```
1    #include<stdio.h>
2    void main()
3    {
4        enum em{em1=3,em2=1,em3};
5        char *aa[]={"AA","BB","CC","DD"};
6        printf("%s%s%s\n",aa[em1],aa[em2],aa[em3]);
7    }
```

观察与验证：分析运行结果。

然后将第 4 行"enum em{em1=3,em2=1,em3};"改为"enum em{0,1,2};"，再分析运行结果。

2. 分析与改错

（1）每个学生包括学号、姓名和成绩数据，要求找出成绩最高者的姓名和成绩（设有4个学生）。

```
1    #include <stdio.h>
2    void   main()
3    {
4      struct   student_info
5      {
6        int num;
7        char name[20];
8        float score;
9      }stu[4],*p;
10     int i,temp=0;
11     float max;
12     for(i=0;i<4;i++)
13       scanf("%d   %s   %f",stu[i].num,stu[i].name,stu[i].score);
14     max=stu[0].score;
15     for(i=1;i<4;i++)
16     {
17       if(stu[i].score>max)
18       {
19         max=stu[i].score;
20         temp=i;
21       }
22     }
23     *p=stu+temp;
24     printf("\n The max score:\n");
25     printf("No.: %d \n name: %s \n score: %4.1f\n",*p->num,*p->name,*p->score);
26   }
```

分析与改错：

① 第 13 行，赋值时格式错误，请修改。

② 第 23 行指针变量引用出错，请修改。

③ 第 25 行指针变量引用出错，请修改。

（2）下面程序是使用冒泡排序算法实现按学生成绩从高分到低分排序输出。请将以下程序填写完整，并观察结果。

```
1   #include<stdio.h>
2   struct student_info                    /*学生结构体*/
3   {
4      char number[20];                    /*学号*/
5      char name[20];                      /*姓名*/
6      double score;                       /*分数*/
7   };
8   void sort_info(struct student_info *);  /*函数声明*/
9   void main()
10  {
11     struct student_info std[4]=
12     {{"14152001","Zhanghu",70,{"14152002","zhenzheng",78},
13     {"14152003","dongyi",86},{"14152004","liuming",71}};
14     int i;
15     sort_info (___①___);
16     printf("\nThe result is: \n ");
17     for(i=3;i>=0;i--)
18     printf("学号:%s 姓名:%s 成绩%.2f\n",
19            std[i].number, std[i].name, std[i].score);
20  }
21  void sort_info(___②___)
22  {
23     struct student_info temp;
24     int i,j;
25     for (i=0;i<3;i++)
26     {
27       for(j=i+1;j<4;j++)
28       {
29         if(___③___)
30         {
31           temp=stu1[i];
32           stu1[i]=stu1[j];
33           stu1[j]=temp;
34         }
35       }
36     }
37  }
```

思考：

① 向函数传递结构数组元素与向函数传递数组元素的类比。

② 如果有多门课程，如何实现按课程分数、平均分进行排序。

（3）下面程序是实现从尾部添加学生信息的功能，直到输入"n"或"N"停止。请将以下程序填写完整，并观察结果。

```
1    #include<stdio.h>
2    #include<string.h>
3    #include<conio.h>
4    #include<stdlib.h>
5    #define init_size 100              /*学生数量初始化大小*/
6    #define subject_num  3             /*科目数量*/
7    struct student_info                /*学生结构体*/
8    {
9       char number[20];               /*学号*/
10      char name[20];                 /*姓名*/
11      double score[subject_num];     /*科目数组*/
12      double sum;                    /*总分*/
13      double average;                /*平均分*/
14   };
15   typedef struct student_info stu_info;
16   int numstus;                       /*学生数量*/
17   char *subject[]={"计算机","数学","英语"};
18   stu_info *record;                  /*指向学生信息的指针*/
19   void add_record();                 /*声明函数*/
20   int main()
21   {
22      record=NULL;
23      record=(stu_info*)malloc(init_size*sizeof(stu_info));
24      _____①_____
25      return 0;
26   }
27   void add_record()                         /*从尾部开始逐个增加信息*/
28   {
29      char str[20];
30      int j,time=0;
31      double mark,sum,x;
32      if(numstus= =0)
33         printf("原来没有记录,现在建立新表\n");
34      else
35         printf("现在在当前表的末尾添加新的信息\n");
36      while(1)
37      {
38         if(time++= =0)
39            printf("您将要添加一组信息，确定吗？(Y/N):");
40         else
41            printf("您需要继续添加信息吗？(Y/N)");
42         gets(str);
43         if(str[0]= ='n'||str[0]= ='N')
44            break;
45         printf("请输入学号:");
```

```
46          gets(record[numstus].number);
47          printf("请输入姓名:");
48          gets(record[numstus].name);
49                  ②
50          for(j=0;j<subject_num;j++)
51          {
52              printf("请输入%s 成绩:",subject[j]);
53              gets(str);
54              mark=atof(str);
55              record[numstus].score[j]=mark;
56              sum+=mark;
57          }
58                  ③
59          record[numstus].average=sum/subject_num;
60                  ④
61          printf("\n");
62      }
63      printf("现在一共有%d 条信息\n",numstus);
64  }
```

思考:

① 动态存储分配函数 malloc()的应用。

② 类型定义符 typedef 的应用。

③ 自定义一个函数,要求把学生信息输出到屏幕,如何实现。

(4)下面自定义函数的功能是在上题的结构体类型上增加一个成员:"名次",并根据总分计算学生的名次,函数返回名次。

```
1   struct student_info              /*学生结构体*/
2   {
3       char number[20];             /*学号*/
4       char name[20];               /*姓名*/
5       double score[subject_num];   /*科目数组*/
6       double sum;                  /*总分*/
7       double average;              /*平均分*/
8       int index;                   /*名次*/
9   };
10  int get_index(double sum)        /*得到学生的名次*/
11  {
12      int i,cnt=0;
13      for(i=0;i<numstus;i++)
14      {
15          if(record[i].sum<sum)
16          {
17              record[i].index--;
18          }
19          else if(record[i].sum>sum)
20              cnt++;
```

```
21      }
22      return cnt;
23    }
```

分析与改错：

① 第 17 行，语句错误，请修改。

② 第 22 行函数返回值出错，请修改。

（5）学生的记录由学号和成绩组成，N 名学生的数据已在主函数中放入结构体数组 s 中，请编写函数 fun，它的功能是函数返回指定学号的学生数据，指定的序号在主函数中输入。若没找到指定的学号，在结构体变量中给学号置空串，给成绩置-1，作为函数值返回。

```
1      #include<stdio.h>
2      #include<stdlib.h>
3      #include<string.h>
4      #define   N   16
5      typedef struct
6      {
7        char num[10];
8        int s;
9      }STU;
10     STU fun(STU *a, char *b)
11     {
12       int i;
13       STU str={___①___};      /*若没找到指定的学号,在结构体变量中给学号置空串,给成绩置-1*/
14       for(i=0;i<N;i++)
15       if(___②___ = =0)         /*找到指定学号的学生数据*/
16         str=a[i];
17       return___③___;
18     }
19     void main()
20     {
21       STU s[N]={
22     { "GA005",85},{"GA003",76},{"GA002",69},{"GA004",85},
23     {"GA001",91},{"GA007",72},{"GA008",64},{"GA006",87},
24     {"GA015",85},{"GA013",91},{"GA012",64},{"GA014",91},
25     {"GA011",77},{"GA017",64},{"GA018",64},{"GA016",72}};
26       STU h;
27       char m[10];
28       int i;
29       printf("The original data:\n");
30       for(i=0;i<N;i++)
31         {if(i%4==0)
32            printf("\n");             /*每行输出 4 个学生记录*/
33       printf("%s %3d\t",s[i].num,s[i].s);
34         }
35       printf("\n\nEnter the number: ");
```

```
36      gets(m);
37      h=___④___;
38      printf("The data: ");
39      printf("\n%s %4d\n",h.num,h.s);
40    }
```

思考:

① 结构指针作为函数参数与结构变量作为函数参数的区别。

② 本例中 STU fun(STU *a, char *b)函数返回的是结构体变量,修改 fun 函数使之返回结构体指针。

③ 返回结构体变量的函数与返回结构体指针的函数,哪个效率更高,为什么?

3. 设计与综合

(1) 从键盘输入 N 个学生的学号、姓名、成绩信息,按优秀(90—100)、良好(80—89)、中等(70—79)、及格(60—69)、不及格(<60)五个等级,设置学生成绩的等级,并统计不及格的人数。

程序提示:

① 首先分析要存放的信息,设计合适的数据结构,可以参照分析与改错里面的题目。

② 按照模块化程序设计思想,把题目要求的设置学生成绩等级功能做成相应的函数 set_grade(),函数返回不及格的人数,调用采用传地址调用方式。

③ set_grade()函数采用循环结构,循环利用指针的移动,用多分支结构来设置学生信息中的等级。

④ 主函数中首先输入学生信息,然后调用 set_grade()函数设置学生成绩等级,最后输出学生信息和不及格的学生人数。

(2) 使用结构数组存储学生成绩信息(包括学号、姓名、3 门课程成绩、平均分、总分),要求实现对学生信息修改的操作(假定最多输入 50 个学生的信息,修改都按姓名这一个条件进行操作)。

程序提示:

① 按照模块化程序设计思想,把题目要求的各种功能做成相应的函数,新建学生信息由 new_record()函数完成,按姓名查询学生信息由 query_info()函数完成,修改学生信息由 modify_record()函数完成,主函数进行调用完成程序的总体控制。

② 在程序首部定义结构类型 student_info,在主函数中定义结构数组 students,每一个结构数组元素都是一个结构变量,对应一个学生信息。

③ 结构数组作为函数参数(或函数参数之一),调用时实参为结构数组名 students,即将数组首地址传递给函数形参。

④ 按姓名查询某学生信息用函数 int query_info(struct student_info students[ ], char *name)实现,函数的形参为结构数组名和字符型指针变量。函数可以通过 strcmp(name,students[i].name)= =0 来定位结构数组元素,如果上式成立,函数返回 i 的值,即定位了要查询学生的位置。

⑤ 修改学生信息由 modify_record()函数,通过 query_info()的返回值 i 进行定位,重新对 students[i]进行赋值即完成对学生信息的修改操作。

(3) 在上题的基础上,完成删除某学生信息的操作。

程序提示:

① 在上题的基础上再定义一个删除学生信息函数"void remove_record();"。

② 定义一个全局变量 Count，用于存储当前学生的总人数。

③ void remove_record()函数通过调用 int query_info(struct student_info students[ ], char *name)进行定位，即找到结构数组元素 students[i]中的 i（students[i]为需要删除的结构数组元素）。

④ void remove_record()函数从 i 开始，循环做：把后一个结构数组元素覆盖前一个结构数组元素（student[i]=student[i+1];），循环条件为 i<Count-1。由于覆盖结构数组元素是一个独立的功能，其他地方也可能用到，比如说插入结构数组元素，因此我们把覆盖结构数组元素的功能单独做了一个函数 copy_record()。

2.12.4　课后思考

（1）什么是结构体变量和结构体成员变量？如何引用结构体成员变量？

（2）结构体变量、结构体指针如何作为函数参数使用及它们的区别？

（3）typedef 给系统数据类型及构造类型重新命名的应用和优点？

（4）如何应用动态存储分配函数 malloc()？

（5）如何完成结构体数组元素的输入、输出、查询、修改、插入、删除等操作？

（6）如何建立链表并实现插入、删除，以及查找操作？

2.12.5　实验报告要求

将编程题（11-1 至 11-3）的源程序和分析与改错题（11-1 至 11-5）填空或改正后的源程序、运行结果，以及实验中遇到的问题和解决问题的方法，写在实验报告上。

2.13　文件程序实验

2.13.1　实验目的和要求

（1）掌握文件输入/输出的操作过程。

（2）掌握文件打开、读写、关闭的概念和方法。

（3）掌握常用文件的应用。

（4）理解文本文件与二进制文件的区别。

2.13.2　实验重点和难点

（1）文件和文件指针的概念。

（2）文件的打开与关闭及各种文件函数的使用方法。

2.13.3　实验内容

1．观察与验证

（1）简单文件输入示例。

```
1    #include <stdio.h>
2    void main()
```

```
3     {
4         FILE *fp;
5         int i=32767;
6         char ch='A';
7         fp=fopen("test.bin","wb");
8         fwrite(&i,sizeof(int),1,fp);
9         fwrite(&ch,sizeof(char),1,fp);
10        fclose(fp);
11    }
```

实现要求：编辑、编译、运行程序，可以看到用户目录产生一个二进制文件 test.bin，查看文件属性。

观察与验证：

人工分析 test.bin 文件大小：_____字节。

实际观察结果：_____字节。

参考程序，思考 test.bin 文件为什么是这么大的字节？

（2）字符方式文件读写函数示例。

```
1     #include<stdio.h>
2     #include<process.h>
3     void main()
4     {
5         FILE *fp;
6         int ch;
7         if((fp=fopen("result.txt","w"))= =NULL)
8         {
9             printf("file created error.\n");
10            exit(0);
11        }
12        do
13        {
14            ch=getchar(); fputc(ch,fp);
15        }while(ch!='#');
16        fclose(fp);
17    }
```

实现要求：编辑、编译、运行程序，输入。

```
apple ✓
grape ✓
pear✓
#✓
```

观察与验证：

可以看到用户目录产生一个文本文件 result.txt。

人工分析 result.txt 文件内容为_____。

打开文本文件 result.txt，实际观察结果：_____。

思考：

① 文本文件，二进制文件操作前应当如何设置文件打开的方式？

② 使用 fputc()函数与 fgetc()函数对文件数据进行输入输出的方法。

③ 使用文本文件、二进制文件保存数据的差别？

（3）字符串方式文件读写函数应用示例。

```
1   #include<stdio.h>
2   #include<process.h>
3   #include<string.h>
4   void main()
5   {
6     FILE *fp;
7     char a[ ][80] = {"apple", "grape", "pear"}, strout[80]=""; int i;
8     if((fp = fopen("result2.txt","w")) = = NULL)
9     {
10      printf("File open error!\n");    exit(0);
11    }
12    for(i = 0;i < 3;i++)
13        fputs(a[i], fp);
14    fclose(fp);
15    if((fp = fopen("result2.txt","r")) = = NULL)
16        {printf("File open error!\n"); exit(0); }
17    i=0;
18    while(!feof(fp))
19    {
20      if( fgets(strout, strlen(a[i++])+1, fp) != NULL)
21      puts(strout);
22    }
23    fclose(fp);
24  }
```

观察与验证：

① 分析运行结果。

人工分析运行结果：_____。

实际运行结果：_____。

② 第 18 行到 21 行能否改为：

```
while( fgets(strout, strlen(a[i++])+1, fp) != NULL)puts(strout);
```

③ 第 20 行"strlen(a[i++])+1"为什么加 1？不加 1 能编译成功吗？如果会的话会出现什么结果？

思考：

① 使用 fputs()函数与 fgets()函数对文件数据进行输入输出的方法。

② 能否使用 fputc()函数与 fgetc()函数完成本例？用 fgetc()函数读取文件数据怎么判断文件结束？

③ 判断文件结束的两种方法是什么？两种方法有什么区别？

（4）格式化文件读写函数示例。

```
1     #include <stdio.h>
2     #include<process.h>
3     #include<string.h>
4     void main()
5     {
6       char   a[ ][80] = {"apple", "grape", "pear"},c[20];
7       int i=0;
8       FILE *fp;
9       if((fp=fopen("result3.txt","w+"))==NULL)
10        {puts("can't open file");exit(0) ;}
11      while (i<3)
12        fprintf(fp,"%s\n",a[i++]);     /*把数据写入文件*/
13      rewind(fp);                 /* 用于把指针 fp 所指的文件的内部位置指针移动文件头*/
14      while(fscanf(fp,"%s",c)!=EOF)
15        fprintf(stdout,"%s\n",c);     /*输出到屏幕*/
16      fclose(fp);
17    }
```

观察与验证：

① 人工分析运行结果：_____。

实际运行结果：_____。

② 第 6 行如果改为 "char   a[ ][80] = {"apple 1","grape 2","pear 3"},c[20];" 程序的运行结果会怎样？

人工分析运行结果：_____。

实际运行结果：_____。

思考：

① 使用 fprintf()函数与 fscanf()函数对文件数据进行输入输出的方法？

② fprintf()函数与 fputs()函数，fscanf()函数与 fgets()函数的区别。

③ 使用 fprintf()函数写文件，fscanf()函数读文件为什么耗费的时间相对多些？

2. 分析与改错

（1）以下程序中用户由键盘输入一个文件名，然后输入一串字符（用#结束输入）存放到此文件中形成文本文件，并将字符的个数写到文件尾部。

```
1     #include <stdio.h>
2     #include<process.h>
3     void main(   )
4     {
5       FILE *fp;
6       char ch,fname[32]; int count=0;
7       printf("Input the filename :"); scanf("%s",fname);
8       if((fp=fopen(____①____))==NULL)
9       {printf("Can't open file:%s \n",fname); exit(0);}
10      printf("Enter data:\n");
11      while((ch=getchar())!='#')
```

```
12        {fputc(ch,fp); count++;}
13        fprintf(___②___,"\n%d\n",count);
14        fclose(fp);
15    }
```

分析与改错：

请根据题意填空。本程序是让读者学习、体会 fopen()、fputc()、fprintf()、fclose()函数的使用。可用程序单步执行命令（F10）和 watch 命令监视第 11、12 行执行时将字符逐一写入文件中。方法是先在这两行上设置两个断点（F9），运行程序到断点处时，点击 watch 变量行，输入 ch 变量，然后用单步执行命令（F10）观察验证其值的变化。程序执行完后，打开文件，验证其正确性。

思考：

为什么将字符串写入文件后（while((ch=getchar())!='#'){fputc(ch,fp); count++;}），可以直接写字符的个数（fprintf(___②___,"\n%d\n",count);）？

（2）把第一个文本文件中的内容追加到第二个文本文件的内容之后。

例如：文件 A.txt 为第一个文本文件，文件 B.txt 为第二个文本文件。

将文件 A.txt 和文件 B.txt 内容预先建立好。

文件 A.txt 的内容为 I m ten.

文件 B 的内容为 I m a student!

追加之后文件 B 的内容为"I m a student! I m ten."。

```
1     #include <stdio.h>
2     void main()
3     {
4        FILE *fp1,*fp2;
5        char n1[50],n2[50];
6        int ch;
7        printf("first file:");gets(n1);
8        printf("second file:");gets(n2);
9        if((fp1=fopen(n1, "r")) = = NULL)
10          {printf("Can not open file %s\n",n1);exit(1);}
11       if((fp2=fopen(n2, "r")) = = NULL)
12          {printf("Can not open file %s\n",n2); exit(1); }
13       fseek(fp2,0L, SEEK_SET);
14       while((ch=fgetc(fp1))!= EOF)
15          fputc(ch,fp2);
16       fclose(fp2);fclose(fp1);
17    }
```

分析与改错：

① 第 11 行，请思考第二个文件应该以什么方式打开。修改第 11 行。

② 第 13 行，请思考应把第二个文件的位置指针移到什么位置，然后再把第一个文件的数据复制进来。修改第 13 行。

执行完程序后打开第二个文件，验证其正确性。

思考：

① fseek 函数的用法。

② 编写程序实现文件的复制功能。

③ 编写程序将 2 个文件连接成第 3 个文件。

（3）编程从键盘输入 3 个学生的数据，将它们存入到文件 result.dat 中，然后再读出显示在屏幕上。

```
1    #include <stdio.h>
2    #define SIZE 3
3    struct student_info
4    {
5       int no;
6       char name[10];
7       int score;
8    }stud[SIZE],fout;
9    void student_save()
10   {
11      int i;
12      FILE *fp;
13      if((fp=fopen("result.dat","wb"))==NULL)
14         {printf("file created error.\n"); return; }
15      for(i=0;i<SIZE;i++)
16      {
17         if(_____①_____)
18            printf("file write error.\n");
19      }
20      _____②_____;
21   }
22   void student_display()
23   {
24      FILE *fp;
25      int i;
26      if((fp=fopen("result.dat","rb"))= =NULL)
27         { printf("file openned error.\n"); return; }
28      printf("No.   Name    score\n");
29      while(_____③_____)
30         printf("%-4d%-10s%-4d\n",fout.no, fout.name, fout.score);
31      _____④_____;
32   }
33   main()
34   {
35      int i;
36      for(i=0;i<SIZE;i++)
37      {
38         printf("Please input student %d:",i+1);
39         scanf("%d%s%d ",&stud[i].no, stud[i].name, &stud[i].score);
40      }
41      student_save();
```

```
42        student_display();
43    }
```

分析与改错：

此题考察数据块读写函数 fread()、fwrite() 的用法。根据题意请填空。

思考：

① 用 fwrite() 函数建立文件或 fread() 函数读文件数据，是按记录块把内容输出到文件或从文件读出，它适合什么样特点的文件？由于文件的这个特点，加上文件位置指针的定位，因此 fwrite()、fread() 可以随机读写文件。

② 如何在上例中读取第二个学生的信息。

3. 设计与综合

（1）前面章节，学生成绩管理系统的例子都只把结果输出到屏幕，结果不能保存。根据本章所学文件内容，参照分析与改错的习题，请大家进一步思考以下问题，编写自定义函数。

```
struct student_info                    /*学生结构体*/
{
    char number[20];                   /*学号*/
    char name[20];                     /*姓名*/
    double score[subject_num];         /*科目数组*/
    double sum;                        /*总分*/
    double average;                    /*平均分*/
};
```

① 将每个学生的记录信息写入文件。

② 从文件中读出每个学生的信息并显示。

程序提示：

① 按照模块化程序设计思想，把题目要求的写入文件、读文件数据做成相应的函数，数据写入文件由 int save_record() 函数完成，从文件读数据由 int load_record() 函数完成。

② 学生结构数组元素长度一样，可以用 fread()、fwrite() 函数完成函数的读写操作。

③ 自定义函数考虑可以对任意指定名字的文件进行读写操作。

④ int load_record() 函数考虑读出的数据是否覆盖原有数据的情况。

（2）实现从文本文件中读出指定学号的学生信息并显示，文本文件的存放格式是每行对应一个学生的信息。最后一行没有换行符。

测试用例如下：

文件 student.txt 的内容为

11405200101 zhangsan 70 80 90 240 80

11405200102 lisi 80 60 70 210 70

输入：11405200102

输出：11405200102 lisi 80 60 70 210 70

输入：11405200108

输出：Not Found!

程序提示：

采用结构类型变量保存学生信息。以 "r" 方式打开文本文件，使用 fscanf()函数从文本文件中读出数据到结构体变量的各分量，将学号分量与要找的学号进行比较。重复读出和比较操作，直到找到或遍历完整个文件为止。学号是字符串，比较学号可以用 strcmp()函数。

（3）统计文本文件中各类字符的个数。

程序提示：

该问题可以采用最基本的文本文件处理方式。首先通过 gets()函数读入文件名，打开文件，然后每次从文件中读入一个字符（利用 fgetc()函数），并根据字符的类别在对应的计数变量内进行计数。重复直到遇到文件结束符。关闭文件，输出结果。

2.13.4　课后思考

（1）不同情况下文件不同的打开方式。

（2）什么情况下适用随机读写函数 fread()、fwrite()。

（3）什么情况下适用 fscanf()、fprintf()函数。

（4）有几种方法判断读到文件末尾。

（5）怎样定位文件中的数据。

2.13.5　实验报告要求

将编程题（12-1 至 12-3）的源程序和分析与改错题（12-1 至 12-3）填空或改正后的源程序、运行结果，以及实验中遇到的问题和解决问题的方法，写在实验报告上。

第3章 C语言程序设计课外实验

3.1 数据类型：简单的数据加密

3.1.1 实验目的和要求

（1）熟练掌握"/"和"%"运算符号的运用。

（2）掌握整型数据和字符型数据之间的关系。

3.1.2 实验内容

用 C 语言做一个简单的数据加密程序。在此程序中，首先原数据要为小于 4 位数的整数。然后对用户输入的原数据进行反转（如输入 123，反转后为 321），再对每一位数加上 5，并用加 5 后的和除以 10 的余数代替这个数字，最后再把第一位的数字和最后一位的数字交换位置，从而得到加密后的数据。

分析：

（1）为了方便对每一位数字进行操作，我们需要把数据的每位数拆分出来并存在四个整型变量中，而且对这四个变量中的数进行反转。

（2）然后再对这个四个变量中的每一个变量进行加 5，除以 10 取余数。

（3）最后再交换第一位和最后一位的位置。

（4）我们还要考虑用户输入的数是否是小于 4 位的整数。

输入输出范例：

Input a number:1234

The encrypted number is:6879

问题拓展：若改成"原数据是小于 8 位的数据，同时要求第二位和倒数第二位的数字进行交换"，假设输入的是 8 位数，是不是定义 8 个变量来存储每一位上的数字？

输入输出范例：

Input a number:1234567

The encrypted number is:6709812

3.1.3 同类型思考题

（1）某个公司采用公用电话传递数据，数据是四位的整数，在传递过程中是加密的，加密规则是将该数字每一位上的数字加 9，然后除以 10 取余数，作为该位上的新数字，最后将千位和十位上的数字互换，百位和个位上数字互换，组成加密后的新四位数。

输入输出范例：

Input a number: 1257

The encrypted number is: 4601

（2）从键盘输入一系列字符，要将输入的字符译成密码后再输出。密码规律：用原来的字母的 ASCII 码值加上 5 后所对应的新字符代替原来的字符。

输入输出范例：

Please input: Chinese

The result is: Hmnsjxj

3.2　选择结构：求解不多于 5 位的整数各个数位上的数字

3.2.1　实验目的和要求

（1）熟练掌握将整数各个数位分解出来的方法。

（2）熟练运用 if…else，switch 等选择结构语句。

3.2.2　实验内容

输入一个不多于 5 位的正整数，编写程序，完成以下功能：①求它是几位数；②分别输出每一位数字；③按逆序输出各位数字。例如原数是 321，则输出 123。

分析：

（1）首先判断输入的数是几位数。

（2）分别求出正整数各个数位上的数字，对不同位数的数字要注意分别考虑，或者使用可以满足求不同位数整数各个数位数字的通用算法。

（3）可以使用 switch 语句分别对各种情形下的数据进行反序输出。

输入输出范例：

Input a number（0～99999）：65421

位数=5

每位上的数字分别为：6、5、4、2、1

反序数字为：12456

3.2.3　同类型思考题

（1）输入火车的出发时间和到达时间，计算并输出旅途时间。时间可用整数表示，定义两个整型变量，starttime，endtime 分别表示出发时间和到达时间。有效的时间范围为 0000～2359（前两位表示小时，后两位表示分钟）。

分析：

① 注意考虑出发时间和到达时间的多种情况。出发时间可能比到达时间晚，即跨天到达的情况。

② 应该将表示分钟的两位和表示小时的两位看作一个整体。

③ 注意考虑借位的情况，比如分钟向小时借位，借 1 当 60，而不是借 1 当 10。

输入输出范例：

第一次运行：

Input starttime:852（表示出发时间是 8：52）

Input endtime:1941（表示到达时间是 19：41）

The total time is 10 hours 49 minutes

第二次运行：

Input starttime:1852（表示出发时间是 18：52）

Input endtime:658（表示到达时间是第二天 6：58）

The total time is 12 hours 6 minutes

（2）编写程序，输入一个 5 位数，判断它是不是回文数。例如 12321 是回文数，个位与万位相同，十位与千位相同。

分析：学会分解出每一位数。

输入输出范例：

Please input: 12321

The result is: yes

（3）输入某年某月某日，判断这一天是这一年的第几天？

分析：以 3 月 5 日为例，应该先把前两个月的加起来，然后再加上 5 天即本年的第几天，特殊情况，闰年且输入月份大于 3 时需考虑多加一天。

输入输出范例：

please input year,month,day: 2014,12,10

It is the 344 day.

（4）企业发放的奖金根据利润提成。利润（I）低于或等于 10 万元时，奖金可提 10%；利润高于 10 万元，低于 20 万元时，低于 10 万元的部分按 10%提成，高于 10 万元的部分，可提成 7.5%；20 万到 40 万之间时，高于 20 万元的部分，可提成 5%；40 万到 60 万之间时高于 40 万元的部分，可提成 3%；60 万到 100 万之间时，高于 60 万元的部分，可提成 1.5%，高于 100 万元时，超过 100 万元的部分按 1%提成，从键盘输入当月利润 I，求应发放奖金总数？

分析：请利用数轴来分界，定位。注意定义时需把奖金定义成长整型。

输入输出范例：

请输入这个月的利润：850000

这个月的奖金为：37250

（5）运输公司对用户计算运费。

路程（S）越远，每公里运费越低。标准如下：

S<250km	没有折扣
250≤S<500	2%折扣
500≤S<1000	5%折扣
1000≤S<2000	8%折扣
2000≤S<3000	10%折扣
3000≤S	15%折扣

设每公里每吨货物的基本运费为 P（Price 的缩写），货物重为 w（weight 的缩写），距离为 S，折扣为 d（discount 的缩写），则总运费 f（freight 的缩写）的计算公式：f=P*w*S*(1-d)

分析：使用 switch 语句。

输入输出范例：

请输入每公里每吨货物的基本运费、货物重、距离：100 200 300

总运费=58000

3.3 循环结构：爱因斯坦走台阶

3.3.1 实验目的和要求

（1）掌握对于循环条件不明确题目的处理方法。

（2）掌握对三种循环语句的熟练运用。

（3）掌握整除问题的解决办法。

3.3.2 实验内容

爱因斯坦走台阶：有一台阶，如果每次走两阶，最后剩一阶；如果每次走三阶，最后剩两阶；如果每次走四阶，最后剩三阶；如果每次走五阶，最后剩四阶；如果每次走六阶，最后剩五阶；如果每次走七阶，刚好走完。求满足上述条件的最小台阶数是多少？

分析：

（1）确定循环的条件，即怎么样保证循环执行下去。

（2）将台阶数看成是整型数来处理。

运行结果：119。

3.3.3 同类型思考题

老王和他的孙子年龄之差为 60 岁，都出生于 20 世纪，两人的出生年份分别被 3，4，5 和 6 除，余数均为 1，2，3 和 4。问老王出生在哪一年？

运行结果：1918。

3.4 循环结构：体育比赛抽签程序

3.4.1 实验目的和要求

（1）掌握应用题的分析方法。

（2）将应用题转化为数学问题的处理方法。

3.4.2 实验内容

两个乒乓球队进行比赛，各出三人。甲队为 A，B，C 三人，乙队为 X，Y，Z 三人。已抽签决定比赛名单。有人向队员打听比赛的名单。A 说他不和 X 比，C 说他不和 X，Z 比，请编程序找出三队赛手的名单。

分析：

（1）首先根据题意画出示意图：

（2）根据以上推理，可得出对阵双方，但计算机在处理问题时，不可能像人这么智能地处理问题，只能对每一种成立的组合一一检验，然后得出结论。

（3）本题可以设置一个三重循环来求解，设 A 与 i 比赛，B 与 j 比赛，C 与 k 比赛，i、j、k 分别是 X、Y、Z 之一，且互不相等。

运行结果：A---Z　B---X　　C---Y。

3.4.3　同类型思考题

（1）有 10 个人参加体育比赛，通过抽签决定比赛对手。规则如下：第一个人在 1 到 10 中任意抽一随机数，如 5；么第二个人就只能在 1 到 10 抽任一随机数，但不能抽到 5，如 2；那第三个人就只能抽 1 到 10 任一数，不能抽到 5 和 2，……以此类推，直到每个人都找到对手。

（2）5 位跳水高手参加 10 米高台跳水决赛，有好事者让 5 人据实力预测比赛结果。

A 选手说：B 第二，我第三；

B 选手说：我第二，E 第四；

C 选手说：我第一，D 第二；

D 选手说：C 最后，我第三；

E 选手说：我第四，A 第一。

决赛成绩公布之后，每位选手的预测都只说对了一半，即一对一错。请编程解出比赛的实际名次。

3.5　循环与数组综合：十进制转化成二进制实验

3.5.1　实验目的和要求

（1）熟悉十进制转化 R 进制的方法。

（2）掌握循环相除的算法。

3.5.2　实验内容

编写程序，将一个不大于 256 的十进制正整数转化为 8 位的二进制数，若不足 8 位，则在前面补 0，例如十进制数 2 转化为 8 位二进制数后是 00000010。

分析：

（1）应当使用循环语句实现。

（2）十进制转化成二进制时除 2 取余在程序中的运用。

（3）定义一个数组，先将数组中的每一个元素都置 0，然后将求出的每一个二进制位按顺序存储下来。

（4）逆向输出数组即可。

输入输出范例：

Input a number：37

The result is：00100101

3.5.3　同类型思考题

（1）编程实现将任意的十进制整数转换成 R 进制数（R 在 2—16 之间）。

（2）编写一个程序，输入一个十六进制数，输出相应的十进制数。

3.6　数组：学生成绩管理系统

3.6.1　实验目的和要求

（1）进一步掌握数组的用法。

（2）数组知识的综合运用。

3.6.2　实验内容

某班有最多不超过 30 人参加某门课程的考试，用一维数组做函数参数编程实现如下学生成绩管理：

（1）录入每个学生的学号和考试成绩。

（2）计算课程的总分和平均分。

（3）按成绩由高到低排出名次表。

（4）按学号由小到大排场成绩表。

（5）按学号排名查询学生排名及其考试成绩。

（6）按优秀（90—100）、良好（80—89）、中等（70—79）、及格（60—69）、不及格（0—59）5 个级别，统计每个级别的人数以及所占的百分比。

（7）输出每个学生的学号、考试成绩、课程总分和平均分。

菜单界面范例：

（1）Input record

（2）Caculate total and average score of course

（3）Sort in descending order by score

（4）Sort in descending order by number

（5）Search by number

（6）Statistic analysis

（7）List record

0、Exit

Please enter your choice:

3.6.3　同类型思考题

（1）编程实现某单位工资管理系统。

（2）编程实现图书管图书管理系统。

3.7　函数：递归程序设计实验

3.7.1　实验目的和要求

（1）了解递归的概念。

（2）学会使用递归算法来编写程序。

3.7.2　实验内容

有 5 个人围坐在一起，问第 5 个人多大年纪，他说比第 4 个人大 2 岁；问第 4 个人，他说比第 3 个人大 2 岁；问第 3 个人，他说比第 2 个人大 2 岁；问第 2 个人，他说比第 1 个人大 2 岁。第一个人说自己 10 岁，问第 5 个人多大年纪。

分析：

（1）分析可知，此程序使用递归算法比较合适。

（2）利用递归的方法，递归分为回推和递推两个阶段。要想知道第五个人岁数，需知道第四人的岁数，依次类推，推到第一人（10 岁），再往回推。

（3）经整理，可得出递归公式为

$$age(n) = \begin{cases} 10 & (n=1) \\ age(n-1)+2 & (n>1) \end{cases}$$

3.7.3　同类型思考题

（1）编写一人个求 X 的 Y 次幂的递归函数，X 为 double 型，y 为 int 型，要求从主函数输入 x，y 的值，调用函数求其幂。

（2）用递归法将一个整数 n 转换成字符串（例如输入 4679，应输出字符串 "4679"），n 为不确定数，可以是位数不超过 5，且数值在 -32768～32767 之间的任意整数。

3.8　函数：求超级素数

3.8.1　实验目的和要求

（1）熟悉求解素数的方法。

（2）学会使用函数。

3.8.2　实验内容

一个 n 位超级素数是指一个 n 位正整数，它的前 1 位，前 2 位，……前 n 位都为素数。即当一个素数从低位到高位依次去掉一位数后剩下的数仍然是素数，则此数为超级素数。如数 2333、233、23、2 均为素数，所以 2333 是一个四位的超级素数。请设计一个程序判断一个整数是否是素数。

分析：

（1）由于需要在程序中多次判断一个数是否素数，故要将判断素数定义成一个函数。

（2）素数一定不能是 1。给定的数若为超级素数，则高位不能是 1。

（3）素数一定不能被 2 整除（2 除外）。给定的数若为超级素数，则各位数字不能含有 0，2，4，6，8（高位 2 除外）。

（4）素数一定不能被 5 整除（5 除外）。给定的数若为超级素数，则各位数字不能含有 0，5（高位 5 除外）。

（5）经过分析，有这样的结论：

① 高位可能为 2，3，5，7，而绝对不能是 0，1，4，6，8，9。

② 除高位外的其他各位数字可能是 1，3，7，9，而绝对不能是 0，2，4，5，6，8。

3.8.3　同类型思考题

（1）请编写一个函数 jsValue（int m，int k，int xx[]），该函数的功能是：将大于整数 m 且紧靠 m 的 k 个素数存入数组 xx 传回。

（2）找出所有 100 以内（含 100）满足 I，I+4，I+10 都是素数的整数 I（I+10 也在 100 以内）的个数 cnt 以及这些 I 之和 sum。请编写函数 countValue（）实现程序要求的功能。

（3）选出 100 以上 1000 之内所有个位数字与十位数字之和被 10 除所得余数恰是百位数字的素数（如 293）。计算并输出上述这些素数的个数 cnt 以及这些素数值的和 sum。

（4）若两个自然连续数乘积减 1 后是素数，则称此两个自然连续数为友数对，该素数称为友素数，例如：2*3-1=5，因此 2 与 3 是友数对，5 是友素数，求[40，119]之间友素数对的数目。

（5）若两个素数之差为 2，则称这两个素数为双胞胎数。求出[200，1000]之内有多少对双胞胎数。

（6）梅森尼数是指能使 2^n-1 为素数的数 n，求[1，21]范围内有多少个梅森尼数？

3.9　函数：不使用 strcpy 实现两个字符串的比较

3.9.1　实验目的和要求

（1）加强对库函数的理解。

（2）能对字符串操作函数熟练运用。

3.9.2　实验内容

编写一个函数实现对两个字符串的复制。不用使用 C 语言提供的标准函数 strcpy。要求在主函数中输入两个字符串，并输出复制后的结果。

分析：

（1）注意字符串结束标志的处理办法。

（2）可以引入指针解决问题。

（3）循环条件的设定方法。

3.9.3　同类型思考题

（1）编写一个函数实现对两个字符串的比较。不用使用 C 语言提供的标准函数 strcmp。

要求在主函数中输入两个字符串，并输出比较的结果（相等的结果为 0，不等时结果为第一个不相等字符的 ASCII 差值）。

（2）有一个字符串，包括 n 个字符。写一个函数，将此字符串从第 m 个字符开始的全部字符复制成另一个字符串。要求在主函数输入字符串及 m 值并输出复制结果。

3.10　结构体：通讯录的建立与查询

3.10.1　实验目的和要求

（1）熟练掌握结构体、数组的定义与使用方法，并能够混合使用以定义恰当的数据结构。

（2）熟练使用函数进行程序设计。

3.10.2　实验内容

通讯录排序。建立一个通讯录的结构记录，包括姓名、出生日期、电话号码、QQ、电子邮箱等信息。要求实现通讯录的录入、显示、查询功能。

分析：利用模块化思想，设计三个函数，一个用于录入、一个用于输出显示、一个用于查询。实现时需要注意结构体的设计。姓名、电话号码等信息都需要数组来实现。而出生日期还需要嵌套一个结构体才可以表达。

3.10.3　同类型思考题

（1）某人从 2000 年 1 月 1 日开始"三天打鱼，两天晒网"，问这个人在以后的某一天（从键盘输入）是在打鱼还是晒网。要求用结构体定义日期。

（2）工资项目包括职工编号、姓名、基本工资、奖金、保险、税金、实发工资。其中，税金=（基本工资+奖金）*0.05，实发工资=基本工资+奖金-保险-税金。要求实现职工的录入、显示、查询功能。

3.11　文件：英文单词关键词检索

3.11.1　实验目的和要求

熟练掌握文件指针的定义和使用方法，熟练掌握文件的读写操作。

3.11.2　实验内容

文本文件"example.dat"中有一篇英文短文（字符个数不超过 1000）。编写程序，要求从键盘输入关键词，然后搜索文件，输出关键词所在的英文句子和对应行号。假设句子以句号"。"、感叹号"！"、问号"？"为分隔符。如果没有搜索到关键词，输出"Not found"。

分析：题目的含义实际上是在一串字符串中查找另一字符串的问题。通过循环，利用 fgetc() 将文件当前句子的所有字符逐个读入到字符数组 str[]。从 str[0] 开始，依次取出 strlen(s) 个字符与关键词 s 进行比较，如果匹配输出句子及相应行号。继续读入下一个句子，重复以上操作。在读字符期间，注意更新当前句子的行号信息（根据所读字符是否为"\n"来判断）。

3.11.3　同类型思考题

（1）比较两个文本文件是否相同。

（2）给指定的文本文件加上行号。

（3）文本文件"a.dat"和"b.dat"中各存放着一批从小到大排列的实数，每个数据后面有一个空格。编写程序，合并这两个文件，形成文件"c.dat"，要求数据的顺序仍为从小到大排列。

3.12　综合程序设计：各类应用题

3.12.1　实验目的和要求

（1）加强对 C 语言知识的综合运用。

（2）学会分析实际应用题。

3.12.2　实验内容

古典问题：有一对兔子，从出生后第 3 个月起每个月都生一对兔子，小兔子长到第三个月后每个月又生一对兔子，假如兔子都不死，问每个月的兔子总数为多少？

分析：

（1）本题重要的是读懂题目，找出规律将实际问题转化为数学问题，然后求解。

（2）不难发现，兔子的数目规律为数列 1，1，2，3，5，8，13，21，…

（3）从数列发现规律，从第三项开始，每一项都是前面两项的和。

（4）用循环加数组知识即可求解。

3.12.3　同类型思考题

（1）耶稣有 13 个门徒，其中有一个就是出卖耶稣的叛徒，请用排除法找出这位叛徒：13 人围坐一圈，从第一个开始报号：1，2，3，1，2，3…，凡是报到"3"就退出圈子，最后留在圈内的人就是出卖耶稣的叛徒，请找出它原来的序号。

（2）马克思在《数学手稿》中提出如下问题：有 30 个人（包括男人、女人和小孩）在一家饭店吃饭共花 50 先令，其中每个男人花 3 先令，每个女人花 2 先令，每个小孩花 1 先令，问男人、女人、小孩各有多少人？

（3）有一辆以固定速度行驶在高速公路上的汽车，清晨司机看到里程表上从左到右的读数和从右到左的读数是相同的，这个数是 95859，7 小时后，里程表又出现了一个新的对称数。设里程表为 5 位数字，问这个新的对称数是什么？

（4）每个苹果 0.8 元，第一天买 2 个苹果，第二天开始，每天买前一天的 2 倍，直至购买的苹果个数达到不超过 100 的最大值，编写程序求每天平均花多少钱？

第4章 课 程 设 计

课程设计是 C 语言教学中，一个重要的实践环节。一般来讲，课程设计应该比课程教学实验复杂一些，要求所涉及的内容应该有一定的深度和广度，并更加接近现实应用。通过课程设计的综合训练，培养学生实际分析问题、编程和动手能力，最终目标是通过这种形式，帮助学生系统掌握该门课程的主要内容，更好地完成教学任务。本章简要介绍 C 语言课程设计的要求，并给出部分示例设计题目及其预期目标。由于各校的情况不尽相同，各学校应根据本校的特点和教学计划，选择相应的课程设计内容。

4.1　课程设计目标

4.1.1　课程设计目标

使学生综合使用所学过的 C 语言程序设计知识，掌握结构化程序设计的基本思路和方法，利用所学的基本知识和技能，发挥自学能力和查找资料的能力，解决稍微复杂的结构化程序设计问题，加深对所学知识的理解与掌握，增强学生利用自己所学知识解决实际问题的能力，为以后的程序开发打下基础。

课程设计的目的和要求：

（1）使学生巩固和加强《C 语言程序设计》课程的理论知识。

（2）使学生掌握 C 语言的基本概念、语法、语义和数据类型的使用特点。

（3）使学生掌握 C 语言程序设计的方法及编程技巧，能正确使用 C 语言编写程序。

（4）进一步理解和运用结构化程设计的思想和方法，学会利用流程图或 N-S 图表示算法。

（5）使学生掌握调试程序的基本方法及上机操作方法。

（6）掌握书写程设计开发文档的能力，使学生学会撰写课程设计总结报告。课程设计的思想和方法还可以作为学生做毕业论文时的参考资料。

（7）通过查阅手册和文献资料，培养学生独立分析问题和解决问题的能力，为学生做毕业设计打好基础。

（8）初步掌握开发一个小型实用系统的基本方法：结合实际应用的要求，使课程设计既覆盖知识点，又接近工程实际需要。通过激发学习兴趣，调动学生主动学习的积极性，并引导他们根据实际编程要求，训练自己实际分析问题的能力及编程能力，并养成良好的编程习惯。

（9）培养学生的创新能力和创新思维。学生可以根据指导书和相关文献上的参考算法，自己设计出相应的应用程序。

（10）培养学生良好的程序设计风格。在实际编程中，为了提高编程质量，对空行、空格和注释均有要求。学生在课程设计书写代码时，应该严格按要求处理，以便建立良好的程序设计风格。

4.1.2　课程设计内容

1. 设计环境

（1）硬件：PC 机，档次不低于 CPU 为奔腾双核，内存为 512M，40G 硬盘，其他硬件与此相配套。

（2）软件：操作系统为 Windows XP 或 Windows 7，设计语言为 Visual C++或 Turbo C++3.0。

2. 基本要求

（1）课程设计可采取每人一题，可任选一题进行设计，至少包含五个功能模块。或者每组完成一个课题，每组成员分工合作完成一个课程设计，每个人的任务不同。

（2）可以选择老师提供的参考选题，也可以自选，如果自选，需要将自选题目的详细内容以及实现要求提供给老师，老师批准后方可采用。

（3）要求利用结构化程序设计方法以及 C 的编程思想来完成系统的设计。

（4）要求有欢迎界面、菜单、文件操作，数据使用数组、结构体、链表等均可，键盘操作或鼠标操作均可。

（5）模块化程序设计：要求在设计的过程中，按功能定义函数或书写多个文件，进行模块化设计，各个功能模块用函数的形式来实现。

（6）学生所选课题必须上机通过，并获得满意的结果。

（7）程序书写风格：锯齿型书写格式。

3. 设计步骤

（1）根据问题描述，设计数据存储方式。

（2）分析系统功能，划分功能模块，确定各模块函数名称。

（3）主程序算法设计和各模块算法设计。

（4）编程实现。

（5）调试和测试。

（6）完成设计文档和课程设计说明书。

4. 课程设计报告的要求

（1）需求分析：描述问题。简述课题要解决的问题是什么，有什么要求和限制条件。

（2）总体设计：程序设计组成框图、流程图。

（3）详细设计：模块功能说明，如函数功能、入口及出口参数说明，函数调用关系描述等。

（4）调试与测试：调试方法，测试结果的分析与讨论，测试过程中遇到的主要问题及采取的解决措施。

（5）测试结果：用几组测试数据进行测试算法设计的正确性。

（6）用户手册：即使用说明。

（7）附录：

源程序清单和结果：源程序要加注释。结果要包括测试数据和运行结果。

5. 参考设计题目

1）学生信息管理

（1）问题描述。

学生信息包括：学号、姓名、年龄、性别、出生年月、地址、电话、E-mail 等。试设计一学生信息管理系统，使之能提供以下功能：

①　系统以菜单方式工作。

②　学生信息录入功能（学生信息用文件保存）——输入。

③　学生信息浏览功能——输出。

④　查询、排序功能——算法。

● 按学号查询

● 按姓名查询

⑤　学生信息的删除与修改（可选项）。

（2）功能要求：

①　界面比较美观。

②　有一定的容错能力，比如输入的成绩不在 0~100 之间，就提示不合法，要求重新输入。

③　最好用链表的方式实现。

（3）算法分析：

首先，一个学生包括这么多的属性，应该考虑定义一个结构；其次，我们应该考虑数据的存储形式：是定义一个数组来存储，还是定义一个链表呢？在这里假如我们以数组的方式来存储，当然可以，但是我们知道，假如定义一个数组的话，必须知道学生人数大概是多少，以便我们确定数组的大小，但是题目中没有给出，而且题目要求中有大量的删除、插入操作，所以用链表的方式比较方便。

对于菜单的实现，其实也比较简单，首先我们用 printf 语句把程序的功能列出来，然后等待用户输入而执行不同的函数，执行完了一个功能后又回到菜单。文件的读写操作参照书中的有关文件的章节。

2）学生综合测评系统

每个学生的信息：学号、姓名、性别、家庭住址、联系电话、语文、数学、外语三门单科成绩、考试平均成绩、考试名次、同学互评分、品德成绩、任课教师评分、综合测评总分、综合测评名次。考试平均成绩、同学互评分、品德成绩、任课教师评分分别占综合测评总分的 60%，10%，10%，20%。

（1）学生信息处理。

①　输入学生信息、学号、姓名、性别、家庭住址、联系电话，按学号以小到大的顺序存入文件中。

提示　学生信息可先输入到数组中，排序后可写到文件中。

②　插入（修改）同学信息。

提示　先输入将插入的同学信息，然后再打开源文件并建立新文件，把源文件和输入的信息合并到新文件中（保持按学号有序）若存在该同学则将新记录内容替换源内容。

③　删除同学信息。

提示　输入将删除同学号，读出该同学信息，要求对此进行确认，以决定是否删除，将删除后的信息写到文件中。

④　浏览学生信息。

提示　打开文件，显示该文件的学生信息。

（2）学生数据处理。

①　按考试科目录入学生成绩并且按公式：考试成绩=（语文+数学+外语）/3 计算考试成

绩，并计算考试名次，提示：先把学生信息读入数组，然后按提示输入每科成绩，计算考试成绩，求出名次，最后把学生记录写入一个文件中。

② 学生测评数据输入并计算综合测评总分及名次。

提示　综合测评总分=（考试成绩）*0.6+（同学互评分）*0.1+品德成绩*0.1+任课老师评分*0.2。

③ 学生数据管理

提示　输入学号，读出并显示该同学信息，输入新数据，将改后信息写入文件。

④ 学生数据查询

提示　输入学号或其他信息，即读出所有数据信息，并显示出来。

（3）学生综合信息输出：

提示　输出学生信息到屏幕。

3）图书管理系统

图书管理系统主要包括管理图书的库存信息、每一本书的借阅信息以及每一个人的借书信息。每一种图书的库存信息包括编号、书名、作者、出版社、出版日期、金额、类别、总入库数量、当前库存量、已借出本数等。每一本被借阅的书都包括如下信息：编号、书名、金额、借书证号、借书日期、到期日期、罚款金额等。每一个人的借书信息包括借书证号、姓名、班级、学号等。

系统功能包括以下方面：

（1）借阅资料管理：要求把书籍、期刊、报刊分类管理，这样操作会更加灵活和方便，可以随时对其相关资料进行添加、删除、修改、查询等操作。

（2）借阅管理：①借出操作；②还书操作；③续借处理。

提示　以上处理需要互相配合以及赔、罚款金额的编辑等操作完成图书借还业务的各种登记。例如：读者还书时不仅更新图书的库存信息，还应该自动计算该书应罚款金额。并显示该读者所有至当日内到期未还书信息。

（3）读者管理：读者等级：对借阅读者进行分类处理，例如可分为教师和学生两类。并定义每类读者的可借书数量和相关的借阅时间等信息。

读者管理：对读者信息可以录入，并且可对读者进行挂失或注销、查询等服务的作业。

（4）统计分析：随时可以进行统计分析，以便及时了解当前的借阅情况和相关的资料状态，统计分析包括借阅排行榜、资料状态统计和借阅统计、显示所有至当日内到期未还书信息等功能分析。

（5）系统参数设置：可以设置相关的罚款金额，最多借阅天数等系统服务器参数。

4）学校运动会管理系统

问题描述：

（1）初始化输入：N-参赛院系总数，M-男子竞赛项目数，W-女子竞赛项目数。

（2）各项目名次取法有如下几种。

取前 5 名：第 1 名得分 7，第 2 名得分 5，第 3 名得分 3，第 4 名得分 2，第 5 名得分 1。

（3）由程序提醒用户填写比赛结果，输入各项目获奖运动员的信息。

（4）所有信息记录完毕后，用户可以查询各个院系或个人的比赛成绩，生成团体总分报表，查看参赛院系信息、获奖运动员、比赛项目信息等。

5）个人通讯录管理系统

建立一通讯录，输入姓名、电话号码、住址等信息，然后对通讯录进行显示、查找、添加、修改及删除。

功能要求：

（1）通讯录的每一条信息包括姓名、单位、固定电话、移动手机、分类（如同事、朋友、同学、家人等）、EMAIL、QQ 等。

（2）输入功能：可以一次完成若干条信息的输入。

（3）显示功能：完成全部通讯录信息的显示（一屏最多显示 10 条，超过十条应能够自动分屏显示）。

（4）查找功能：可以按姓名等多种方式查找通讯信息。

（5）增加、删除、修改功能：完成通讯录信息的多种更新。

6）教师工资管理系统

每个教师的信息为：教师号、姓名、性别、单位名称、家庭住址、联系电话、基本工资、津贴、生活补贴、应发工资、电话费、水电费、房租、所得税、卫生费、公积金、合计扣款、实发工资。注：应发工资=基本工资+津贴+生活补贴；合计扣款=电话费+水电费+房租+所得税+卫生费+公积金；实发工资=应发工资-合计扣款。

（1）教师信息处理。①输入教师信息；②插入（修改）教师信息；③删除教师信息；④浏览教师信息。

提示　具体功能及操作参考题 1。

（2）教师数据处理：

① 按教师号录入教师基本工资、津贴、生活补贴、电话费、水电费、房租、所得税、卫生费、公积金等基本数据。

② 教师实发工资、应发工资、合计扣款计算。

提示　计算规则如题目。

③ 教师数据管理。

提示　输入教师号，读出并显示该教师信息，输入新数据，将改后信息写入文件。

④ 教师数据查询。

提示　输入教师号或其他信息，即读出所有数据信息，并显示出来。

⑤ 教师综合信息输出。

提示　输出教师信息到屏幕。

7）教师工作量管理系统

计算每个老师在一个学期中所教课程的总工作量（教师单个教学任务的信息：教师号、姓名、性别、职称、认教课程、班级、班级数目、理论课时、实验课时、单个教学任务总课时）。

（1）教师信息处理。①输入教师授课教学信息，包括教师号、姓名、性别、职称、认教课程、班级、班级数目、理论课时、实验课时；②插入（修改）教师授课教学信息；③删除教师授课教学信息；④浏览教师授课教学信息。

（2）教师工作量数据处理：

① 计算单个教学任务总课时。计算原则如下表：

班 级 数 目	单个教学任务总课时
2	1.5*（理论课时+实验课时）
3	2*（理论课时+实验课时）
≥4	2.5*（理论课时+实验课时）

② 计算一个教师一个学期总的教学工作量。总的教学工作量=所有单个教学任务总课时之和。

（3）教师数据查询。

提示 输入教师号或其他信息，即读出所有数据信息，并显示出来。

（4）教师综合信息输出。

提示 输出教师信息到屏幕。

8）趣味小游戏

要求：有一定游戏规则，图形显示，数据使用数组、结构体、链表等均可。键盘操作或鼠标均可。

（1）贪吃蛇游戏。

（2）潜艇大战游戏。

（3）扫雷游戏。

（4）黑白棋游戏。

（5）俄罗斯方块。

4.1.3 评价标准

课程设计成绩评定的依据有设计文档资料、具体实现设计方案的程序及课程设计考勤登记表，其中平时成绩占总成绩的 10%。

优（90 分以上）：必须要有一定的创意，有自己独特的算法。按要求完成课题的全部功能，有完整的符合标准的文档，文档有条理、文笔通顺，格式正确，其中有总体设计思想的论述，有正确的流程图，程序完全实现设计方案，设计方案先进，软件可靠性好。

良（80—89 分）：完成课题规定的功能，有完整的符合标准的文档，文档有条理、文笔通顺，格式正确；有完全实现设计方案的软件，设计方案较先进，无明显错误。

中（70—79 分）：完成课题规定的功能，有完整的符合标准的文档，有基本实现设计方案的软件，设计方案正确，但有少于失误。

及格：完成课题规定的大部分功能，有完整的符合标准的文档，有基本实现设计方案的软件，设计方案基本正确，个别功能没有实现，但错误不多。

不及格：没有完成课题规定的功能，没有完整的符合标准的文档，软件没有基本实现设计方案，设计方案不正确。

各个学校可根据自己学校的特点，灵活设置评分标准，给学生更多的鼓励，提高他们的学习积极性，放手去做，激发他们学习程序设计的兴趣。

4.2　课程设计题目实例

4.2.1　图形屏幕管理——时钟显示

1. 问题描述

设计一个时钟，显示日期和时间，有时针、分针、秒针的运动。

2. 功能要求

（1）利用屏幕和图形处理函数完成当地时间的模拟演示。

（2）基本模块包括图形系统初始化，绘制表盘，显示日期和时间，模拟时针、分针和秒针的运动。

3. 算法分析

主函数是程序的入口，采用模块化设计，主函数很简单，功能在各模块中实现。首先声明必要的变量，初始化图形系统，画出表盘以及时针、分针和秒针。通过时间函数获得系统当前值，运行不同的处理模块，达到不同的功能。按任意键结束程序。

4. 参考程序

```
1      void init_sceen(int x0,int y0,int r0)/*****************表盘*****************/
2      {
3          int i,x,y,graphdriver,graphmode;
4          char s[10];
5          float alpha,a0=90;

6          graphdriver=DETECT;
7          registerbgidriver(EGAVGA_driver);
8          initgraph(&graphdriver,&graphmode，"");
9          setbkcolor(3);
10         setcolor(2);
11         circle(x0,y0,r0);
12         circle(x0,y0,r0+30);
13         setfillstyle(SOLID_FILL,10);
14         floodfill(x0-r0-10,y0,2);
15         for(i=12;i>=1;i--)
16         {
17             alpha=(a0+30*(11-i)*PI/180);
18             x=x0+cos(alpha)*r0-16;
19             y=y0-sin(alpha)*r0;
20             sprintf(s,"%2d",i);
21             setcolor(4);
22             settextstyle(0,0,2);
23             outtextxy(x,y,s);
24         }
25         for(i=60;i>=1;i--)
26         {
27             alpha=(a0+6*(60-i)*PI/180);
```

```
28          x=x0+cos(alpha)*(r0-20);
29          y=y0-sin(alpha)*(r0-20);
30          setcolor(14);
31          if(i%5= =0)
32          circle(x,y,5);
33          else circle(x,y,2);
34          floodfill(x,y,14);
35       }
36       setlinestyle(0,0,3);
37    }
```

5. 问题拓展

如要要求设计成数字形式，该如何处理？

4.2.2　汉诺塔演示

1. 问题描述

古代有一个梵塔，塔内有个塔座 A、B、C，开始时 A 座上有 64 个盘子，盘子大小不等，大的在下，小的在上。现要求将 A 做的盘子移动到 C 座，要求：可以借助 B 座，每次只能移动一个盘子；任何时候塔座上的盘子重要保持小盘子总在大盘子上。

2. 功能要求

利用直观的图形演示 3 个塔座上盘子的移动过程。在移动过程中的用户可以输入塔座上盘子的个数；搬移方式可以选择自动方式或人工方式进行塔座上盘子的移动，自动方式由计算机控制盘子的移动过程。

3. 算法分析

程序包括 3 个头文件以及 1 个 16 点阵字库文件。其中 MYGRAPH.H 的功能为画出界面按钮；DISPHZ.H 的功能为界面文字的显示；GSCANF.H 的功能为处理输入的数据，将输入的字符串数据转换为整型数据；HZK16.TXT 主要用于正常显示汉字。主函数很简单，各功能主要由各子函数完成。

4. 参考程序

```
1     /*在塔座上移动盘子*/
2     void move(char x,char y,struct HanoiNum num[3])
3     {
4          ButtonFrame(100+150*(x-65)-(33-3*num[x-65].data[num[x-65].top]),400-20*num[x-65].top-8,
100+150*(x-65)+(33-3*num[x-65].data[num[x-65].top]),400-20*num[x-65].top+8,8,15,7);

5          num[y-65].top++;
6          num[y-65].data[num[y-65].top]=num[x-65].data[num[x-65].top];
7          num[x-65].top--;
8          setfillstyle(SOLID_FILL,num[y-65].data[num[y-65].top]+1);
9          ButtonFrame(100+150*(y-65)-(33-3*num[y-65].data[num[y-65].top]),400-20*num[y-65].top-8,
100+150*(y-65)+(33-3*num[y-65].data[num[y-65].top]),400-20*num[y-65].top+8,8,15,7);

10         if(computer)
11             delay(speed);
```

```
12          else
13              getch();
14      }
```

4.2.3　学生成绩管理

1. 问题描述

课程设计的内容：

（1）每一条记录包括一个学生的学号、姓名、3 门课成绩、平均成绩。

（2）输入功能：可以一次完成若干条记录的输入。

（3）显示功能：完成全部学生记录的显示。

（4）查找功能：完成按姓名查找学生记录，并显示。

（5）排序功能：按学生平均成绩进行排序。

（6）插入功能：按平均成绩高低插入一条学生记录。

（7）将学生记录存在文件 score 中。

（8）应提供一个界面（菜单）来调用各个功能，调用界面和各个功能的操作界面应尽可能清晰美观!

2. 功能要求

（1）用 C 语言实现系统。

（2）利用结构体数组实现学生成绩的数据结构设计。

（3）系统具有增加，查询，插入，排序等基本功能。

（4）系统的各个功能模块要求用函数的形式实现。

（5）完成设计任务并书写课程设计报告。

（6）将学生成绩信息存在文件中。

3. 算法分析

（1）为了简单起见，可考虑选用静态数组来实现学生成绩的管理。

（2）程序采用模块化设计，主函数为程序的入口，各模块独立，可分块调试，各模块由主函数控制调用。主函数的控制功能能通过循环执行一个开关语句来实现。该开关语句的条件值为调用主菜单函数 menu_select()得到的返回值，根据该值，调用相应的各功能函数。

4. 参考程序

```
1       /*主菜单的设计*/
2         int menu_select()
3       {
4           char s[3];
5           int c,i;

6           clrscr();
7           gotoxy(1,1);
8           textcolor(YELLOW);
9           textbackground(BLUE);
10          gotoxy(10,2);
11          putch(0xc9);
12          for(i=1;i<54;i++)putch(0xcd);
```

```
13          putch(0xbb);
14          for(i=3;i<16;i++)
15          {
16              gotoxy(10,i); putch(0xba);
17              gotoxy(64,i); putch(0xba);
18          }
19          gotoxy(10,16); putch(0xc8);
20          for(i=1;i<54;i++) putch(0xcd);
21          putch(0xbc);
22          window(11,3,63,15);
23          clrscr();
24          for(i=0;i<11;i++)
25          {
26              gotoxy(10,i+1);
27              cprintf("%s",menu[i]);
28          }
29          textbackground(BLACK);
30          window(1,1,80,25);

31          gotoxy(20,17);
32          do
33          {
34              printf("Enter you choice(1-10):");
35              scanf("%s",s);
36              c=atoi(s);
37          }while(c<0||c>11);
38          return c;
39      }
40      /*新建记录*/
41      void newRec()
42      {
43          int i,j,sum;
44          clrscr();
45          printf("Please input the REC_NUM:");
46          scanf("%d",&REC_NUM);
47          for(i=0;i<REC_NUM;i++)
48          {
49              clrscr();
50              sum=0;
51              gotoxy(20,5);printf("Please input %d number:",i+1);
52              gotoxy(20,6);printf("enter number:");scanf("%s",records[i].no);
53              gotoxy(20,7);printf("enter name:");scanf("%s",records[i].name);
54              for(j=0;j<NUM_OBJ;j++)
55              {
56                  gotoxy(20,8+j);printf("%s:",subject[j]);
57                  scanf("%d",&records[i].score[j]);
58                  sum=sum+records[i].score[j];
```

```
59                    }
60                    records[i].total=sum;
61                    records[i].average=records[i].total/NUM_OBJ;
62                    records[i].order=0;
63            }
64    }
```

4.2.4　工资管理系统

1. 问题描述

一个单位要发放工资，每个人的工资表包含编号、姓名、基本工资、扣款、应发工资、税金、实发工资等，试设计一个工资管理系统，完成以下功能。

系统以菜单方式工作。

一个职工的基本信息（编号、姓名、基本工资）的录入，以文件形式保存——输入。

职工工资表浏览功能——输出。

计算职工的工资（输入扣款后，马上算出应发工资、税金、实发工资）。

计算票面张数（100 元、50 元、20 元等各多少张）。

查询、排序功能——算法。

（1）按编号查询、排序。

（2）按姓名查询。

（3）按工资排序。

（4）基本信息的删除与修改（可选项）。

2. 功能要求

（1）界面比较美观。

（2）有一定的容错能力，比如工资只能输入数字，否则，就提示不合法，要求重新输入。

（3）最好用链表的方式实现。

3. 算法分析

首先，一个工资表包括这么多的属性，应该考虑定义一个结构；其次，我们应该考虑数据的存储形式：是定义一个数组来存储，还是定义一个链表呢？在这里假如我们以数组的方式来存储，当然可以，但是我们知道，假如定义一个数组的话，必须知道人数大概是多少，以便我们确定数组的大小，但是题目中没有给出，而且题目要求中有大量的删除、插入操作，所以用链表的方式比较方便。（大家可以参照书中结构体一章相关知识）

对于菜单的实现，其实也比较简单，首先我们用 printf 语句把程序的功能列出来，然后等待用户输入而执行不同的函数，执行完了一个功能后又回到菜单。文件的读写操作大家参照书中的第 10 章。

税率的计算可以参照此标准：

当工资小于 1000 元时不收税。

工资为 1000～1999，税率为 0.05（收税时应先扣除 1000，再计算，其他同）。

工资为 2000～2999，税率为 0.1。

工资为 3000～3999，税率为 0.15。

工资为 4000～4999，税率为 0.2。

大于 5000 以上，税率为 0.3。

下面我给大家看一个菜单界面（可参考）。

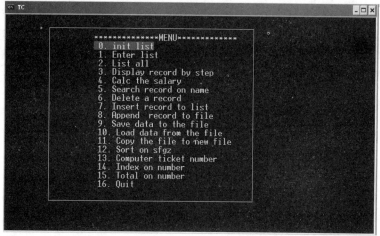

4. 参考程序

1	/*输入数据，创建双链表*/	
2	void create()	
3	{	
4	int x;	/*记录行坐标*/
5	int i;	/*记录输入记录数*/
6	int flag=0;	/*做结束标记*/
7	float temp;	/*定义临时变量*/
8	SALARY *info，*p;	/*定义临时变量*/
9	if(First!=NULL)	
10	init();	/*如果头指针为空，调用初始化函数*/
11	p=First;	/*从头指针开始*/
12	for(;;)	
13	{	
14	if(flag==1)	
15	break;	/*如果 flag=1，结束输入*/
16	i=0;	
17	x=0;	/*确定移动的行坐标*/
18	clrscr();	/*清屏*/
19	gotoxy(1,3);	
20	printf("***********gongziguanli***********");	/*输出标题*/
21	gotoxy(1,4);	
22	printf(" --Enter @ end--");	/*提示输入@结束*/
23	gotoxy(1,5);	
24	printf("|--------------------------------|");	/*输出表格的起始线*/
25	gotoxy(1,6);	
26	printf("| no | name | jbgz |");	/*输出字段标题，注意空格数*/
27	for(;;)	
28	{	
29	gotoxy(1,7+x);	
30	printf("|---------|--------------|--------|");	/*输出表格的水平线*/
31	info=(SALARY *)malloc(sizeof(SALARY));	/*申请一个记录空间*/

```
32              if(!info)
33              {
34                  printf("\nout of memory");        /*如没有得到空间，输出内存溢出信息*/
35                  exit(0);                          /*退出程序*/
36              }
37              info->next=NULL;                      /*新结点的后继为空*/
38              info->prior=NULL;                     /*新结点的前驱为空*/
39              gotoxy(1,8+x);printf("|");            /*输出数据间的分割线*/
40              gotoxy(12,8+x);printf("|");
41              gotoxy(29,8+x);printf("|");
42              gotoxy(38,8+x);printf("|");
43              gotoxy(2,8+x);                        /*光标到输入编号位置*/
44              inputs(info->no,10);                  /*输入编号，并验证长度不超过*/
45              if(info->no[0]=='@')
46              {
47                  flag=1;
48                  break;
49              }                                     /*编号首字符为@结束输入*/
50              gotoxy(13,8+x);                       /*光标到输入姓名位置*/
51              inputs(info->name,14);                /*输入姓名，并验证长度不超过*/
52              gotoxy(30,8+x);                       /*光标到输入基本工资位置*/
53              scanf("%f",&temp);                    /*输入基本工资到临时变量*/
54              info->jbgz=temp;                      /*基本工资赋值*/
55              info->koukuan=0;                      /*初始扣款为，待计算工资时输入*/
56              info->sfgz=0;                         /*初始实发工资为，待计算工资时计算*/
57              info->shuijin=0;                      /*初始税金为，待计算工资时计算*/
58              info->yfgz=0;                         /*初始应发工资为，待计算工资时计算*/
59              if(p==NULL)                           /*如果 p 为空，说明输入的是第一个结点*/
60              {
61                  First=Last=info;                  /*头指针和尾指针*/
62                  First->prior=NULL;                /*头指针的前驱是空*/
63                  Last->next=NULL;                  /*尾指针的后继是空*/
64              }
65              else                                  /*插入的结点不是第一结点，则插入在头结点之前*/
66              {
67                  info->next=p;                     /*新结点的后继指向原来的头结点*/
68                  info->prior=p->prior;             /*新结点的前驱指向原来的头结点的前驱*/
69                  p->prior=info;                    /*原来结点的前驱指向新结点*/
70              }
71              p=info;                               /*新结点变为 p 结点，暂时的头结点*/
72              First=info;                           /*新结点变为头结点*/
73              x+=2;                                 /*因为水平线，将光标下移两行*/
74              gotoxy(1,8+x);
75              i++;                                  /*输入记录数加*/
76              if(i%9==0)
77                  break;                            /*输入个记录，换一页输入*/
78          }
```

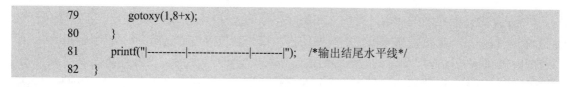

```
79          gotoxy(1,8+x);
80      }
81      printf("|---------|---------------|-------|");   /*输出结尾水平线*/
82  }
```

4.2.5 科学计算器

1. 问题描述

计算器是 Windows 操作系统提供的一个附件功能，我们可以利用它所具有的函数模仿画出其界面，实现计算器的基本功能。程序运行时，显示一个窗口，等待用户输入，用户可以从键盘输入要计算的表达式，输入的表达式显示在窗口中，用户键入'='符号后，窗口显示出结果。

2. 功能需求

（1）进行浮点数加、减、乘、除、乘方和整数求模运算。

（2）数制转换功能：可进行十进制、二进制、八进制、十六进制整数的相互转换；角弧度转换等运算。

（3）函数运算：幂运算、模运算、平方根运算、三角函数、对数、指数运算。

（4）统计计算：可计算一系列数据的和、平均值等。

（5）求阶乘、求素数运算。

（6）其他：如联立方程、复数运算、矩阵运算、微积分、傅里叶变换、算式解析等。

3. 算法分析

计算器是现代日常生活中使用较为频繁的工具之一，常用的计算器有简易版和科学计算器两种模式。简易版的计算器不支持表达式运算，每次只能输入一个数据或者运算符来计算，而科学计算器除了包含简易版计算器的功能外，还支持表达式运算，用户可以输入一个合法的算术表达式来得到所需的结果。

常用的算术表达式有三种：前缀表达式、中缀表达式和后缀表达式。

（1）中缀表达式：我们平时书写的表达式就是中缀表达式，形如（a+b）*（c+d），事实上是运算表达式形成的树的中序遍历，特点是用括号来描述优先级。

（2）后缀表达式：操作符位于操作数后面，事实上是算数表达式形成的树的后序遍历，也叫逆波兰表达式。中缀表达式（a+b）*（c+d）的后缀表达式是 ab+cd+*，它的特点就是遇到运算符就立刻进行运算。

（3）前缀表达式：前缀表示法中，操作符写在操作数的前面，事实上是算数表达式形成的树的前序遍历。这种表示法也称波兰表示法。中缀表达式（a+b）*（c+d）的前缀表达式是 +ab+*cd。

前缀和后缀表示法有三项公共特征：

（1）操作数的顺序与等价的中缀表达式中操作数的顺序一致。

（2）不需要括号。

（3）操作符的优先级不相关。

日常所书写的是中缀表达式，但是计算机内部是用后缀表达式计算，所以此程序的用户使用中缀表达式作为输入，程序将中缀表达式转化为后缀表达式后再进行运算并输出结果。使用的数据结构主要有队列和栈。

栈是限定只能在表的一端进行插入和删除操作的线性结构，队列是限定只能在表的一端进行插入和在另一端进行删除操作的线性结构。栈必须按"后进先出"的规则进行操作，即栈保证任何时刻可访问、删除的元素都是最后存入栈里的那个元素。而队列必须按"先进先出"的规则进行操作，即队列被访问（删除）的总是最早存入队列里的那个元素。栈的基本运算是入栈（向栈中推入/压入一个元素）和出栈（从栈中删除/弹出一个元素）运算。队列的基本运算是入队（一个元素进入队列）和出队（删除队头元素）运算。

在 C 语言中，队列和栈可以用数组来存储，数组的上界即是队列和栈所容许的最大容量。栈通常由一个一维数组(用于存储栈中元素)和一个记录栈顶位置的变量——栈顶指针(注意它并非指针型变量，仅记录当前栈顶下标值)组成。进栈运算的主要操作是：①栈顶指针加 1；②将入栈元素放入到新的栈顶指针所指的位置上。出栈运算只需将栈顶指针减 1 。

队列通常由一个一维数组(用于存储队列中元素)及两个分别指示队头和队尾的变量组成，这两个变量分别称为"队头指针"和"队尾指针"(注意它们并非指针型变量)。通常约定队尾指针指示队尾元素在一维数组中的当前位置，队头指针指示队头元素在一维数组中的当前位置的前一个位置。入队运算的主要操作是：①队头指针加 1；②将入队元素放入到新的队头指针所指的位置上。出队运算只需将队尾指针减 1 。

中缀表达式到后缀表达式的转换过程算法如下：

（1）初始化一个空堆栈，将结果字符串变量置空。

（2）从左到右读入中缀表达式，每次一个字符。

（3）如果字符是操作数，将它添加到结果字符串。

（4）如果字符是个操作符，弹出（pop）操作符，直至遇见开括号（opening parenthesis）、优先级较低的操作符或者同一优先级的右结合符号。把这个操作符压入（push）堆栈。

（5）如果字符是个开括号，把它压入堆栈。

（6）如果字符是个闭括号（closing parenthesis），在遇见开括号前，弹出所有操作符，然后把它们添加到结果字符串。

（7）如果到达输入字符串的末尾，弹出所有操作符并添加到结果字符串。

对后缀表达式求值比直接对中缀表达式求值简单。在后缀表达式中，不需要括号，而且操作符的优先级也不再起作用了。可以用如下算法对后缀表达式求值：

（1）初始化一个空堆栈。

（2）从左到右读入后缀表达式。

（3）如果字符是一个操作数，把它压入堆栈。

（4）如果字符是个操作符，弹出两个操作数，执行恰当操作，然后把结果压入堆栈。如果您不能够弹出两个操作数，后缀表达式的语法就不正确。

（5）到后缀表达式末尾，从堆栈中弹出结果。若后缀表达式格式正确，那么堆栈应该为空。

注　堆栈相关知识请查询相关资料。

4.2.6　车票管理系统

1．问题描述

一车站每天有 n 个发车班次，每个班次都有一班次号（1，2，3，…，n），固定的发车时间，固定的路线（起始站、终点站），大致的行车时间，固定的额定载客量。如

班次	发车时间	起点站	终点站	行车时间	额定载量	已定票人数
1	8:00	郫县	广汉	2	45	30
2	6:30	郫县	成都	0.5	40	40
3	7:00	郫县	成都	0.5	40	20
4	10:00	郫县	成都	0.5	40	2

…………

用 C 语言设计一系统，能提供班次信息、路线信息、票务管理等功能。

2. 功能需求

（1）录入班次信息（信息用文件保存），可不定时地增加班次数据。

（2）浏览班次信息,可显示出所有班次当前状总（如果当前系统时间超过了某班次的发车时间，则显示"此班已发出"的提示信息）。

（3）查询路线：可按班次号查询，可按终点站查询。

（4）售票和退票功能。

① 当查询出已定票人数小于额定载量且当前系统时间小于发车时间时才能售票，自动更新已售票人数。

② 退票时，输入退票的班次，当本班车未发出时才能退票，自动更新已售票人数。

4.2.7 单项选择题标准化考试系统

1. 问题描述

用 C 语言设计并实现一个单项选择题标准化考试系统。

2. 功能需求

系统实现以下功能：

（1）用文件保存试题库（每个试题包括题干、4 个备选答案、标准答案）。

（2）试题录入：可随时增加试题到试题库中。

（3）试题抽取：每次从试题库中可以随机抽出 N 道题（N 由键盘输入）。

（4）答题：用户可实现输入自己的答案。

（5）自动判卷：系统可根据用户答案与标准答案的对比实现判卷并给出成绩。

4.2.8 通讯录管理

1. 问题描述

编写一个简单的通讯录管理程序。通讯录记录有姓名，地址（省、市（县）、街道），电话号码，邮政编码四项。

2. 功能需求

（1）添加：即增加一个人的记录到通信录中。

（2）显示：即在屏幕上显示所有通信录中的人员信息，应能分屏显示。

（3）存储：即将通讯录信息保存在一个文件中。

（4）装入：即将文件中的信息读入程序。

（5）查询：可根据姓名查找某人的相关信息，若找到显示其姓名、地址、电话号码和邮政编码。

（6）修改：可修改一个人的除姓名外其他信息。

（7）测试数据：程序应输入不少于 10 个人员的通讯录信息，应考虑到人员可以同名的情况。

4.2.9 五子棋游戏

1. 问题描述

五子棋是起源于中国古代的传统黑白棋种之一，和围棋有许多相似的地方，但又有截然不同的地方，两者之间究竟哪一个发明的更早些，目前已很难得到考证，但是有一点可以肯定，就是它和围棋一样深受人们的喜爱。

2. 功能要求

（1）程序设计为人与人对弈，一方执 O 棋，一方执 X 棋，轮流走棋。

（2）一方按键盘上 W、S、A、D 键移动落子，空格为下子；另一方操作键盘上的上下左右键移动，回车为落子。Esc 键退出。棋盘下方显示行棋方。

（3）每方都试图让己方的 5 个棋子排列成一行、一列或一斜线，先成 5 子一线者为获胜方。

3. 算法分析

将程序分为多个子函数，Init()函数完成界面以及数据初始化、DrawMap()函数画棋盘、DrawCross()函数画棋盘上的交叉点，ChangeOrder()函数用于交换棋方、ShowOrderMsg()函数用于显示当前行棋方，CheckKey()函数用于检查用户按键类别、ChessGo()函数用于实现走棋、DoOK()函数用于落子正确处理、DoError()函数用于落子错误处理、GetKey()函数用于获取按键值、MoveCursor()函数用于移动光标、DoWin()函数用于赢棋处理等功能、JugeWin()函数用于判断当前行棋方落子后是否赢棋，JudgeWinLine()函数用于判断在指定方向上是否有连续 5 个行棋方的棋子、EndGame()函数用于游戏结束的处理，最后再由主函数对各个子函数进行调用。

注 以上子函数均未标出函数的形参及函数的返回值类型。

当程序完成界面及数据的初始化后，画出棋盘及交叉点，对不同按键类型进行分别处理。游戏结束时，则调用 EndGame()函数，此时程序也运行完毕。

4. 参考程序

```
1    /*判断在指定方向上是否有连续 5 个行棋方的棋子*/
2    int   JudgeWinLine(int Order,struct point Cursor,int direction)
3    {
4        int i;
5        struct point pos,dpos;
6        const int testnum = 5;
7        int count;

8        switch(direction)
9        {
10       case 0:/*在水平方向*/
11           pos.x=Cursor.x-(testnum-1);
12           pos.y=Cursor.y;
13           dpos.x=1;
14           dpos.y=0;
15           break;
```

```
16      case 1:/*在垂直方向*/
17         pos.x=Cursor.x;
18         pos.y=Cursor.y-(testnum-1);
19         dpos.x=0;
20         dpos.y=1;
21         break;
22      case 2:/*在左下至右上的斜方向*/
23         pos.x=Cursor.x-(testnum-1);
24         pos.y=Cursor.y+(testnum-1);
25         dpos.x=1;
26         dpos.y=-1;
27         break;
28      case 3:/*在左上至右下的斜方向*/
29         pos.x=Cursor.x-(testnum-1);
30         pos.y=Cursor.y-(testnum-1);
31         dpos.x=1;
32         dpos.y=1;
33         break;
34      }

35      count=0;
36      for(i=0;i<testnum*2+1;i++)
37      {
38         if(pos.x>=0&&pos.x<=18&&pos.y>=0&&pos.y<=18)
39         {
40            if(gChessBoard[pos.x][pos.y]==Order)
41            {
42                 count++;
43                 if(count>=testnum)
44                 return TRUE;
45            }
46            else
47               count=0;
48         }
49         pos.x+=dpos.x;
50         pos.y+=dpos.y;
51      }

52      return FALSE;
53   }
```

4.2.10 贪吃蛇算法

1. 问题描述

游戏时，一条蛇在密闭的围墙内，围墙内会随机出现一个食物通过键盘上的 4 个光标键控制蛇向上下左右 4 个方向移动，蛇头接到食物，则表示食物被蛇吃掉，这时蛇的身体加长一节，同时计 10 分。接着又出现食物等待被蛇吃掉。如果蛇在移动过程中，撞到墙壁或身体交叉（蛇头撞到自己的身体），则游戏结束。

2. 算法分析

本程序实现的主要技巧在二维数组的应用上。目的是通过游戏程序增加编程的兴趣，提高编程水平。

这个程序的关键点是表示蛇的图形以及蛇的移动。用一个小矩形块表示蛇的一节身体，身体每长一节，增加一个矩形块，蛇头用两节表示。移动时必须从蛇头开始，所以蛇不能向相反方向移动，也就是蛇尾不能改作蛇头。如果不按任何键，蛇自行在当前方向上前移，当游戏者按了有效的方向键后，蛇头朝着指定的方向移动，一步移动一节身体，所以当按了有效的方向键后，先确定蛇头的位置，然后蛇身体随着蛇头移动，图形的实现是从蛇头的新位置开始画出蛇，这时，由于没有清屏的原因，原来蛇的位置和新蛇的位置差一个单位，所以看起来蛇会多一节身体，所以将蛇的最后一节用背景色覆盖。食物的出现和消失也是画矩形块和覆盖矩形块。为了便于理解，定义了两个结构体:食物和蛇。

（1）数据结构。表示食物和蛇的矩形块都设计为 10×10 个像素单位，食物的基本数据域为它所出现的位置，用 x 和 y 坐标表示，则矩形块用函数 rectangle(x,y,x+10,y+10) 或 rectangle(x,y,x+l0,y-10) 可以画出。由于每次只出现一个食物，而食物被吃掉后，才出现下一个食物，所以设定 yes 表示是否要出现食物的变量。蛇的一节身体为一个矩形块，这样表示每个矩形块只需起点坐标 x 和 y 身体是不断增长的，所以用数组存放每一节的坐标，最大设定为 N=200，node 表示当前节数。另外还需要保存蛇移动方向的变量 direction 和表示生命的变量 life，一但 life 为 1，则蛇死，游戏结束。所以程序功能的实现就是数组的操作。

（2）主函数。主函数是程序的主流程，首先定义使用到的常数、全局变量及函数原型说明，然后初始化图形系统，调用函数 DrawK() 画出开始画面，调用函数 GamePlay()，即玩游戏的具体过程，游戏结束后调用 Close() 关闭图形系统，结束程序。

（3）画界面函数 DrawK()。主界面就是一个密封的围墙，用两个循环语句分别在水平方向和垂直方向输出连续的宽度和高度均为 10 个单位的矩形小方块，围成密闭图形，表示围墙，为了醒目，设置为淡青颜色，用函数 setlinestyle(SOLID_LINE,0,THICK_WIDTH) 设置线型宽度为 3 个像素。设置 3 个像素的围墙线，蛇在贴墙走的时候，会擦掉部分围墙线，使线变细，图形变得不好看，如果不想这种情况出现，则将线型宽度设置为 1 个像素。

（4）游戏具体过程函数 GamePlay()。这个函数是游戏的主要部分，难点在表示蛇的新位置并消除前一次的图形。采用的方法是每次移动的时候从最后一节开始到倒数第一节(因蛇头为两节)，将前一节的坐标赋值给后一节的坐标，移动后只要把最后一节用背景色去除即可，因为新位置 0 到 n-1 节还是要出现在画面上的。然后蛇头按照方向键来更改位置。

另外，食物的随机出现要确保它的位置在 10 的倍数位置上，因为蛇的坐标都是以 10 为模的，这样的话就可以让蛇吃到，蛇吃到食物的判断是蛇头的坐标和食物的坐标相等。

其算法过程如下：

① 设置初始值。为防止食物出现在一个位置上，要设置随机数发生器，真正产生随机数。初始时，蛇只有蛇头，设定一个开始的方向。

② 循环执行，直到按 Esc 键退出。

a. 没有按键的情况下，循环执行。

如果没有食物，随机出现食物；如果有食物，则显示食物，蛇移动身体，根据蛇的方向改变坐标值，并判断蛇是否撞到了墙或自己吃了自己，如果出现这两种情况之一，则蛇死，调用游戏结束函数 GameOver()，结束本次游戏，重新开始。

如果蛇吃到了食物，蛇身体长一节，数组元素增加一个，身体节数、分数都进行相应的改变。

在新位置画出蛇。

b．如果有按键，则识别键值。如果按键为 Esc 键则结束游戏，程序运行结束；如果所按键为方向键，则根据该键改变代表蛇方向的变量 direction 的值，要考虑相反方向键无效。

（5）游戏结束函数 GameOver()。游戏结束，清除屏幕，输出分数，显示游戏结束信息。

（6）FiScore()输出分数。在指定位置利用 sprintf()将整数转换为字符串，用 outtextxy()输出，bar()函数的应用是为了覆盖原来的值。

（7）Close()图形结束。在显示游戏结束信息的画面时，按任意键关闭图形系统，程序结束。

3．问题扩展

（1）本程序利用 delay()控制蛇移动的速度。请将程序修改为一但分数达到某个分值，则加快速度，提高游戏者的等级。

（2）编制程序实现弹球游戏，随机出现小球，移动一根棒子，棒子击中小球加分，并记录积分最高者的信息。

第 5 章 习题与学习指导

5.1 C 语言程序设计概述

一、选择题

1. 一个 C 语言程序是由（   ）。
   - A）一个主程序和若干子程序组成
   - B）函数组成
   - C）若干过程组成
   - D）若干子程序组成

2. 计算机能直接执行的程序是（   ）。
   - A）源程序
   - B）目标程序
   - C）汇编程序
   - D）可执行程序

3. 以下叙述中正确的是（   ）。
   - A）C 程序中的注释只能出现在程序的开始位置和语句的后面
   - B）C 程序书写格式严格，要求一行内只能写一个语句
   - C）C 程序书写格式自由，一个语句可以写在多行上
   - D）用 C 语言编写的程序只能放在一个程序文件中

4. 以下叙述中错误的是（   ）。
   - A）C 语言源程序经编译后生成后缀为 .obj 的目标程序
   - B）C 语言经过编译、连接步骤之后才能形成一个真正可执行的二进制机器指令文件
   - C）用 C 语言编写的程序称为源程序，它以 ASCII 代码形式存放在一个文本文件中
   - D）C 语言的每条可执行语句和非执行语句最终都将被转换成二进制的机器指令

5. 下列叙述中错误的是（   ）。
   - A）一个 C 语言程序只能实现一种算法
   - B）C 程序可以由多个程序文件组成
   - C）C 程序可以由一个或多个函数组成
   - D）一个 C 函数可以单独作为一个 C 程序文件存在

6. 下列叙述中正确的是（   ）。
   - A）每个 C 程序文件中都必须有一个 main() 函数
   - B）在 C 程序中 main() 函数的位置是固定的
   - C）C 程序可以没有主函数
   - D）在 C 程序的函数中不能定义另一个函数

7. 算法的可行性是指（   ）。
   - A）算法程序的运行时间是有限的
   - B）算法程序所处理的数据量是有限的
   - C）算法程序的长度是有限的
   - D）算法只能被有限的用户使用

8. 以下叙述中错误的是（   ）。
   - A）C 语言编写的函数源程序，其文件名后缀可以是 .C

  B）C 语言编写的函数都可以作为一个独立的源程序文件

  C）C 语言编写的每个函数都可以进行独立的编译并执行

  D）一个 C 语言程序只能有一个主函数

9．算法具有五个特性，以下选项中不属于算法特性的是（　　）。

  A）有穷性   B）简洁性   C）可行性   D）确定性

10．以下叙述中错误的是（　　）。

  A）算法正确的程序最终一定会结束

  B）算法正确的程序可以有零个输出

  C）算法正确的程序可以有零个输入

  D）算法正确的程序对于相同的输入一定有相同的结果

11．以下叙述中正确的是（　　）。

  A）用 C 程序实现的算法必须要有输入和输出操作

  B）用 C 程序实现的算法可以没有输出但必须要输入

  C）用 C 程序实现的算法可以没有输入但必须要有输出

  D）用 C 程序实现的算法可以既没有输入也没有输出

12．以下选项中不合法的标识符是（　　）。

  A）print   B）FOR   C）&a   D）_00

13．以下叙述中正确的是（　　）。

  A）C 程序的基本组成单位是语句 B）C 程序中的每一行只能写一条语句

  C）简单 C 语句必须以分号结束 D）C 语句必须在一行内写完

14．C 语言规定，在一个源程序中，main 函数的位置（　　）。

  A）必须在最开始   B）必须在系统调用的库函数的后面

  C）可以任意   D）必须在最后

15．下列叙述中正确的是（　　）。

  A）算法的效率只与问题的规模有关，而与数据的存储结构无关

  B）算法的时间复杂度是指执行算法所需要的计算工作量

  C）数据的逻辑结构与存储结构是一一对应的

  D）算法的时间复杂度与空间复杂度一定相关

二、填空题

1．算法是一系列解决问题的_____。

2．一个算法应该具有 5 个重要的特征：有穷性、确切性、_____、_____和可行性。

3．算法的时间复杂度是执行算法所需要的_____。

4．算法的空间复杂度是指算法需要消耗的_____。

5．算法的描述方法有自然语言、N-S 图、_____、伪代码和程序设计语言等。

6．每一个 C 源程序都必须有，且只能有一个_____。

7．每一个语句都必须以_____结尾。

8．标识符，关键字之间必须至少加一个_____以示间隔。

9．C 语言规定，标识符由字符、_____和下划线组成。

10．任何高级语言源程序都要"翻译"成机器语言，其翻译的方式有两种：_____和解释方式。

三、程序设计

1. 设计一个 C 程序，输出一行文字 "welcome!"。

2. 设计一个 C 程序，输出三行，第一行输出 10 个*，第二行输出 program C!，第三行输出 10 个*。

5.2 数据类型、运算符和表达式

一、选择题

1. 有以下程序

```
#include   <stdio.h>
#include   <string.h>
void main()
{
   char a[10]="abcd";
   printf("%d,%d\n",strlen(a) ,sizeof(a));
}
```

程序运行后的输出结果是（   ）。

    A）7,4   B）4,10   C）8,8   D）10,10

2. 有以下定义：int a；long b；double x，y；则以下选项中正确的表达式是（   ）。

    A）a%(int)(x−y)   B）a=x!=y；

    C）(a*y)%b   D）y*x+y=x

3. 有以下程序

```
#include   <stdio .h>
void main()
{  int s,t,A=10;double B=6;
   s=sizeof(A) ; t=sizeof(B) ;
   printf("%d,%d\n",s,t) ;
}
```

在 VC6 平台上编译运行，程序运行后的输出结果是（   ）。

    A）2,4   B）4,4   C）4,8   D）10,6

4. 以下不能正确表示代数式 4cd/ab 的 C 语言表达式是（   ）。

    A）4*c*d/a/b   B）c*d/a/b*4   C）c/a/b*d*4   D）4*c*d/a*b

5. 表达式：(int)((double)9/2) −(9)%2 的值是（   ）。

    A）0   B）3   C）4   D）5

6. 设变量已正确定义并赋值，以下正确的表达式是（   ）。

    A）x=y*5=x+z   B）int(15.8%5)

    C）x=y+z+5，++y   D）x=25%5.0

7. 设有定义：float x=123.4567；则执行以下语句后的输出结果是（   ）。

```
printf("%f\n",(int)(x*100+0.5)/100.0);
```

    A）123.460000   B）123.456700   C）123.450000   D）123

8. 设变量 x 为 float 型且已赋值，则以下语句能将 x 中的数值保留到小数点后两位，并将第 3 位四舍五入的是（   ）。

    A）x=(x*100+0.5)/100.0   B）x=(int)(x*100+0.5)/100.0

    C）x=x*100+0.5/100.0   D）x=(x/100+0.5)*100.0

9. 以下能正确定义赋初值的语句是（   ）。

    A）int n1=n2=10;   B）char c=32;

    C）float f=f+1.1;   D）double x=12.3E2.5;

10. 有以下定义：int a；long b；double x，y；则以下选项中正确的表达式是（   ）。

    A）a%(int)(x−y)   B）a=x!=y;   C）(a*y)%b   D）y=x+y=x

11. 设有定义：int x=2；，以下表达式中，值不为 6 的是（   ）。

    A）x*=x+1   B）x++，2*x   C）x*=(1+x)   D）2*x,x+=2

12. 设有定义：int a=1，b=2，c=3；，以下语句中执行效果与其他三个不同的是（   ）。

    A）if(a>b)c=a,a=b,b=c;   B）if(a>b){c=a,a=b,b=c;}

    C）if(a>b)c=a; a=b;b=c;   D）if(a>b){c=a;a=b;b=c;}

13. 有以下程序段

```
int    a,b,c;
a=10;  b=50;  c=30;
if(a>b)a=b,  b=c;  c=a;
printf("a=%d b=%d c=%d\n",a,b,c);
```

程序的输出结果是（   ）。

    A）a=10 b=50 c=10   B）a=10 b=50 c=30

    C）a=10 b=30 c=10   D）a=50 b=30 c=50

14. 若有定义：double a=22;int i=0,k=18;，则不符合 C 语言规定的赋值语句是（   ）。

    A）a=a++,i++;   B）i=(a+k)<=(i+k);

    C）i=a%11;   D）i=!a;

15. 以下叙述不正确的是（   ）。

    A）在 C 程序中，逗号运算符的优先级最低

    B）在 C 程序中，APH 和 aph 是两个不同的变量

    C）若 a 和 b 类型相同，在计算赋值表达式 a=b 后 b 中的值将放入 a 中，而 b 中的值不变

    D）当从键盘输入数据时，对于整型变量只能输入整型数值，对于实型变量只能输入实型数值

16. 设有定义：int x=3;，以下表达式中，值不为 12 的是（   ）。

    A）x*=x+1   B）x++，3*x   C）x*=(1+x)   D）2*x,x+=6

17. 如已定义 x 和 y 为 double 类型，则表达式 x=1，y=x+5/2 的值是（   ）。

    A）2   B）3.0   C）3   D）3.5

18. 若变量已正确定义并赋值，以下符合 C 语言语法的表达式是（   ）。

    A）a:=b+1   B）a=b=c+2   C）int 18.5%3   D）a=a+7=c+b

19. 已知各变量的类型说明如下：

```
int k,a,b;
unsigned long w=5;
```

```
double x=1.42;
```

则以下不符合 C 语言语法的表达式是（　　　）。

A）x%(-3)　　　　　　　　　　　　　　B）w+=-2

C）k=(a=2,b=3,a+b)　　　　　　　　D）a+=a-=(b=4)*(a=3)

20. 以下程序运行后的输出结果是（　　　）。

```
#include   <stdio.h>
void main()
{   char c;int n=100;
   float f=10;double x;
   x=f*=n/=(c=50);
   printf("%d %f\n",n,x);
}
```

A）2 20.000000　　　　　　　　　　　B）100 20.000000

C）2 40.000000　　　　　　　　　　　D）100 40.000000

21. 若有定义语句：int   x=10;，则表达式 x-=x+x 的值为（　　　）。

A）-20　　　　　　　B）-10　　　　　　　C）0　　　　　　　D）10

22. 以下不能正确表示代数式 $\dfrac{2ab}{cd}$ 的 C 语言表达式是（　　　）。

A）2*a*b/c/d　　　　B）a*b/c/d*2　　　　C）a/c/d*b*2　　　　D）2*a*b/c*d

23. 以下关于 C 语言的叙述中正确的是（　　　）。

A）C 语言中的注释不可以夹在变量名或关键字的中间

B）C 语言中的变量可以在使用之前的任何位置进行定义

C）在 C 语言算术表达式的书写中,运算符两侧的运算数类型必须一致

D）C 语言的数值常量中夹带空格不影响常量值的正确表示

24. 有以下程序,其中 k 的初值为八进制数

```
#include   <stdio.h>
void main()
{   int k=011;
    printf("%d\n",k++);
}
```

程序运行后的输出结果是（　　　）。

A）12　　　　　　　B）11　　　　　　　C）10　　　　　　　D）9

25. 下列关于单目运算符++，--的叙述中正确的是（　　　）。

A）它们的运算对象可以是任何变量和常量

B）它们的运算对象可以是 char 型变量和 int 型变量，但不能是 float 型变量

C）它们的运算对象可以是 int 型变量，但不能是 double 型变量和 float 型变量

D）它们的运算对象可以是 char 型变量、int 型变量和 float 型变量

26. 若变量 x、y 已正确定义并赋值，以下符合 C 语言语法的表达式是（　　　）。

A）++x, y=x--　　　　B）x+1=y　　　　C）x=x+10=x+y　　　　D）double(x)/10

27．设有如下程序段

```
int x=2004,y=2008;
printf("%d\n",(x,y));
```

则以下叙述中正确的是（　　）。

A）输出值为 2004

B）输出值为 2008

C）运行时产生出错信息

D）输出语句中格式说明符的个数少于输出项的个数，不能正确输出

28．下面程序的运行结果是（　　）。

```
#include   <stdio.h>
void main()
{
 int y=5, x=14; y=((x=3*y,x+6),x-1);
printf("x=%d,y=%d",x,y);
}
```

　　A）x=27，y=27　　　　B）x=12，y=13　　　　C）x=15，y=14　　　　D）x=y=27

29．有以下程序（　　）。

```
#include   <stdio.h>
void main()
{int a=2,b=2,c=2;
 printf("%d\n",a/b&c);
}
```

程序运行后的输出结果是（　　）。

　　A）0　　　　　　　　B）1　　　　　　　　C）2　　　　　　　　D）3

30．有以下程序

```
#include   <stdio.h>
void main()
{  int  a=1,  b=0;
   printf("%d，", b=a+b);
   printf("%d\n", a=2*b)
}
```

程序运行后的输出结果是（　　）。

　　A）0，0　　　　　　　B）1，0　　　　　　　C）3，2　　　　　　　D）1，2

31．设有定义：int m=0;。以下选项的四个表达式中与其他三个表达式的值不相同的是（　　）。

　　A）++m　　　　　　　B）m+=1　　　　　　　C）m++　　　　　　　D）m+1

32．数字字符 0 的 ASCII 值为 48，若有以下程序

```
#include   <stdio.h>
void main()
{char a='1',b='2';
 printf("%c,",b++);
 printf("%d\n",b-a);
}
```

程序运行后的输出结果是（　　　）。

　　A）3，2　　　　　　　B）50，2　　　　　　C）2，2　　　　　　D）2，50

33．若有定义语句：int a=3，b=2，c=1；，以下选项中错误的赋值表达式是（　　　）。

　　A）a=(b=4)=3;　　　B）a=b=c+1;　　　　C）a=(b=4)+c;　　D）a=1+(b=c=4);

34．若变量均已正确定义并赋值，以下合法的 C 语言赋值语句是（　　　）。

　　A）x=y= =5;　　　　B）x=n%2.5;　　　　C）x+n=i;　　　　D）x=5=4+1;

35．下列程序的输出结果是（　　　）。

```
#include   <stdio.h>
void main()
{ double d=3.2; int x,y;
   x=1.2; y=(x+3.8)/5.0;
   printf("%d\n",d*y);}
```

　　A）3　　　　　　　　B）3.2　　　　　　　C）0　　　　　　　D）3.07

二、填空题

1．若有语句 double x=17;int y;，当执行 y= (int)(x/5)%2;之后 y 的值为_____。

2．设变量已正确定义为整型，则表达式 n=i=2,++i,i++的值为_____。

3．表达式(int)((double)(5/2)+2.5)的值是_____。

4．以下程序运行后的输出结果是_____。

```
#include   <stdio.h>
void main()
{   int a;
    a=(int)((double)(3/2)+0.5+(int)1.99*2);
    printf("%d\n",  a);
}
```

5．以下程序运行后的输出结果是_____。

```
main()
{ int a,b,c;
   a=10; b=20; c=(a%b<1)||(a/b>1);
   printf("%d   %d   %d\n",a,b,c);
}
```

6．若有定义语句：int a=5;，则表达式：a++的值是_____。

7．以下程序运行后的输出结果是_____。

```
#include   <stdio.h>
void main()
{
 int m=011,n=11;
 printf("%d%d\n",++m,n++)
}
```

8．设 int a=15，b=16，表达式(++a= =b--)?++a:--b 的值是_____。

9．以下程序运行后的输出结果是_____。

```
#include   <stdio.h>
void main()
{   int x=10，y=20，t=0;
    if(x= =y)t=x；x=y；y=t;
    printf("%d%d\n"，x，y);
}
```

10. 设变量 a 和 b 已正确定义并赋初值。请写出与 a-=a+b 等价的赋值表达式_____。

11. 以下程序运行后的输出结果是_____。

```
#include   <stdio.h>
void main()
{   int x=10，y=20，t=0;
    if(x= =y)t=x；x=y；y=t;
    printf("%d%d\n"，x，y);
}
```

12. 表达式 a+=a-=a=9 的值是_____。

5.3 顺序结构程序设计

一、选择题

1. 有以下程序

```
#include   <stdio.h>
void main()
{char a,b,c,d;
 scanf("%c%c",&a,&b);
 c=getchar();d=getchar();
 printf("%c%c%c%c\n",a,b,c,d);
}
```

当执行程序时,按下列方式输入数据(从第 1 列开始,<CR>代表回车,注意,回车也是一个字符)

```
12<CR>
34<CR>
```

则输出结果是（   ）。

   A）1234   B）12   C）12   D）12

2. 有以下程序段

```
char   ch;
int   k;
ch='a';
k=12;
printf("%c, %d," ,ch,ch,k) ;
printf("k=%d\n",k);
```

已知字符 a 的 ASCII 码值为 97，则执行上述程序段后输出结果是（   ）。

   A）因变量类型与格式描述符的类型不匹配输出无定值

B）输出项与格式描述符个数不符，输出为零或不定值

C）a,97,12k=12

D）a,97，k=12

3．以下函数按每行 8 个输出数组中的数据：

```
void fun(int *w,int n)
{   int i;
    for(i=0;i<n;i++)
        {_____
        printf("%d",w[i]) ;
        }
    printf("\n");
}
```

下划线处应填入的语句是（   ）。

A）if(i/8= =0)printf("\n");　　　　　　B）if(i/8= =0)continue;

C）if(i%8= =0)printf("\n");　　　　　　D）if(i%8= =0)continue;

4．程序段：int x=12; double y=3.141593; printf("%d%8.6f", x, y); 的输出结果是（   ）。

A）123.141593　　　B）12 3.141593　　　C）12,3.141593　　　D）123.1415930

5．有以下程序

```
#include   <stdio.h>
void main()
{   char   cl,c2;
    cl='A'+'8'–'4';
    c2='A'+'8'–'5';
    printf("%c,%d\n",cl,c2) ;
}
```

已知字母 A 的 ASCII 码为 65，程序运行后的输出结果是（   ）。

A）E,68　　　　　　B）D,69　　　　　　C）E，D　　　　　　D）输出无定值

6．以下程序运行时，若从键盘输入 10 20 30<回车>，输出的结果是（   ）。

```
#include   <stdio.h>
void main()
{   int i=0,j=0,k=0;
    scanf("%d%*d%d",&i,&j,&k);
    printf("%d%d%d\n",i,j,k);
}
```

A）10200　　　　　　B）102030　　　　　　C）10300　　　　　　D）10030

7．若有定义：int a,b;，通过语句 scanf("%d;%d",&a,&b);，能把整数 3 赋给变量 a,5 赋给变量 b 的输入数据是（   ）。

A）3　5　　　　　B）3，5　　　　　C）3；5　　　　　D）35

8．阅读以下程序

```
#include   <stdio.h>
void main()
{   int case;float printF;
```

```
        printf("请输入 2 个数:") ;
        scanf("%d   %f",&case, &printF) ;
        printf("% d   %f\n",case,printF) ;
    }
```

该程序在编译时产生错误，其出错原因是（　　　）。

A）定义语句出错，case 是关键字，不能用作用户自定义标识符

B）定义语句出错，printF 不能用作用户自定义标识符

C）定义语句无错，scanf 不能作为输入函数使用

D）定义语句无错，printf 不能输出 case 的值

9．若变量已正确定义为 int 型，要通过语句 scanf("%d, %d, %d", &a, &b, &c); 给 a 赋值 1、给 b 赋值 2、给 c 赋值 3，以下输入形式中错误的是（⊔代表一个空格符）（　　　）。

A）⊔ ⊔ ⊔1,2,3<回车>　　　　　　　　　　B）1 ⊔ 2 ⊔ 3<回车>

C）1, ⊔ ⊔ ⊔ 2, ⊔ ⊔ ⊔ <回车>　　　　　D）1,2,3<回车>

10．有定义语句: char　s[10];，若要从终端给 s 输入 5 个字符，错误的输入语句是（　　　）。

A）gets(&s[0]);　　　　　　　　　　　　B）scanf("%s",s+1);

C）gets(s);　　　　　　　　　　　　　　D）scanf("%s",s[1]) ;

11．以下叙述中错误的是（　　　）。

A）C 语句必须以分号结束

B）复合语句在语法上被看作一条语句

C）空语句出现在任何位置都不会影响程序运行

D）赋值表达式末尾加分号就构成赋值语句

12．设有定义: int m=0;。以下选项的四个表达式中与其他三个表达式的值不相同的是（　　　）。

A）++m　　　　　　B）m+=1　　　　　　C）m++　　　　　　D）m+1

13．有以下程序

```
#include   <stdio.h>
void main()
{
    char   c1='1',c2='2';
    c1=getchar();   c2=getchar();   putchar(c1);   putchar(c2);
}
```

当运行时输入：a<回车>后，以下叙述正确的是（　　　）。

A）变量 c1 被赋予字符 a，c2 被赋予回车符

B）程序将等待用户输入第 2 个字符

C）变量 c1 被赋予字符 a，c2 中仍是原有字符 2

D）变量 c1 被赋予字符 a，c2 中将无确定值

14．有以下程序

```
#include   <stdio.h>
void main()
{char c1,c2,c3,c4,c5,c6;
    scanf("%c%c%c%c",&c1,&c2,&c3,&c4);
    c5=getchar(); c6=getchar();
    putchar(c1);putchar(c2);
```

```
        printf("%c%c\n",c5,c6);
    }
```

程序运行后，若从键盘输入（从第 1 列开始）

```
    123<回车>
    45678<回车>
```

则输出结果是（　　　）。

    A）1267　　　　　　　　B）1256　　　　　　　　C）1278　　　　　　　　D）1245

15. 若要求从键盘读入含有空格字符的字符串，应使用函数（　　　）。

    A）getc()　　　　　　　　B）gets()　　　　　　　　C）getchar()　　　　　　　　D）scanf()

16. 有以下程序

```
    #include <stdio.h>
    void main()
    {char a,b,c,d;
     a=getchar();b=getchar();
     scanf("%c%c",&c,&d);
     printf("%c%c%c%c\n",a,b,c,d);
    }
```

当执行程序时，按下列方式输入数据（从第 1 列开始，<CR>代表回车，注意，回车也是一个字符）

```
    1<CR>
    234<CR>
```

则输出结果是（　　　）。

    A）1234　　　　　　　　B）12　34　　　　　　　　C）1　23　　　　　　　　D）1　234

17. 执行以下程序时输入 1234567<CR>，则输出结果是（　　　）。

```
    #include <stdio.h>
    void main()
    {int a=1,b;
     scanf("%3d%2d",&a,&b);
     printf("%d%d\n",a,b);
    }
```

    A）12367　　　　　　　　B）12346　　　　　　　　C）12312　　　　　　　　D）12345

18. 设有如下程序段

```
    int x=2004,y=2008;
    printf("%d\n",(x,y));
```

则以下叙述中正确的是（　　　）。

    A）输出值为 2004

    B）输出值为 2008

    C）运行时产生出错信息

    D）输出语句中格式说明符的个数少于输出项的个数，不能正确输出

19. 有以下程序，其中%u 表示按无符号整数输出

```
#include   <stdio.h>
void main()
{ unsigned int   x=0xFFFF;          /*   x 的初值为十六进制数   */
   printf("%u\n ",x);
}
```

程序运行后的输出结果是（   ）。

A）-1   B）65535   C）32767   D）0xFFFF

20. 有以下程序段

```
int   j;float   y;char   name[50];
scanf("%2d%f%s",&j,&y,name);
```

当执行上述程序段，从键盘上输入 55566 7777abc 后，y 的值为（   ）。

A）55566.0   B）566.0   C）7777.0   D）566777.0

21. x, y, z 被定义为 int 型变量，若从键盘给 x, y, z 输入数据，正确的输入语句是（   ）。

A）INPUT x、y、z;   B）scanf("%d%d%d",&x,&y,&z);

C）scanf("%d%d%d",x,y,z);   D）read("%d%d%d",&x,&y,&z);

22. 设有定义 int a; float b; ，执行 scanf("%2d%f",&a,&b); 语句时，若从键盘输入 876<空格> 854.0<回车>，a 和 b 的值分别是（   ）。

A）876 和 543.000000   B）87 和 6.000000

C）87 和 543.000000   D）76 和 543.000000

23. 现有格式化输入语句，scanf("x=%d],sum]y=%d,line]z=%dL",&x,&y,&z);，已知在输入数据后，x,y,z 的值分别是 23,56,78，则下列选项中正确的输入格式是（   ）。

A）23,56,78<Enter>   B）x=23,y=56,z=78<Enter>

C）x=23C,sumy=56,z=78<Enter>   D）x=23],sum]y=56,line]z=78<Enter>

[注]: "]"表示空格，<Enter>表示回车

二、填空题

1. 若整型变量 a 和 b 中的值分别为 7 和 9，要求按以下格式输出 a 和 b 的值：

```
a=7
b=9
```

请完成输出语句：printf("_____", a，b);。

2. 若变量 x、y 已定义为 int 类型且 x 的值为 99,y 的值为 9,请将输出语句 printf(_____, x/y); 补充完整，使其输出的计算结果形式为：x/y=11。

3. 若程序中已给整型变量 a 和 b 赋值 10 和 20，请写出按以下格式输出 a、b 值的语句_____。

```
****a=10,b=20****
```

4. 以下程序运行后的输出结果是_____。

```
#include <stdio.h>
void main()
{   int a=200,b=010;
    printf("%d%d\n",a,b);
}
```

5．有以下程序

```
#include <stdio.h>
void main()
{   int x,y;
    scanf("%2d%1d",&x,&y);printf("%d\n",x+y);
}
```

程序运行时输入：1234567，程序的运行结果是_____。

6．已知字符 A 的 ASCII 代码值为 65，以下程序运行时若从键盘输入：B33<回车>，则输出结果是_____。

```
#include   <stdio.h>
void main()
{ char a,b;
    a=getchar();scanf("%d",&b);
    a=a-'A'+'0';b=b*2;
    printf("%c %c\n",a,b);
}
```

7．变量 a,b 已定义为 int 类型并赋值 21 和 55，要求用 printf 函数以 a=21,b=55 的形式输出，请写出完整的的输出语句_____。

8．下程序的输出结果是_____。

```
#include   <stdio.h>
void main()
{ char c='z';
    printf("%c",c-25);
}
```

9．以下程序运行后的输出结果是_____。

```
#include   <stdio.h>
void main()
{ int a,b,c;
    a=10; b=20; c=(a%b<1)||(a/b>1);
    printf("%d   %d   %d\n",a,b,c);
}
```

10．有以下程序（说明：字符 0 的 ASCII 码值为 48）

```
#include <stdio.h>
void main()
{   char c1,c2;
    scanf("%d",&c1) ;
    c2=c1+9;
    printf("%c%c\n",c1,c2) ;
}
```

若程序运行时从键盘输入 48<回车>，则输出结果为_____。

三、程序设计

1．编写程序，把 560 分钟换算成用小时和分钟表示。

2．编写程序，输入一个字符，输出该字符对应八进制、十进制和十六进制的 ASCII 码值。

3．编写程序，输入长方体的长、宽、高，求长方体的表面积和体积。

4．编写程序，读入两个两位正整数分别放入 x 和 y 中，然后重新组合成一个四位数放在 z 中，组合规则如下：x 的十位数放在 z 的个位上，x 的个位数放在 z 的百位上，y 的十位数放在 x 的千位数，y 的个位数放在 z 的十位上。

5．编写程序，读入三个双精度数，求它们的平均值，并将平均值保留小数点后一位，将小数点后第二位数进行四舍五入后进行保存，最后输出结果。

5.4　选择（分支）结构程序设计

一、选择题

1．以下关于运算符优先顺序的描述中正确的是（　　　）。

A）关系运算符<算术运算符<赋值运算符<逻辑与运算符

B）逻辑与运算符<关系运算符<算术运算符<赋值运算符

C）赋值运算符<逻辑与运算符<关系运算符<算术运算符

D）算术运算符<关系运算符<赋值运算符<逻辑与运算符

2．逻辑运算符两侧运算对象的数据类型（　　　）。

A）只能是 0 或 1　　　　　　　　　　B）只能是 0 或非 0 正数

C）只能是整型或字符型数据　　　　　D）可以是任何类型的数据

3．为判断字符变量 c 的值不是数字也不是字母时，应采用下述表达式（　　　）。

A）c<=48||c>=57&&c<=65||c>=90&&c<=97||c>=122

B）!(c<='0'||c>='9'&&c<='A'||c>='Z'&&c<='a'||c>='z')

C）c>=48&&c<=57||c>=65&&c<=90||c>=97&&c<=122

D）!(c>='0'&&c<='9'||c>='A'&&c<='Z'||c>='a'&&c<='z')

4．若有表达式(w)?(-x):(++y),则其中与 w 等价的表达式是（　　　）。

A）w= =1　　　　B）w= =0　　　　C）w!=1　　　　D）w!=0

5．当把以下四个表达式用作 if 语句的控制表达式时，有一个选项与其他三个选项含义不同，这个选项是（　　　）。

A）k%2　　　　B）k%2= =1　　　　C）(k%2)!=0　　　　D）!k%2= =1

6．在嵌套使用 if 语句时，C 语言规定 else 总是（　　　）。

A）和之前与其具有相同缩进位置的 if 配对

B）和之前与其最近的 if 配对

C）和之前与其最近的且不带 else 的 if 配对

D）和之前的第一个 if 配对

7．下列叙述中正确的是（　　　）。

A）break 语句只能用于 switch 语句

B）在 switch 语句中必须使用 default

C）break 语句必须与 switch 语句中的 case 配对使用

D）在 switch 语句中，不一定使用 break 语句

8. 有以下程序段

```
int    a,b,c;
a=10;b=50;c=30;
if(a>b)a=b,b=c,c=a;
printf( "a=%d b=%d c=%d\n" ,a,b,c);
```

程序的输出结果是（　　　）。

　　A）a=10 b=50 c=10　　　　　　　　　B）a=10 b=50 c=30

　　C）a=10 b=30 c=10　　　　　　　　　D）a=50 b=30 c=50

9. 若变量已正确定义，有以下程序段

```
int a=3,b=5,c=7;
if(a>b) a=b; c=a;
if(c!=a) c=b;
printf("%d,%d,%d\n",a,b,c);
```

其输出结果是（　　　）。

　　A）程序段有语法错　　　　B）3，5，3　　　　C）3，5，5　　　　D）3，5，7

10. 设变量 x 和 y 均已正确定义并赋值，以下 if 语句中，在编译时将产生错误信息的是（　　　）。

　　A）if(x++);　　　　　　　　　　　　B）if(x>y&&y!=0);

　　C）if(x>y) x- -　　　　　　　　　　 D）if(y<0) {;}

```
else y++;              else x++;
```

11. 有以下程序

```
#include <stdio.h>
void main()
{   int a=1,b=0;
    if(!a)b++;
    else if(a= =0)   if(a) b+=2;
       else b+=3;
    printf("%d\n",b) ;
}
```

程序运行后的输出结果是（　　　）。

　　A）0　　　　　　　　　B）1　　　　　　　　　C）2　　　　　　　　　D）3

12. 下列条件语句中，输出结果与其他语句不同的是（　　　）。

　　A）if(a) printf("%d\n",x);　　　else printf("%d\n",y) ;

　　B）if(a= =0) printf("%d\n",y);　　else printf("%d\n",x) ;

　　C）if(a!=0) printf("%d\n",x);　　　else printf("%d\n",y) ;

　　D）if(a= =0) printf("%d\n",x);　　else printf("%d\n",y);

13. 设有如下函数定义

```
int fun(int k)
{   if(k<1) return 0;
else if(k= =1)return 1;
else return fun(k-1)+1;
}
```

若执行调用语句：n=fun(3);，则函数 fun 总共被调用的次数是（　　　）。

　　　A）2　　　　　　　　B）3　　　　　　　　C）4　　　　　　　　D）5

14. 若有定义语句：int k1=10，k2=20;，执行表达式(k1=k1>k2)&&(k2=k2>k1)后，k1 和 k2 的值分别为（　　　）。

　　　A）0 和 1　　　　　　B）0 和 20　　　　　C）10 和 1　　　　　D）10 和 20

15. 若变量已正确定义，在 if(W)printf("%d\n",k);中，以下不可替代 W 的是（　　　）。

　　　A）a<>b+c　　　　　B）ch=getchar()　　　C）a= =b+c　　　　　D）a++

16. 下列选项中，能够满足"若字符串 s1 等于字符串 s2，则执行 ST"要求的是（　　　）。

　　　A）if(strcmp(s2,s1) = =0) ST;　　　　　　　B）if(sl= =s2)ST;

　　　C）if(strcpy(s1,s2) = =1) ST;　　　　　　　D）if(sl−s2= =0)ST;

17. 已知字母 A 的 ASCII 码值为 65，若变量 kk 为 char 型，以下不能正确判断出 kk 中的值为大写字母的表达式是（　　　）。

　　　A）kk>='A'&& kk<='Z'　　　　　　　　　B）!(kk>='A'||kk<='Z')

　　　C）(kk+32)>= 'a'&&(kk+32)<= 'Z'　　　　　D）isalpha(kk)&&(kk<91)

18. 若有表达式(w)？(−−x):(++y)，则其中与 w 等价的表达式是（　　　）。

　　　A）w= =1　　　　　　B）w= =0　　　　　　C）w!=1　　　　　　D）w!=0

19. 以下选项中与 if(a= =1)a=b;else a++;语句功能不同的 switch 语句是（　　　）。

　　　A）switch(a)

```
{   case 1:a=b;break;
    default:a++;
}
```

　　　B）switch(a= =1)

```
{   case 0:a=b;break;
  case 1:a++;
}
```

　　　C）switch(a)

```
{   default:a++;break;
    case 1:a=b;
}
```

　　　D）switch(a= =1)

```
{   case 1:a=b;break;
    case 0:a++;
}
```

20. 有以下程序

```
#include <stdio.h>
void main()
{   int x=1，y=0;
    if(!x)y++;
else if(x= =0)
```

```
    if(x)y+=2;
    else y+=3;
  printf("%d\n", y);
}
```

程序运行后的输出结果是（　　　）。

　　A）3　　　　　　　　B）2　　　　　　　　C）1　　　　　　　　D）0

二、填空题

1. C 语言提供的三种逻辑运算符是 _____、_____、_____。优先级从低到高排列分别为_____。

2. C 语言提供 6 种关系运算符,按优先级高低它们分别是_____ >_____,_____ <_____,_____ = =_____, _____ >=_____,_____ <=_____,_____!=_____等。

3. 将条件"y 能被 4 整除但不能被 100 整除,或 y 能被 400 整除"写成逻辑表达式_____ int y/4=y/4 and int y/5<>y/5_____。

4. 设 x,y,z 均为 int 型变量;写出描述 "x,y 和 z 中有两个为负数"的 C 语言表达式:_____ (x<0+y<0+z<0) = =2_____。

5. 已知 A=7.5,B=2,C=3.6,表达式 A>B && C>A || A<B && !C>B 的值是_____。

6. 以下程序用于判断 a、b、c 能否构成三角形,若能,则输出 YES,否则输出 NO。当给 a、b、c 输入三角形三条边长时,确定 a、b、c 能构成三角形的条件是需同时满足三个条件:a+b>c, a+c>b, b+c>a。请填空。

```
#include   <stdio.h>
void main()
{float a,b,c;
   scanf("%f%f%f",&a,&b,&c);
   if(   ____   )printf("YES\n");/*a b c 能构成三角形  */
   else printf("NO\n");/*a b c 不能构成三角形  */
}
```

7. 以下程序运行后的输出结果是_____。

```
#include   <stdio.h>
void main()
{ int a=3,b=4,c=5,t=99;
   if(b<a && a<c) t=a;a=c;c=t;
   if(a<c && b<c) t=b;b=a;a=t;
   printf("%d %d %d\n",a,b,c);
}
```

8. 当 m=2, n=1, a=1, b=2, c=3 时,执行完 d=(m=a!=b)&&(n=b>c)后,n 的值为_____,m 的值为_____。

9. 若有 int x,y,z;且 x=3,y=-4,z=5,则表达式:!(x>y)+(y!=z)||(x+y)&&(y-z)的值为_____。

10. C 语言编译系统在给出逻辑运算结果时,以数值_____代表"真",以_____代表"假";但在判断一个量是否为"真"时,以_____代表"假",以_____代表真。

三、程序设计

1．输入参数 a,b,c，求一元二次方程 a*x^2+bx+c=0 的根。

2．输入 15 个字符，分别统计出其中英文字母、回车、数字和其他字符的个数。

3．输入一个学生的数学成绩，如果它低于 60，输出 "Fail"，否则，输出 "Pass"。

4．输入三角形的 3 条边 a, b, c，如果能构成一个三角形，输出面积 area 和周长 perimeter（保留 2 位小数）；否则，输出 "These sides do not correspond to a valid triangle"。

在一个三角形中，任意两边之和大于第 3 边。三角形面积计算公式：

$$area=\sqrt{s(s-a)(s-b)(s-c)}, \text{ 其中 } s = (a+b+c)/2$$

5．输入圆的的半径 r 和一个整型数 k，当 k=1 时，计算圆的面积；但 k=2 时，计算圆的周长，当 k=3 时，既要求求圆的周长也要求出圆的面积。编程实现以上功能。

6．试编程完成如下功能：

输入一个不多于 4 位的整数，求出它是几位数，并逆序输出各位数字。

5.5　循环结构程序设计

一、选择题

1．C 语言中 while 和 do-while 循环的主要区别是（　　）。

　　A）do-while 的循环体至少无条件执行一次

　　B）while 的循环控制条件比 do-while 的循环控制条件严格

　　C）do-while 允许从外部转到循环体内

　　D）do-while 的循环体不能是复合语句

2．已知 int i=1；执行语句 while (i++<4)；后，变量 i 的值为（　　）。

　　A）3　　　　　　　　B）4　　　　　　　　C）5　　　　　　　　D）6

3、在以下给出的表达式中，与 while(E)中的（E）不等价的表达式是（　　）。

　　A）(!E=0)　　　　　B）(E>0||E<0)　　　　C）(E= =0)　　　　D）(E!=0)

4．若有以下程序

```
#include   <stdio.h>
void main()
{
    int y=10;
    while(y--);
    printf("y=%d\n"y);
}
```

程序运行后的输出结果是（　　）。

　　A）y=0　　　　　　B）y=-1　　　　　　C）y=1　　　　　　D）while 构成无限循环

5．下面程序段的运行结果是（　　）。

```
a=1; b=2; c=2;
while(a<b<c) {t=a; a=b; b=t; c--;}
printf("%d,%d,%d",a,b,c);
```

　　A）1，2，0　　　　B）2，1，0　　　　C）1，2，1　　　　D）2，1，1

6．要求通过 while 循环不断读入字符，当读入字母 N 时结束循环。若变量已正确定义，以下正确的程序段是（　　）。

A）while((ch=getchar())!='N') printf("%c",ch);

B）while(ch=getchar()!='N') printf("%c",ch);

C）while(ch=getchar()= ='N') printf("%c",ch);

D）while((ch=getchar())= ='N') printf("%c",ch);

7．以下叙述中正确的是（　　）。

A）break 语句只能用于 switch 语句体中

B）continue 语句的作用是：使程序的执行流程跳出包含它的所有循环

C）break 语句只能用在循环体内和 switch 语句体内

D）在循环体内使用 break 语句和 continue 语句的作用相同

8．有以下程序段

```
int n,t=1,s=0;
scanf("%d",&n);
do{ s=s+t; t=t-2; }while (t!=n);
```

为使此程序段不陷入死循环，从键盘输入的数据应该是（　　）。

A）任意正奇数　　　　B）任意负偶数　　　　C）任意正偶数　　　　D）任意负奇数

9．执行语句 for(i=1;i++<4;);后变量 i 的值是（　　）。

A）3　　　　　　　　B）4　　　　　　　　C）5　　　　　　　　D）不定

10．有以下程序

```
#include   <stdio.h>
void main()
{   int a=1,b;
    for(b=1;b<=10;b++)
    {
        if(a>=8)    break;
        if(a%2= =1)   {a+=5;    continue;}
        a-=3;
    }
    printf("%d\n",b);
}
```

程序运行后的输出结果是（　　）。

A）3　　　　　　　　B）4　　　　　　　　C）5　　　　　　　　D）6

11．有以下程序

```
#include   <stdio.h>
void main()
{   int a=7;
    while(a--);
    printf("%d\n",a) ;
}
```

程序运行后的输出结果是（　　）。

A）-1　　　　　　　　B）0　　　　　　　　C）1　　　　　　　　D）7

12. 有以下程序

```
#include   <stdio.h>
void main()
{   int   i=5;
    do
    {   if(i%3= =1)
            if(i%5= =2)
            {   printf("*%d", i);    break;    }
                i++;
    }   while(i!=0);
    printf("\n");
}
```

程序的运行结果是（   ）。

A）*7   B）*3*5   C）*5   D）*2*6

13. 以下不构成无限循环的语句或语句组是（   ）。

A）n=0;

do{++n;}while(n<=0);

B）n=0;

while(1){n++;}

C）n=10;

while(n) ;{n--;}

D）for(n=0,i=1; ;i++)

n+=i;

14. 有以下程序段

```
#include <stdio.h>
void main()
{   …
    while(getchar()!='\n');
    …
}
```

以下叙述中正确的是（   ）。

A）此 while 语句将无限循环

B）getchar()不可以出现在 while 语句的条件表达式中

C）当执行此 while 语句时，只有按回车键程序才能继续执行

D）当执行此 while 语句时，按任意键程序就能继续执行

15. 有以下程序

```
#include <stdio.h>
void main()
{   int a=l,b=2;
    while(a<6)      {b+=a;   a+=2;b%=10;}
    printf("%d,%d\n",a,b) ;
}
```

程序运行后的输出结果是（　　　）。

　　A）5，11　　　　　　　　B）7，1　　　　　　　　C）7，11　　　　　　　　D）6，1

16. 以下程序段中的变量已正确定义

```
for(i=0;i<4;i++,i++)
    for(k=1;k<3;k++);printf("*");
```

程序段的输出结果是（　　　）。

　　A）********　　　　　　B）****　　　　　　　C）**　　　　　　　　D）*

17. 有以下程序

```
#include <stdio.h>
void main()
{   int a=1,b=2;
    for(;a<8;a++){b+=a;a+=2;}
    printf("%d,%d\n",a,b);
}
```

程序运行后的输出结果是（　　　）。

　　A）9，18　　　　　　　B）8，11　　　　　　　C）7，11　　　　　　　D）10，14

18. 若 i 和 k 都是 int 类型变量，有以下 for 语句

```
for(i=0,k=-1;k=1;k++)printf("*****\n");
```

下面关于语句执行情况的叙述中正确的是（　　　）。

　　A）循环体执行两次　　　　　　　　　　　B）循环体执行一次
　　C）循环体一次也不执行　　　　　　　　　D）构成无限循环

19. 有以下程序

```
#include  <stdio.h>
void main()
{   int   x=8;
   for(   ;x>0;x--)
   {  if(x%3)  {printf("%d,",x--);     continue;}
       printf("%d,",--x) ;
   }
}
```

程序的运行结果是（　　　）。

　　A）7,4,2,　　　　　　B）8,7,5,2,　　　　　C）9,7,6,4,　　　　　D）8,5,4,2,

20. 有以下程序

```
#include <stdio.h>
void main()
{   int   c=0,k;
    for   (k=1;k<3;k++)
    switch(k)
    {  default:   c+=k;
        case 2:c++;break;
```

```
        case 4:c+=2;break;
    }
    printf("%d\n",c) ;
}
```

程序运行后的输出结果是（   ）。

    A）3   B）5   C）7   D）9

21．有以下程序

```
#include    <stdio.h>
void main()
{    int     i,j;
    for(i=3;i>=1;i--)
    {   for(j=1;j<=2;j++)printf("%d",i+j) ;
    printf("\n");
    }
}
```

程序的运行结果是（   ）。

    A）2 3 4   B）4 3 2

         3 4 5   5 4 3

    C）2 3   D）4 5

         3 4   3 4

         4 5   2 3

22．有以下程序

```
#include <stdio.h>
void main()
{ int i,j,m=1;
    for(i=1;i<3;i++)
    { for(j=3;j>0;j--)
        {if(i*j>3)break;
        m*=i*j;
        }
    }
    printf("m=%d\n",m);
}
```

程序运行后的输出结果是（   ）。

    A）m=6   B）m=2   C）m=4   D）m=5

23．以下函数按每行 8 个输出数组中的数据

```
void fun(int *w,int n)
{   int i;
    for(i=0;i<n;i++)
    {_____
    printf("%d",w[i]);
    }
```

```
        printf("\n");
    }
```

下划线处应填入的语句是（　　　）。

  A）if(i/8= =0)printf("\n");   B）if(i/8= =0)continue;

  C）if(i%8= =0)printf("\n");   D）if(i%8= =0)continue;

24．设有以下程序段

```
int x=0,s=0;
while(!x!=0)s+=++x;
printf("%d",s);
```

则正确答案是（　　　）。

  A）运行程序段后输出 0   B）运行程序段后输出 1

  C）程序段中的控制表达式是非法的 D）程序段执行无限次

25．有以下程序

```
#include  <stdio.h>
void main()
{   int   n=2,k=0;
    while(k++&&n++>2);
    printf("%d  %d\n",k,n);
}
```

程序运行后的输出结果是（　　　）。

  A）0　2   B）1　3   C）5　7   D）1　2

26．已知

```
int x=0;
while (x=1)
{...}
```

则以下叙述正确的是（　　　）。

  A）循环控制表达式不合法   B）循环控制表达式的值为 0

  C）循环控制表达式的值为 1   D）以上说法都不对

27．在下列选项中，没有构成死循环的是（　　　）。

  A）int i=100;

    while(1)

    {   i=i%100+1;

      if(i>100)break;

    }

  B）for(;;);

  C）int k=10000;

    do{k++;}while(k>10000);

D）int s=36;

　　while(s)--s;

28．有以下程序

```
#include <stdio.h>
void main()
{   int s;
    scanf("%d",&s);
    while(s>0)
    {   switch(s)
        {   case 1:printf("%d",s+5);
            case 2:printf("%d",s+4);break;
            case 3:printf("%d",s+3);
            default:printf("%d",s+1);break;
        }
        scanf("%d",&s);
    }
}
```

运行时，若输入 123450<回车>，则输出结果是（　　　）。

A）6566456　　　　　　B）66656　　　　　　C）66666　　　　　　D）6666656

29．有以下程序

```
#include  < stdio.h>
void main()
{   int   k=5,n=0;
    while(k>0)
    { switch(k)
        {
            default : break;
            case 1 : n+=k;
            case 2 :
            case 3 : n+=k;
        }
        k--;
    }
    printf("%d\n",n);
}
```

程序运行后的输出结果是（　　　）。

A）0　　　　　　　　　B）4　　　　　　　C）6　　　　　　　　D）7

30．若变量已正确定义，有以下程序段

```
i=0;
do printf("%d,",i);while(i++);
printf("%d\n",i);
```

其输出结果是（　　　）。

A）0,0 B）0,1 C）1,1 D）程序进入无限循环

二、填空题

1. 有以下程序

```
#include <stdio.h>
void main()
{   int m,n;
    scanf("%d%d",&m,&n);
    while(m!=n)
    {   while(m>n)m=m-n;
        while(m<n)n=n-m;
    }
    printf("%d\n",m);
}
```

程序运行后,当输入 1463<回车>时,输出结果是_____。

2. 以下程序运行后的输出结果是_____。

```
#include    <stdio.h>
void main()
{   int a=1,b=7;
    do{
        b=b/2; a+=b;
    } while(b>1);
    printf("%d\n",a);
}
```

3. 以下程序运行后的输出结果是_____。

```
#include    <stdio.h>
void main()
{   int   k=1, s=0;
    do{
        if((k%2) !=0)continue;
        s+=k;   k++;
        }while(k>10);
    printf("s=%d\n",  s);
}
```

4. 若有定义：int   k;，以下程序段的输出结果是_____。

```
for(k=2;k<6;k++,k++)   printf("##%d",k);
```

5. 以下程序运行后的输出结果是_____。

```
#include    <stdio.h>
void main()
{   int   k=1，s=0;
    do{
        if((k%2) !=0)continue;
        s+=k;   k++;
```

```
        }while(k>10);
    printf("s=%d\n",  s);
  }
```

6. 下面程序的运行结果是_____。

```
#include <stdio.h>
void main()
{   int y,a;
    y=2,a=1;
    while(y--!=-1)
    {do{a*=y;a++;}while(y--);}
    printf("%d,%d",a,y); }
```

7. 有以下程序

```
#include <stdio.h>
void main()
{int m,n;
 scanf("%d%d",&m,&n);
 while(m!=n)
 {while(m>n)m=m-n;
  while(m<n)n=n-m;
 }
 printf("%d\n",m);
}
```

程序运行后，当输入 14 63<回车>时，输出结果是_____。

8. 有以下程序段，且变量已正确定义和赋值

```
for(s=1.0,k=1;k<=n;k++)s=s+1.0/(k*(k+1));
printf("s=%f\n\n",s);
```

请填空，使下面程序段的功能与之完全相同。

```
s=1.0;k=1;
while(            ){s=s+1.0/(k*(k+1));    k++;}
printf("s=%f\n\n",s);
```

9. 以下程序的输出结果是_____。

```
#include <stdio.h>
void main()
{int n=12345,d;
 while(n!=0){d=n%10;printf("%d",d);n/=10;}
}
```

10. 有以下程序，若运行时从键盘输入：18, 11<回车>，则程序的输出结果是_____。

```
#include <stdio.h>
void main()
{int a,b;
```

```
    printf("Enter a,b:");
    scanf("%d,%d",&a,&b);
    while(a!=b)
{while(a>b) a-=b;
 while(b>a) b-=a;
}
printf("%3d%3d",a,b);
}
```

11. 以下程序运行后的输出结果是_____。

```
    #include  <stdio.h>
    void main()
{   int   k=1,  s=0;
    do{
        if((k%2) !=0)continue;
        s+=k;   k++;
    }while(k>10);
    rintf("s=%d\n",  s);
}
```

12. 下面程序的功能是:计算 1 ~10 之间的奇数之和与偶数之和，请填空。

```
    #include <stdio.h>
    void main()
{   int a,b,c,i;
    a=c=0;
    for(i=0;i<=10;i+=2)
    {a+=i;
    _____;
        c+=b; }
    printf("偶数之和=%d\n",a);
    printf("奇数之和=%d\n",c-11);}
```

13. 要求以下程序的功能是计算：s=1+1/2+1/3+…+1/100。

```
    #include <stdio.h>
    void main()
    {
      int n; float s;
      s=1.0;
      for(n=100;n>1;n--)
        s=s+1/n;
      printf("%6.4f\n",s);
    }
```

程序运行后输出结果错误，导致错误结果的程序行是_____。

14. 有以下程序

```
    #include <stdio.h>
    void main()
```

```
    {
        int c=0,k;
        for (k=1;k<3;k++)
        switch(k)
        { default: c+=k;
          case 2:c++;break;
          case 4:c+=2;break;
        }
        printf("%d\n",c);
    }
```

程序运行后的输出结果是_____。

15．以下程序段中的变量已正确定义：

```
    for(i=0；i<4；i++，i++)
      for(k=1；k<3；k++)；printf("*");
```

程序段的输出结果是_____。

16．有以下程序

```
    #include   <stdio.h>
    void main()
    { int i,j,m=55;
      for(i=1;i<=3;i++)
        for(j=3;j<=i;j++)
          m=m%j;
      printf("%d\n",m);
    }
```

程序的运行结果是_____。

17．下列程序的输出结果是_____。

```
    #include "stdio.h"
    void main()
    {   int i,a=0,b=0;
        for(i=1;i<10;i++)
        {   if(i%2= =0)
            {a++;
             continue;}
        b++;}
        printf("a=%d,b=%d",a,b); }
```

18．以下程序的功能是计算：s=1+12+123+1234+12345，请在括号内补充好语句。

```
    #include   <stdio.h>
    void main()
    {
      int t=0,s=0,i;
      for(i=1;i<=5;i++)
      {t=i+_____;
       s=s+t;
      }
      printf("s=%d\n",s);
    }
```

19. 有以下程序

```
#include   <stdio.h>
void main()
{   int   i=5;
    do
    {   if(i%3= =1)
        if(i%5= =2)
            {  printf("*%d"，i)；    break；    }
        i++；
    }  while(i!=0)；
    printf("\n")；
}
```

程序的运行结果是_____。

三、程序设计

1. 输入一个整数，求它的各位数字之和及位数。例如 123 的各位数字之和是 6，位数是 3。

2. 读入 1 个正实数 eps，计算并输出下式的值，直到最后一项的绝对值小于 eps（保留 6 位小数）。

$$s = 1 - \frac{1}{4} + \frac{1}{7} - \frac{1}{10} + \frac{1}{13} - \frac{1}{16} + \cdots$$

3. 验证哥德巴赫猜想：任何一个大于 6 的偶数均可表示为两个素数之和。例如 6=3+3，8=3+5，…，18=7+11。要求将 6～100 之间的偶数都表示成两个素数之和，打印时一行打印 5 组。

4. 输入一行字符，统计其中英文字母、数字字符和其他字符的个数。

5. 输入一个长整数，从高位开始逐位分割并输出。例如输入 123456，逐位输出：

1，2，3，4，5，6，

6. 有 1、2、3、4 个数字，能组成多少个互不相同且无重复数字的三位数？都是多少？

7. 个整数，它加上 100 后是一个完全平方数，再加上 168 又是一个完全平方数，请问该数是多少？

8. 一个正整数分解质因数。例如：输入 90，打印出 90=2*3*3*5。

9. 两个正整数 m 和 n，求其最大公约数和最小公倍数。

10. 一球从 100 米高度自由落下，每次落地后反跳回原高度的一半；再落下，求它在第 10 次落地时，共经过多少米？第 10 次反弹多高？

11. 有一分数序列：2/1，3/2，5/3，8/5，13/8，21/13…求出这个数列的前 20 项之和。

5.6   函   数

一、选择题

1. 以下说法中正确的是（   ）。

A）C 语言程序总是从第一个定义的函数开始执行

B）在 C 语言程序中,要调用的函数必须在 main()函数中定义

C）C 语言程序总是从 main()函数开始执行

D）C 语言程序中的 main()函数必须放在程序的开始部分

2．以下叙述中错误的是（　　）。

A）用户自定义的函数中可以没有 return 语句

B）用户自定义的函数中可以有多个 return 语句，以便可以调用一次返回多个函数值

C）用户自定义的函数中若没有 return 语句，则应当定义函数为 void 类型

D）函数的 return 语句中可以没有表达式

3．在 C 语言中，函数返回值的类型最终取决于（　　）。

A）函数定义时在函数首部所说明的函数类型

B）return 语句中表达式值的类型

C）调用函数时主函数所传递的实参类型

D）函数定义时形参的类型

4．C 语言程序由函数组成，它的（　　）。

A）主函数必须在其他函数之前，函数内可以嵌套定义函数

B）主函数可以在其他函数之后，函数内不可以嵌套定义函数

C）主函数必须在其他函数之前，函数内不可以嵌套定义函数

D）主函数必须在其他函数之后，函数内可以嵌套定义函数

5．以下不正确的说法（　　）。

A）在不同函数中可以使用相同名字的变量

B）形式参数是局部变量

C）在函数内定义的变量只在本函数范围内有效

D）在函数内的复合语句中定义的变量在本函数范围内有效

6．关于全局变量，下列说法正确的是（　　）。

A）全局变量必须定义于文件的首部，位于任何函数之前。

B）全局变量可以在函数中定义。

C）要访问定义于其他文件中的全局变量，必须进行 extern 说明。

D）要访问定义于其他文件中的全局变量，该变量定义中必须用 static 加以修饰。

7．以下叙述中错误的是（　　）。

A）在程序中凡是以"＃"开始的语句行都是预处理命令行

B）预处理命令行的最后不能以分号表示结束

C）#define MAX 是合法的宏定义命令行

D）C 程序对预处理命令行的处理是在程序执行的过程中进行的

8．下面程序的运行结果是（　　）。

```
#include  <stdio.h>
int a=5;int  b=7;
int plus(int x,int y)
{   int z;
    z=x+y;
    return(z);
}
void main()
```

```
{  int a=4,b=5,c;
   c=plus(a,b);
   printf("A+B=%d\n",c);
}
```

　　A）A+B=0　　　　　　B）A+B=9　　　　　C）A+B=6　　　　　D）A+B=8

9. 有以下程序

```
#include <stdio.h>
int f(int x)
{int y;
if(x= =0||x= =1) return 3;
y=x*x-f(x-2);
return y;
}
void main()
{int z;
z=f(3); printf("%d\n",z);
}
```

程序的运行结果是（　　　）。

　　A）0　　　　　　　　　B）9　　　　　　　C）6　　　　　　　D）8

10. 有一个名为 init.txt 的文件，内容如下：

```
#define HDY(A,B) A/B
#define PRINT(Y) printf("y=%d\n",Y)
```

有以下程序：

```
#include "init.txt"
#include <stdio.h>
void main()
{int a=1,b=2,c=3,d=4,K;
  K=HDY(a+c,b+d);
  PRINT(K);
}
```

下面针对该程序的叙述正确的是（　　　）。

　　A）编译有错　　　　　　　　　　B）运行出错
　　C）运行结果为 y=0　　　　　　　D）运行结果为 y=6

11. 有以下程序

```
#define N 10
#include <stdio.h>
void main(){
    #ifdef N
        printf("hello!");
    #else
        printf("welcome!");
    #endif
}
```

下面针对该程序的叙述正确的是（　　　）。

 A）运行结果为 welcome!

 B）若#ifdef N 改为#if N，则运行结果为 welcome!

 C）若#ifdef N 改为#ifndef N，则运行结果为 welcome!

 D）以上都不正确。

12．以下说法正确的是（　　　）。

 A）文件包含中的文件名只能用尖括号括起来。

 B）一个 include 命令只能指定一个被包含文件，若要多个文件要包含，则需要多个 include 命令。

 C）一个被包含的文件中不可以再包含另一个文件。

 D）当被包含文件中的内容修改时，包含该文件的所有源文件不需要重新进行编译处理。

13．有以下程序

```
#include  <stdio.h>
void  fun(int  a,int  b)
{  int  t;
   t=a; a=b; b=t;
}
void main()
{  int  c[10]={1,2,3,4,5,6,7,8,9,0},i;
   for(i=0; i<10; i+=2)  fun(c[i],c[i+1]);
   for(i=0; i<10; i++)  printf("%d,",c[i]);
   printf("\n");
}
```

程序的运行结果是_____。

 A）1,2,3,4,5,6,7,8,9,0,   B）2,1,4,3,6,5,8,7,0,9,

 C）0,9,8,7,6,5,4,3,2,1,   D）0,1,2,3,4,5,6,7,8,9,

14．有以下程序

```
#include  <stdio.h>
void fun(int  a[],int  n)
{  int  i,t;
   for(i=0;i<n/2;i++){t=a[i];   a[i]=a[n-1-i];   a[n-1-i]=t;}
}
void main()
{  int  k[10]={1,2,3,4,5,6,7,8,9,10},i;
   fun(k,5);
   for(i=2;i<8;i++)printf("%d",k[i]);
   printf("\n");
}
```

程序的运行结果是_____。

 A）345678   B）876543   C）1098765   D）321678

15. 以下程序的输出结果是（　　　）。

```
void f(int b[])
{   int i ;
    for( i =2;i <6; i ++) b[i] *=2;
}
void main()
{   int a[10]={1,2,3,4,5,6,7,8,9,10,}, i ;
    f(a);
    for( i =0: i <10; i ++) printf("%d,",a[i]);
}
```

A）1，2，3，4，5，6，7，8，9，10，
B）1，2，3，4，10，12，14，16，9，10，
C）1，2，6，8，10，12，7，8，9，10，
D）1，2，6，8，10，12，14，16，9，10，

二、填空题

1. 在 C 语言中，_____是程序的基本组成单位。

2. 从函数定义的角度看，函数可分为_____和_____两种。

3. 从主调函数和被调函数之间数据传送的角度看，函数可分为_____和_____两种。

4. C 程序的执行总是从_____开始。

5. 在定义函数时，如果函数头中的函数类型省略，则按_____处理。

6. 除了_____函数不能被其他函数调用外，其他函数之间可以相互调用。

7. 函数中的形参只有在_____时才分配内存单元。

8. 函数中的实参和形参应类型一致，若形参与实参类型不一致，则以_____为准，自动进行类型转换。

9. C 语言中的变量按作用范围可分为_____和_____，其中在函数之外定义的变量称为_____。

10. 如果在定义之前的函数想引用该外部变量，则应该在引用前用_____来说明。

11. 宏定义的功能是用一个标识符来表示一个_____。

12. 文件包含是指一个源文件可将另一个源文件的内容全部包含进来，若包含 stdio.h 头文件，其文件包含命令行的一般形式有两种_____和_____。

13. 以下 fun 函数的功能是：找出具有 N 个元素的一维数组中的最小值，并作为函数值返回。请填空。(设 N 已定义)

```
int fun(int x[N])
{   int i,k=0;
    for(i=0;i<N;i++)
    if(x[i]<x[k])k=_____;
    return x[k];
}
```

14. 已知 a 所指的数组中有 N 个元素。函数 fun 的功能是，将下标 k(k>0)开始的后续元素全部向前移动一个位置，请填空。

```
void fun(int a [N] ,int k)
{   int i;
    for(i=k;i<N;i++) a [_____] =a [i] ;
}
```

三、程序设计

1. 定义一个函数判断 x 是否为偶数，如果是则函数返回 1，否则返回 0。

2. 定义一个函数判断 x 是否为水仙花数。（水仙花数是指一个三位数，它的各位数字的立方和等于其本身。）。

3. 编写程序，从键盘输入一个整数，判断其是否为五位数且又是回文数。如 12321 是回文数，个位与万位相同，十位与千位相同。要求用函数实现。

4. 定义一个函数，判断 x 是否为素数，如果是素数，函数返回为 1，否则返回为 0。

5. 定义一个函数 long fun(long num)，其功能是：计算正整数 num 各位上的数字之积。

6. 定义一个函数 fun,其功能是：根据整型形参 m，计算如下公式的值：

$$y=1+1/2*2+1/3*3+1/4*4+\cdots\cdots+1/m*m$$

5.7　数　　组

一、选择题

1. 对以下说明语句的正确理解是（　　）。

```
int a[10]={1,2,3,4,5};
```

A）将 5 个初值依次赋给 a[1]至 a[5]

B）将 5 个初值依次赋给 a[0]至 a[4]

C）将 5 个初值依次赋给 a[6]至 a[10]

D）因为数组长度与初值的个数不相同,所以此语句不正确

2. 已知：int a[10]；则对 a 数组元素的正确引用是（　　）。

　　A）a[10]　　　　　　　B）a[3.5]　　　　　　C）a(5)　　　　　D）a[10-10]

3. 以下能对一维数组 a 进行正确初始化的语句是（　　）。

　　A）int a[10]=(0,0,0,0,0);　　　　　　　　B）int　a[10]={}

　　C）int a[]={0};　　　　　　　　　　　　D）int a[10]={10*1};

4. 设有数组定义：char array [ ]="China"; 则数组 array 所占的空间为（　　）。

　　A）4 个字节　　　　　B）5 个字节　　　　　C）6 个字节　　　D）7 个字节

5. 以下对二维数组 a 的正确说明是（　　）。

　　A）int a[3][]　　　　　　　　　　　　　B）float a(3,4)

　　C）double a[1][4]　　　　　　　　　　　D）float a(3)(4)

6. 已知：int a[3][4];则对数组元素引用正确的是（　　）。

　　A）a[2][4]　　　　　　　B）a[1,3]　　　　　　C）a[2][0]　　　D）a(2)(1)

7. 以下正确的语句是（　　）。

　　A）int a[1][4]={1,2,3,4,5};　　　　　　　B）float x[3][]={{1},{2},{3}};

C）long b[2][3]={{1},{1,2},{1,2,3}};   D）double y[][3]={0};

8．若有以下定义语句：int m[]={5,4,3,2,1},i=4;，则下面对 m 数组元素的引用中错误的是（   ）。

A）m[i]   B）m[2*2]   C）m[m[0]]   D）m[m[i]]

9．若有定义语句：char s[10]=″1234567\0\0″;,则 strlen(s)的值是（   ）。

A）7   B）8   C）9   D）10

10．若二维数组 a 有 m 列，则在 a[i][j]之前的元素个数为（   ）。

A）j*m+i   B）i*m+j   C）i*m+j-1   D）i*m+j+1

11．下面程序的输出结果是（   ）。

```
#include <stdio.h>
#include <string.h>
void main()
{ char p1[20]="abc",*p2="ABC",str[50]= "xyz";
  strcpy(str+2,strcat(p1,p2));
  printf("%s\n",str);}
```

A）xyzabcABC   B）zabcABC

C）xyabcABC   D）yzabcABC

12．若要定义一个具有 5 个元素的整型数组，以下错误的定义语句是（   ）。

A）int a[5]={0};   B）int b[]={0,0,0,0,0};

C）int c[2+3];   D）int i=5，d[i];

13．以下能正确定义一维数组的选项是（   ）。

A）int a[5]={0,1,2,3,4,5};

B）char a[]={'0', '1', '2', '3', '4', '5', '\0'};

C）char a={'A', 'B', 'C'};

D）int a[5]="0123";

14．有以下程序段

```
int  j;float  y;char   name[50];
scanf("%2d%f%s",&j,&y,name);
```

当执行上述程序段，从键盘上输入 55566 7777abc 后，y 的值为（   ）。

A）55566.0   B）566.0   C）7777.0   D）566777.0

15．有以下程序

```
#include   <stdio.h>
void  fun(int  *s,int  n1,int  n2)
{ int   i,j,t;
   i=n1;  j=n2;
   while(i<j)  {t=s[i];s[i]=s[j];s[j]=t;i++;j--;}
}
void main()
{ int   a[10]={1,2,3,4,5,6,7,8,9,0},k;
   fun(a,0,3);   fun(a,4,9);   fun(a,0,9);
   for(k=0;k<10;k++)printf("%d",a[k]);       printf("\n");
}
```

程序的运行结果是（　　）。

A）0987654321　　　B）4321098765　　　C）5678901234　　　D）0987651234

16．有以下程序

```c
#include  <stdio.h>
#define  N  4
void fun(int a[][N],int b[])
{ int   i;
   for(i=0;i<N;i++)   b[i]=a[i][i] −a[i][N−1−i];
}
void main()
{ int x[N][N]={{1,2,3,4},{5,6,7,8},{9,10,11,12},{13,14,15,16}},y[N],i;
   fun(x,y);
   for(i=0;i<N;i++) printf("%d,",y[i]);   printf("\n");
}
```

程序运行后的输出结果是（　　）。

A）−12，−3,0,0,　　　　　　　　　　B）−3，−1,1,3,

C）0,1,2,3,　　　　　　　　　　　　D）−3，−3，−3，−3，

17．有以下程序

```c
#include <stdio.h>
void main()
{ int s[12]={1,2,3,4,4,3,2,1,1,1,2,3},c[5]={0},i;
   for(i=0;i<12;i++) c[s[i]]++;
   for(i=1;i<5;i++) printf("%d",c[i]);
   printf("\n");
}
```

程序的运行结果是（　　）。

A）1 2 3 4　　　　B）2 3 4 4　　　　C）4 3 3 2　　　　D）1 1 2 3

18．有以下程序

```c
#include <stdio.h>
void main()
{   int a[5]={1,2,3,4,5},b[5]={0,2,1,3,0},i,s=0;
   for(i=0;i<5;i++)   s=s+a[b[i]];
   printf("%d\n",s);
}
```

程序运行后的输出结果是（　　）。

A）6　　　　　　　B）10　　　　　　　C）11　　　　　　　D）15

19．有以下程序

```c
#include  <stdio.h>
void main()
{ int a[]={2,3,5,4},i;
   for(i=0;i<4;i++)
   switch(i%2)
```

```
  { case 0:switch(a[i]%2)
    {case 0:a[i]++;break;
     case 1:a[i] ──;
     }break;
    case 1:a[i]=0;
  }
  for(i=0;i<4;i++) printf("%d",a[i]);printf("\n");
}
```

程序运行后的输出结果是（　　　）。

  A）3 3 4 4   B）2 0 5 0   C）3 0 4 0   D）0 3 0 4

20．若有定义语句：int m[]={5,4,3,2,1},i=4;，则下面对 m 数组元素的引用中错误是（　　　）。

  A）m[──i]   B）m[2*2]   C）m[m[0]]   D）m[m[i]]

21．以下程序的输出结果是（　　　）。

```
int fun(char p[][10])
{int n=0,i;
 for(i=0;i<7;i++)
 if(p[i][0] == 'T') n++;
 return n;
}
void main()
{char str[][10]={"Mon","Tue","Wed","Thu","Fri","Sat","Sun"};
 printf("%d\n",fun(str));
}
```

  A）1   B）2   C）3   D）0

22．有以下程序

```
#include <stdio.h>
void main()
{ int s[12]={1,2,3,4,5,6,7,8,9,10,11,12},c[5]={0},i;
  for(i=0;i<12;i++) c[s[i]]++;
  for(i=1;i<5;i++) printf("%d",c[i]);
  printf("\n");
}
```

程序的运行结果是（　　　）。

  A）1 2 3 4   B）5 6 7 8   C）9 10 11 12   D）1 1 1 1

23．以下定义数组的语句中错误的是（　　　）。

  A）int num[]={1,2,3,4,5,6};   B）int num[][3]={{1,2},3,4,5,6};

  C）int num[2][4]={{1,2},{3,4}, {5,6}}:   D）int num[][4]={1,2,3,4,5,6};

24．有以下程序

```
#include <stdio.h>
void main()
{   int a[5]={1,2,3,4,5},b[5]={0,2,1,3,0},i,s=0;
    for(i=0;i<5;i++)   s=s+a[b[i]];
```

```
      printf("%d\n",s);
   }
```

程序运行后的输出结果是（　　　）。

　　A）6　　　　　　　　　　B）10　　　　　　　　C）11　　　　　　　　D）15

25．二维数组的定义

以下错误的定义语句是（　　　）。

　　A）int　　x[][3]={{0}，{1},{1,2,3}};

　　B）int x[4][3]={{1,2,3},{1,2,3},{1,2,3},{1,2,3}};

　　C）int x[4][]={{1,2,3},{1,2,3},{1,2,3},{1,2,3}};

　　D）int x[][3]={1,2,3,4}

26．有以下程序

```
#include   <stdio.h>
void main()
{ char s[]={"012xy"};int i,n=0;
   for(i=0;s[i]!=0;i++)
     if (s[i]>='a'&&s[i]<='z') n++;
   printf("%d\n",n);
}
```

程序运行后的输出结果是（　　　）。

　　A）0　　　　　　　　　　B）2　　　　　　　　C）3　　　　　　　　D）5

27．有以下程序

```
#include <stdio.h>
void main()
{   int b[3][3]={0,1,2,0,1,2,0,1,2},i,j,t=1;
    for(i=0;i<3;i++)
        for(j=1;j<=1;j++)   t+=b[i][b[j][i]];
    printf("%d\n",t);
}
```

程序运行后的输出结果是（　　　）。

　　A）1　　　　　　　　　　B）3　　　　　　　　C）4　　　　　　　　D）9

28．下面的程序段运行后，输出结果是（　　　）。

```
int i,j,x=0;
static int a[8][8];
for(i=0;i<3;i++)
   for(j=0;j<3;j++)
     a[i][j]=2*i+j;
for(i=0;i<8;i++)
     x+=a[i][j];
printf("%d",x);
```

　　A）9　　　　　　　　　　B）不确定值　　　　　C）0　　　　　　　　D）18

29．下列选项中，能够满足"若字符串 s1 等于字符串 s2，则执行 ST"要求的是（　　　）。

A）if(strcmp(s2,s1) = =0) ST;   B）if(sl= =s2)ST;

C）if(strcpy(s1,s2) = =1)ST;   D）if(sl-s2= =0)ST;

30．以下程序运行后的输出结果是（   ）。

```
#include <stdio.h>
#include <sting.h>
void main()
{   char m[20]={'a','b','c','d'},n[]="abc",k[]="abcde";
    strcpy(m+strlen(n),k);strcat(m,n);
    printf("%d%d\n",sizeof(m),strlen(m));
}
```

A）2011   B）99   C）209   D）1111

二、填空题

1．以下 fun 函数的功能是：找出具有 N 个元素的一维数组中的最小值，并作为函数值返回。请填空。（设 N 已定义）

```
int fun(int x[N])
{ int i,k=0;
    for(i=0;i<N;i++)
    if(x[i]<x[k])k=_____;
    return x[k];
}
```

2．已知 a 所指的数组中有 N 个元素。函数 fun 的功能是，将下标 k(k>0)开始的后续元素全部向前移动一个位置。请填空。

```
void fun(int a[N],int k)
{   int i;
    for(i=k;i<N;i++) a[_____]=a[i];
}
```

3．以下程序运行后的输出结果是_____。

```
#include   <stdio.h>
void main()
{   int i,  n[]={0,0,0,0,0};
    for(i=1;  i<=2;  i++)
    {   n[i]=n[i-1]*3+1;
        printf("%d",  n[i]);
    }
    printf("\n");
}
```

4．以下程序运行后的输出结果是_____。

```
#include    <stdio.h>
void main()
{ int n[2],i,j;
    for(i=0;i<2;i++)   n[i]=0;
    for(i=0;i<2;i++)
    for(j=0;j<2;j++)   n[j]=n[i]+1;
```

```
          printf("%d\n",n[1]);
      }
```

5. 有以下程序

```
#include <stdio.h>
void main()
{   int a[3][3]={{1,2,3},{4,5,6},{7,8,9}};
    int b[3]={0},i;
    for(i=0;i<3;i++)      b[i]=a[i][2]+a[2][i];
    for(i=0;i<3;i++)      printf("%d",b[i]);
    printf("\n");
}
```

程序运行后的输出结果是_____。

6. 以下程序运行后的输出结果是_____。

```
#include   <stdio.h>
void main()
{   int i,n[5]={0};
    for(i=1;i<=4;i++)
    {   n[i]=n[i-1]*2+1;printf("%d",n[i]);}
    printf("\n");
}
```

7. 有以下程序

```
#include   <stdio.h>
void main()
{   int c[3]={0},  k,  i;
    while((k=getchar())!='n')
         c[k-'A']++;
    for(i=0;  i<3;  i++)   printf("%d",  c[i]); printf("\n");
}
```

若程序运行时从键盘输入 ABCACC<回车>，则输出结果为_____。

8. 有以下程序

```
#include <stdio.h>
void main()
{ int i,n[]={0,0,0,0,0};
    for(i=l;i<=4;i++)
    {n[i]=n[i-1]*3+1;printf("%d ",n[i]);}
}
```

程序运行后的输出结果是_____。

9. 有以下程序

```
#include <stdio.h>
void main()
{ int i,j,a[][3]={1,2,3,4,5,6,7,8,9};
```

```
    for(i=0;i<3;i++)
        for(j=i;j<3;j++)printf("%d",a[i][j]);
    printf("\n");
    }
```

程序运行后的输出结果是_____。

10．以下 fun 函数的功能是在 N 行 M 列的整型二维数组中，选出一个最大值作为函数值返回，请填空。（设 M，N 已定义）

```
    int fun(int a[N][M])
    {   int i,j,row=0,col=0;
        for(i=0; i<N;i++)
        for(j=0;j<M; j++)
            if(a[i][j]>a[row][col]){row=i;col=j;}
        return(            );
    }
```

11．以下函数 rotate 的功能是：将 a 所指 N 行 N 列的二维数组中的最后一行放到 b 所指二维数组的第 0 列中，把 a 所指二维数组中的第 0 行放到 b 所指二维数组的最后一列中，b 所指二维数组中其他数据不变。请填空。

```
    #define   N   4
    void rotade(int   a[][N],int   b[][N])
    {   int I,j;
        for(I=0;I<N;I++)
    {  b[I][N-1]=_____;        ____=a[N-1][I]; } }
```

12．有以下程序

```
    void main()
    {
        char a[7]="a0\0a0\0";
        int i,j;
        i=sizeof(a);
        j=strlen(a);
        printf("%d %d\n",i,j);
    }
```

程序运行后的输出结果是_____。

13．有以下程序

```
    #include   <stdio.h>
    #include   <string.h>
    void main()
    { char a[5][10]={"china","beijing","you","tiananmen","welcome"};
        int i,j; char t[10];
        for(i=0;i<4;i++)
        for(j=i+1;j<5;j++)
            if(strcmp(a[i],a[j])>0)
            { strcpy(t,a[i]); strcpy(a[i],a[j]);strcpy(a[j],t);}
```

```
        puts(a[3]);
    }
```

程序运行后的输出结果是_____。

14. 以下函数的功能是：通过键盘输入数据，为数组中的所有元素赋值。

```
    #include <stdio.h>
    #define   N   10
    void fun(int x[N])
    {   int i=0;
        while(i<N)scanf("%d",_____ );
    }
```

15. 有以下程序

```
    #include   <stdio.h>
    void fun(int a,int b)
    { int t;
       t=a; a=b; b=t;
    }
    void main()
    { int c[10]={1,2,3,4,5,6,7,8,9,0},i;
      for(i=0;i<10;i+=2) fun(c[i],c[i+1]);
      for(i=0;i<10;i++) printf("%d,",c[i]);
      printf("\n");
    }
```

程序的运行结果是_____。

16. 有以下程序

```
    #include <stdio.h>
    void main()
    {    int a[3][3]={{1,2,3},{4,5,6},{7,8,9}};
         int b[3]={0},i;
         for(i=0;i<3;i++)      b[i]=a[i][2]+a[2][i];
         for(i=0;i<3;i++)     printf("%d",b[i]);
         printf("\n");
    }
```

程序运行后的输出结果是_____。

17. 以下程序的输出结果是_____。

```
    #include <stdio.h>
    void f(int b[])
    {   int i ;
        for( i =2;i <6; i ++) b[i] *=2;
    }
    void main()
    {   int a[10]={1,2,3,4,5,6,7,8,9,10,}, i ;
        f(a);
```

```
    for( i =0: i <10 i ++) printf("%d,",a[i]);
}
```

18．有以下程序

```
#include   <stdio.h>
#define   N   4
void fun(int a[][N],int b[])
{ int   i;
   for(i=0;i<N;i++)   b[i]=a[i][i] −a[i][N−1−i];
}
void main()
{ int x[N][N]={{1,2,3,4},{5,6,7,8},{9,10,11,12},{13,14,15,16}},y[N],i;
   fun(x,y);
   for(i=0;i<N;i++) printf("%d,",y[i]);   printf("\n");
}
```

程序运行后的输出结果是_____。

19．下列程序的输出结果是

```
#include "stdio.h"
#define N 3
#define M 3
void fun(int a[M][N])
{   printf("%d\n",*(a[1]+2));}
void main()
{   int a[M][N];
    int i,j;
    for(i=0;i<M;i++)
    for(j=0;j<N;j++)
        a[i][j]=i+j-(i-j);
fun(a);}
```

20．以下 fun 函数的功能是在 N 行 M 列的整型二维数组中，选出一个最大值作为函数值返回，请填空。（设 M，N 已定义）

```
int fun(int a[N][M])
{ int i,j,row=0,col=0;
    for(i=0; i<N;i++)
            for(j=0;j<M; j++)
                if(a[i][j]>a[row][co1]){row=i;col=j;}
    return(____);
}
```

三、程序设计

1．有一个已经排好序的数组。现输入一个数，要求按原来的规律将它插入数组中。

2．编程实现进制转换，将十六进制转换成十进制。

3．用冒泡排序法实现十个数的由大到小的排序。

4．将一个数组逆序输出。

5. 有 15 个数按由小到大顺序存放在一个数组中，输入一个数，要求用折半查找法找出该数组中第几个元素的值。如果该数不在数组中，则打印出"无此数"。

6. 有一篇文章，共有 3 行文字，每行有个 80 字符。要求分别统计出其中英文大写字母、小写字母、空格以及其它字符的个数。

7. 有一行电文译文下面规律译成密码：   A->Z a->z   B->Y b->y   C->X c->x ，即第一个字母变成第 26 个字母，第 i 个字母变成第（26-i+1）个字母。非字母字符不变，要求编程序将密码回原文，并打印出密码和原文。

8. 给一个句子，统计这个句子中有多少个单词。单词仅包含大写字母和小写字母，单词之间用空格符或标点符号隔开。

9. 下面的程序从键盘接收任意 6 个数放入数组 A 中，假设这 6 个数为：8 1 4 2 5 6，则要输出一个具有如下内容的方阵。

$$8\ 1\ 4\ 2\ 5\ 6$$
$$6\ 8\ 1\ 4\ 2\ 5$$
$$5\ 6\ 8\ 1\ 4\ 2$$
$$2\ 5\ 6\ 8\ 1\ 4$$
$$4\ 2\ 5\ 6\ 8\ 1$$
$$1\ 4\ 2\ 5\ 6\ 8$$

10. 判断一字符串是否是回文数，如 121、12321、ABA 等，如果是输出 yes，否则 no。
如输入：12321
输出：yes

11. 将一个 4×4 的数组进行逆时针旋转 90 度后输出，要求原始数组的数据随机输入，新数组以 4 行 4 列的方式输出。

5.8 指 针

一、选择题

1. 有以下程序

```
#include   <stdio.h>
void f(int *p, int *q);
void main()
{
     int m=1, n=2, *r=&m;
     f(r,&n); printf("%d,%d",m,n);
}
void f(int *p, int *q)
{
     p=p+1; *q=*q+1;
}
```

程序运行后的输出结果是（   ）。

  A）1,3   B）2,3   C）1,4   D）1,2

2．有以下程序

```
#include    <stdio.h>
void fun(int *p)
{
    printf("%d\n",p[5]);
}
void main()
{
    int a[10]={1,2,3,4,5,6,7,8,9,10};
    fun(&a[3]);
}
```

程序运行后的输出结果是（　　　）。

A）5　　　　　　　B）6　　　　　　　C）8　　　　　　　D）9

3．有以下程序

```
#include    <stdio.h>
void main()
{
    int a[ ]= {1,2,3,4},y,*p=&a[3];
    --p;
    y=*p;
    printf("y=%d\n",y);
}
```

程序运行后的输出结果是（　　　）。

A）y=0　　　　　　B）y=1　　　　　　C）y=2　　　　　　D）y=3

4．若有定义语句：int　a[4][10]，*p，*q[4]；且 0≤i<4，则错误的赋值是（　　　）。

A）p=a　　　　　　B）q[i]=a[i]　　　　C）p=a[i]　　　　　D）p=&a[2][1]

5．有以下程序

```
#include <stdio.h>
void f(int*p);
void main()
{
    int a[5]= {1,2,3,4,5},*r=a;
    f(r);
    printf("%d\n",*r);
}
void f(int *p)
{
    p=p+3;
    printf("%d,",*p);
}
```

程序运行后的输出结果是（　　　）。

A）1,4　　　　　　B）4,4　　　　　　C）3,1　　　　　　D）4,1

6．设有如下程序段

```
char s[20]="Beijing",*p;
p=s;
```

则执行 p=s; 语句后，以下叙述正确的是（　　）。

 A）可以用*p 表示 s[0]

 B）s 数组中元素的个数和 p 所指字符串长度相等

 C）s 和 p 都是指针变量

 D）数组 s 中的内容和指针变量 p 中的内容相同

7．有以下程序（说明：字母 A 的 ASCII 码值是 65）：

```
#include   <stdio.h>
void fun(char *s)
{
    while(*s)
    {
        if(*s%2) printf("%c",*s);
        s++;
    }
}
void main()
{
    char a[]="BYTE";
    fun(a); printf("\n");
}
```

程序运行后的输出结果是（　　）。

 A）BY　　　　　　　　B）BT　　　　　　　C）YT　　　　　　　D）YE

8．若有定义 int (*pt)[3]; 则下列说法正确的是（　　）。

 A）定义了基类型为 int 的三个指针变量

 B）定义了基类型为 int 的具有三个元素的指针数组 pt

 C）定义了一个名为*pt、具有三个元素的整型数组

 D）定义了一个名为 pt 的指针变量,它可以指向每行有三个整数元素的二维数组

9．有以下程序

```
#include   <stdio.h>
#include   <string.h>
void fun(char *s[],int n)
{
    char *t; int i,j;
    for(i=0; i<n-1; i++)
        for(j=i+1; j<n; j++)
            if(strlen(s[i])>strlen(s[j]))
                t=s[i], s[i]=s[j], s[j]=t;
}
void main()
{
```

```
char *ss[]= {"bcc","bbcc","xy","aaaacc","aabcc"};
fun(ss,5);
printf("%s,%s\n",ss[0],ss[4]);
}
```

程序运行后的输出结果是（　　　）。

A）xy,aaaacc　　　　B）aaaacc,xy　　　　C）bcc,aabcc　　　　D）aabcc,bcc

10. 若有定义语句：double　x[5]={1.0,2.0,3.0,4.0,5.0}，*p=x；则错误引用 x 数组元素的是（　　　）。

A）*p　　　　　　　B）x[5]　　　　　　　C）*(p+1)　　　　　　D）*x

11. 设有定义 double a[10], *s=a；以下能够代表数组元素 a[3]的是（　　　）。

A）(*s)[3]　　　　　B）*(s+3)　　　　　C）*s[3]　　　　　　D）*s[3]

12. 设有定义：double x[10], *p=x；以下能给数组 x 下标为 6 的元素读入数据的正确语句是（　　　）。

A）scanf("%f",&x[6]);　　　　　　　　　B）scanf("%lf",*(x+6));

C）scanf("%lf",p+6);　　　　　　　　　D）scanf("%lf",p[6]);

13. 有以下程序

```
#include   <stdio.h>
int fun(int (*s)[4],int n,int k)
{
    int m,i;
    m=s[0][k];
    for(i=1; i<n; i++) if(s[i][k]>m)m=s[i][k];
    return m;
}
void main()
{
    int a[4][4]={{1,2,3,4},{11,12,13,14},{21,22,23,24},{31,32,33,34}};
    printf("%d\n",fun(a,4,0));
}
```

程序运行后的输出结果是（　　　）。

A）4　　　　　　　B）34　　　　　　　C）31　　　　　　　D）32

14. 有以下程序

```
#include   <stdio.h>
void fun(int *s,int n1,int n2)
{
    int i,j,t;
    i=n1; j=n2;
    while(i<j)
    {
        t=s[i]; s[i]=s[j]; s[j]=t;
        i++; j--;
    }
}
```

```
main()
{
    int a[10]= {1,2,3,4,5,6,7,8,9,0},k;
    fun(a,0,3); fun(a,4,9); fun(a,0,9);
    for(k=0; k<l0; k++) printf("%d",a[k]);
    printf("\n");
}
```

程序运行后的输出结果是（　　　）。

　　A）0987654321　　　　　B）4321098765　　　　　C）5678901234　　　　D）0987651234

15．有以下程序

```
#include   <stdio.h>
void fun(char *a,char *b)
{
    while(*a= ='*')a++;
    while(*b=*a){b++;a++;}
}
void main()
{
    char *s="*****a*b****",t[80];
    fun(s,t); puts(t);
}
```

程序运行后的输出结果是（　　　）。

　　A）*****a*b　　　　　B）a*b　　　　　C）a*b****　　　　　D）ab

16．有以下程序

```
#include <stdio.h>
void main()
{
    char *a[]= {"abcd","ef","gh","ijk"};
    int   i;
    for(i=0; i<4; i++) printf("%c",*a[i]);
}
```

程序运行后的输出结果是（　　　）。

　　A）aegi　　　　　B）dfhk　　　　　C）abcd　　　　　D）abcdefghijk

17．有以下程序

```
#include   <stdio.h>
#include   <string.h>
void main()
{
    char str[][20]= {"One*World","one*Dream!"},*p=str[1];
    printf("%d,",strlen(p));
    printf("%s\n",p);
}
```

程序运行后的输出结果是（　　　）。

    A）9,One*World　　　　　　　　　B）9,One*Dream!

    C）10,One*Dream!　　　　　　　　D）10,One*World

18. 若有说明:int *p,m=5,n;，以下正确的程序段是（　　　　）。

    A）p=&n;scanf("%d",&p);　　　　　　B）p=&n;scanf("%d",*p);

    C）scanf("%d",&n);*p=n;　　　　　　D）p=&n;*p=m;

19. 若有定义：char *st= "how are you ";，下列程序段中正确的是（　　　　）。

    A）char a[11], *p; strcpy(p=a+1,&st[4]);

    B）char a[11]; strcpy(++a, st);

    C）char a[11]; strcpy(a, st);

    D）char a[], *p; strcpy(p=&a[1],st+2);

20. 设有定义：int n1=0,n2,*p=&n2,*q=&n1;，以下赋值语句中与 n2=n1;语句等价的是（　　　　）。

    A）*p=*q;　　　　B）p=q;　　　　C）*p=&n1;　　　　D）p=*q;

21. 有以下程序

```
#include   <stdio.h>
void f(int   *q)
{
    int i=0;
    for( ; i<5; i++) (*q)++;
}
void main()
{
    int a[5]= {1,2,3,4,5},i;
    f(a);
    for(i=0; i<5; i++) printf("%d,",a[i]);
}
```

程序运行后的输出结果是（　　　　）。

    A）2,2,3,4,5,　　　　B）6,2,3,4,5,　　　　C）1,2,3,4,5,　　　　D）2,3,4,5,6,

22. 有以下程序

```
#include   <stdio.h>
#include <stdlib.h>
int a[3][3]={1,3,5,7,9,11,13,15,17},*p;
void f(int *s, int p[][3])
{
    *s=p[1][1];
}
void main()
{
    p=(int*)malloc(sizeof(int));
    f(p,a);
    printf("%d\n",*p);
    free(p);
}
```

程序运行后的输出结果是（　　　）。

A）1　　　　　　　　B）7　　　　　　　　C）9　　　　　　　　D）13

23．有以下程序

```
#include <string.h>
void f(char *s,char *t)
{
    char k;
    k=*s;*s=*t;*t=k;
    s++;t--;
    if(*s) f(s,t);
}
void main()
{
    char str[10]="welcome",*p;
    p=str+strlen(str)/2+1;
    f(p,p-2);
    printf("%s\n",str);
}
```

程序运行后的输出结果是（　　　）。

A）eelcomw　　　　B）weoclme　　　　C）welcome　　　　D）emoclew

24．下列函数的功能是（　　　）。

```
fun(char *a,char *b)
{
    while((*b=*a)!='\0'){a++;b++;}
}
```

A）将 a 所指字符串赋给 b 所指空间

B）使指针 b 指向 a 所指字符串

C）将 a 所指字符串和 b 所指字符串进行比较

D）检查 a 和 b 所指字符串中是否有'\0'

25．下面程序段的运行结果是（　　　）。

```
char *p="abcdefgh";
p+=3;
printf("%d\n",strlen(strcpy(p,"ABCD")));
```

A）8　　　　　　　　B）12　　　　　　　　C）4　　　　　　　　D）7

二、填空题

1．以下程序的定义语句中，x[1]的初值是_____，程序运行后输出的内容是_____。

```
#include    <stdio.h>
void main()
{
    int x[]= {1,2,3,4,5,6,7,8,9,10,11,12,13,14,15,16},*p[4],i;
    for(i=0; i<4; i++)
```

```
        {       p[i]=&x[2*i+1]; printf("%d,p[i][0]");
        }
        printf("\n");
    }
```

2. 以下程序的输出结果是_____。

```
#include   <stdio.h>
void main()
{
    int a[5]= {2,4,6,8,10},*p;
    p=a; p++;
    printf("%d",*p);
}
```

3. 以下程序的输出结果是_____。

```
#include <stdio.h>
void main()
{
    int j,a[]= {1,3,5,7,9,11,13,15},*p=a+5;
    for(j=3; j; j--)
    {
        switch(j)
        {       case 1:
                case 2:printf("%d",*p++);break;
                case 3:printf("%d",*(--p));
        }
    }
}
```

4. 以下程序的输出结果是_____。

```
#include <stdio.h>
void main()
{
    int a[]= {1,2,3,4,5,6},*k[3],i=0;
    while(i<3)
    {
        k[i]=&a[2*i];
        printf("%d",*k[i]);
        i++;
    }
}
```

5. 以下程序的功能是：借助指针变量找出数组元素中最大值所在的位置并输出该最大值。请在输出语句中填写代表最大值的输出项。

```
#include <stdio.h>
void main()
{
```

```
        int a[10],*p,*s;
        for(p=a; p-a<10; p++)    scanf("%d",p);
        for(p=a,s=a; p-a<10; p++) if(*p>*s) s=p;
        printf("max=%d\n", _____ );
    }
```

6. 以下程序的输出结果是_____。

```
#include    <stdio.h>
#define N 5
int fun(int *s,int a,int n)
{
    int j;
    *s=a; j=n;
    while(a!=s[j])j--;
    return j;
}
void main()
{
    int s[N+1], k;
    for(k=1; k<=N; k++) s[k]=k+1;
    printf("%d\n",fun(s,4,N));
}
```

7. 有以下程序

```
#include <stdio.h>
#include <string.h>
void fun(char *str)
{
    char temp; int n,i;
    n=strlen(str);
    temp=str[n-1];
    for(i=n-1; i>0; i--) str[i]=str[i-1];
    str[0]=temp;
}
void main()
{
    char s[50];
    scanf("%s",s); fun(s);
    printf("%s\n",s);
}
```

程序运行后输入：abcdef<回车>，则输出结果是_____。

8. 以下程序的功能是：借助指针变量找出数组元素中的最大值及其元素的下标值。请填空。

```
#include<stdio.h>
void main()
{
    int a[10],*p,*s;
```

```
    for(p=a; p-a<10; p++) scanf("%d",p);
    for(p=a,s=a; p-a<10; p++) if(*p>*s) s= _____ ;
    printf("index=%d\n",s-a);
}
```

9. 有以下程序

```
#include<stdio.h>
int*f(int *p,int *q);
void main()
{
    int m=1,n=2,*r=&m;
    r=f(r,&n);
    printf("%d\n",*r);
}
int *f(int *p,int *q){return (*p>*q)?p:q;}
```

程序运行后的输出结果是_____。

10. 以下程序的功能是：利用指针指向三个整型变量，并通过指针运算找出三个数中的最大值，输出到屏幕上。请填空。

```
#include<stdio.h>
void main()
{
    int x,y,z,max,*px,*py,*pz,*pmax;
    scanf("%d%d%d",&x,&y,&z);
    px=&x; py=&y; pz=&z;
    pmax=&max;
    _____ ;
    if(*pmax<*py)*pmax=*py;
    if(*pmax<*pz)*pmax=*pz;
    printf("max=%d\n",max);
}
```

11. 函数 my_cmp( )的功能是比较字符串 s 和 t 的大小，当 s 等于 t 时返回 0，否则返回 s 和 t 的第一个不同字符的 ASCII 码差值，即 s>t 时返回正值，s<t 时返回负值。请填空。

```
my_cmp(char*s,char*t)
{
    while(*s= =*t)
    {
        if(*s= ='\0') return 0;
        ++s; ++t;
    }
    return _____ ;
}
```

12. 函数 fun 的返回值是_____。

```
fun(char *a,char *b)
```

```
    {
        int num=0,n=0;
        while(*(a+num)!='\0') num++;
        while(b[n]) { *(a+num)=b[n]; num++; n++; }
        return num;
    }
```

13. mystrlen 函数的功能是计算 str 所指字符串的长度，并作为函数值返回。请填空。

```
    int mystrlen(char *str)
    {
        int i;
        for(i=0; _____ != '\n'; i++);
        return(i);
    }
```

14. 以下程序的输出结果是_____。

```
    #include<stdio.h>
    #include<string.h>
    char *fun(char *t)
    {
        char *p=t;
        return (p+strlen(t)/2);
    }
    void main()
    {
        char *str="abcdefgh";
        str=fun(str); puts(str);
    }
```

15. 函数 fun 的返回值是_____。

```
    fun(char *a,char *b)
    {
        int num=0,n=0;
        while(*(a+num)!='\0')num++;
        while(b[n]){*(a+num)=b[n];num++;n++;}
        return num;
    }
```

三、程序设计

1. 输入 10 个学生的成绩，调用函数，通过形参将这 10 个学生中的最高分和最低分传回主调函数，并将平均值作为函数值返回。

2. 给定一个字符串，要求直接在原字符串上删除指定字符。

3. 用字符指针实现函数 strcat(s,t)，将字符串 t 复制到字符串 s 的末端，并且返回字符串 s 的首地址。

4. 输入一个字符串，将其中的数字字符按照原来的顺序排列组成一个整数保存在整型变量中并输出。

5．输入 5 个字符串存放在指定二维字符数组中，要求使用指针数组在不改变原始二维字符数组的前提下，实现按从小到大排序后输出。

6．使用动态数组输入 n 个学生的成绩，并计算其平均值，n 需要在运行时确定。

5.9 结构体、共用体与枚举

一、选择题

1．以下结构体类型说明和变量定义中正确的是（　　）。

A）typedef struct

    {int　n;　char　c;}REC;

    REC　t1,t2;

B）struct　REC;

    {int　n;　char　c;};

    REC　t1,t2;

C）typedef struct　REC　;

{int　n=0;　char　c='A';}t1,t2;

D）struct

    {int　n;　char　c;}REC;

    REC　t1,t2;

2．设有以下说明语句

```
typedef struct
{ int n;
    char ch[8];
} PER;
```

则下面叙述中正确的是（　　）。

A）PER 是结构体变量名

B）PER 是结构体类型名

C）typedef struct 是结构体类型

D）struct 是结构体类型名

3．若有以下语句

```
typedef struct S
{ int   g;char h; }T;
```

以下叙述中正确的是（　　）。

A）可用 S 定义结构体变量

B）可用 T 定义结构体变量

C）S 是 struct 类型的变量

D）T 是 struct S 类型的变量

4．下面结构体的定义语句中，错误的是（　　）。

A）struct ord {int x;int y;int z;};struct ord a;

B）struct ord {int x;int y;int z;}struct ord a;

C）struct ord {int x;int y;int z;}a;

D）struct {int x;int y;int z;}a;

5．有以下程序

```
#include<stdio.h>
struct S
{   int a, b; }data[2]={10,100,20,200};
void main()
{   struct S p=data[1];
    printf("%d\n",++(p.a));
}
```

程序运行后的输出结果是（　　　）。

　　A）10　　　　　　　　B）11　　　　　　　　C）20　　　　　　　　D）21

6．有以下程序

```
#include<stdio.h>
#include<string.h>
struct A
{ int a;char b[10];double c;};
    struct A f(struct A t);
void main()
{ struct A a={1001,"ZhangDa",1098.0);
    a=f(a); printf("%d,%s,%6.1f\n",a.a,a.b,a.c);
}
struct A f(struct A t)
{ t.a=1002;strcpy(t.b,"changRong");t.c=1202.0;return t;}
```

程序运行后的输出结果是（　　　）。

　　A）1001，ZhangDa,1098.0　　　　　　B）1002，ZhangDa,1202.0

　　C）1001，ChangRong,1098.0　　　　　D）1002，ChangRong,1202.0

7．设有定义：struct{char mark［12］;int num1;double num2;}t1,t2;，若变量均已正确赋初值，则以下语句中错误的是（　　　）。

　　A）t1=t2;　　　　　　　　　　　　B）t2.num1=t1.num1；

　　C）t2.mark=t1.mark；　　　　　　　D）t2.num2=t1.num2；

8．有以下定义和语句

```
struct workers
{int num;char name[20];char c;
 struct
  {int day;int month;int year;}s;
};
struct workers w,*pw;
pw=&w;
```

能给 w 中 year 成员赋 1980 的语句是（　　　）。

　　A）*pw.year=1980;　　　　　　　　　B）w.year=1980;

　　C）pw->year=1980;　　　　　　　　　D）w.s.year=1980;

9．有以下定义和语句

```
struct workers
{int num;char name[20];char c;
 struct
  {int day;int month;int year;}s;
};
struct workers w,*pw;
pw=&w;
```

能给 w 中 year 成员赋 1980 的语句是（　　　）。

A）*pw.year=1980; B）w.year=1980;

C）pw->year=1980; D）w.s.year=1980;

10．有以下程序

```
#include <stdio.h>
#include <siring.h>
typedef struct { char name[9];char sex;int score[2];}STU;
STU f(STU a)
{ STU b={"Zhao",   m   ,85,90);
   int i;
   strcpy(a.name,b.name);
   a.sex=b.sex;
   for(i=0;i<2;i++) a.score[i]=b.score[i];
   return   a;
 }
void main()
   { STU c={"Qian",   f   ,95,92},d;
     d=f(c);
     printf("%s,%c,%d,%d,",d.name,d.sex,d.score[0],d.score[1]);
     printf("%s,%c,%d,%d\n",c.name,c.sex,c.score[0],c.score[1]);
   }
```

程序运行后的输出结果是（   ）。

A）Zhao，m,85,90，Qian，f,95,92   B）Zhao，m,85,90，Zhao，m,85,90

C）Qian，f,95,92，Qian，f,95,92   D）Qian，f,95,92，Zhao，m,85,90

11．有以下程序

```
#include <stdio.h>
#include <string.h>
typedef struct{ char name[9]; char sex; float score[2]; }STU;
void f(STU a)
{   STU b={"Zhao",'m',85.0,90.0};   int   i;
    strcpy(a.name,b.name);
    a.sex=b.sex;
    for(i=0;i<2;i++) a.score[i]=b.score[i];
}
void main()
{ STU c={"Qian",'f',95.0,92.0};
    f(c);   printf("%s,%c,%2.0f,%2.0f\n",c.name,c.sex,c.score[0],c.score[1]);
}
```

程序的运行结果是（   ）。

A）Qian，f,95,92   B）Qian，m,85,90

C）Zhao，f,95,92   D）Zhao，m,85,90

12．以下选项中，能定义 s 为合法的结构体变量的是（   ）。

A）typedef　struct　ABC
  {　double a;
   char b[10];
  } s;

B）struct
  {　double a;
   char b[10];
  }s;

C）struct　ABC
  {　double a;
   char b[10];
  }
  ABC s;

D）typedef　ABC
  {　double a;
   char b[10];
  }
  ABC s;

13. 下面结构体的定义语句中，错误的是（　　　）。

  A）struct ord {int x;int y;int z;};struct ord a;

  B）struct ord {int x;int y;int z;}struct ord a;

  C）struct ord {int x;int y;int z;}a;

  D）struct {int x;int y;int z;}a;

14. 设有定义：struct{char mark[12]；int num1；double num2；}t1,t2;，，若变量均已正确赋初值，则以下语句中错误的是（　　　）。

  A）t1=t2;　　　　　　　　　　　B）t2.num1=t1.num1;

  C）t2.mark=t1.mark;　　　　　　　D）t2.num2=t1.num2;

15. 有以下程序段

```
struct st
{ int x;int   *y;} *pt;
   int a[]={1,2},b[]={3,4};
   struct st   c[2]={10,a,20,b};
   pt=c;
```

以下选项中表达式的值为 11 的是（　　　）。

  A）*pt->y　　　　　B）pt->x　　　　　C）++pt->x　　　　　D）(pt++)->x

16. 设有如下定义

```
struct sk
{ int n;
   float x; } data, *p;
```

若要使 p 指向 data 中的 n 域，正确的赋值语句是（　　　）。

  A）p=&data.n;　　　　　　　　　B）*p=data.n;

  C）p=(struct sk*)&data.n;　　　　　D）p=(struct sk*)data.n;

17. 设有定义

```
struct complex
{int real,unreal;}   data1={1,8},data2;
```

则以下赋值语句中错误的是（　　　）。

  A）data2=data1;　　　　　　　　B）data2=(2,6);

  C）data2.real=data1.real;　　　　　D）data2.real=data1.unreal;

18. 有以下程序

```
#include <stdio.h>
struct st
{ int x,y;}data[2]={1,10,2,20};
void main()
{ struct st *p=data;
  printf("%d,",p->y); printf("%d\n",(++p)->x);
}
```

程序的运行结果是（　　　）。

  A）10,1   B）20,1   C）10,2   D）20,2

19. 有以下程序

```
struct S{int n; int a[20];};
void f(int *a,   int n)
{   int i;
    for(i=0;i<n-1;i++)   a[i]+=i;
}
void main()
{   int i;   struct S   s={10,{2,3,1,6,8,7,5,4,10,9}};
    f(s.a,s.n);
    for(i=0;i<s.n;i++) printf("%d,",s.a[i]);
}
```

程序运行后的输出结果是（　　　）。

  A）2,4,3,9,12,12,11,11,18,9,   B）3,4,2,7,9,8,6,5,11,10,

  C）2,3,1,6,8,7,5,4,10,9,   D）1,2,3,6,8,7,5,4,10,9,

20. 有以下程序

```
struct S{int n; int a[20];};
void f(struct S   *p)
{ int i,j,t;
    for(i=0;i<p->n-1;i++)
      for(j=i+1;j<p->n;j++)
        if(p->a[i]>p->a[j])   { t=p->a[i]; p->a[i]=p->a[j]; p->a[j]=t;}
}
void main()
{ int i; struct S   s={10,{2,3,1,6,8,7,5,4,10,9}};
    f(&s);
    for(i=0;i<s.n;i++)printf("%d,",s.a[i]);
}
```

程序运行后的输出结果是（　　　）。

  A）1,2,3,4,5,6,7,8,9,10,   B）10,9,8,7,6,5,4,3,2,1,

  C）2,3,1,6,8,7,5,4,10,9,   D）10,9,8,7,6,1,2,3,4,5,

21. 有以下程序

```
struct STU
```

```
{ char   name[10];   int   num;   float   TotalScore; };
void f(struct STU   *p)
{ struct STU
  s[2]={{"SunDan",20044,550},{"Penghua",20045,537}},*q=s;
  ++p;  ++q;  *p=*q;
}
main()
{ struct STU
  s[3]={{"YangSan",20041,703},{"LiSiGuo",20042,580}};
  f(s);
  printf("%s   %d   %3.0f\n",
  s[1].name, s[1].num,s[1].TotalScore);
}
```

程序运行后的输出结果是（   ）。

A）SunDan   20044   550   B）Penghua   20045   537

C）LiSiGuo   20042   580   D）SunDan   20041   703

22. 有以下程序

```
#include<stdio.h>
struct ord
{   int x,y;}dt[2]={1,2,3,4};
void main()
{
  struct ord*p=dt;
  printf("%d,",++(p->x));printf("%d\n",++(p->y));
}
```

程序运行后的输出结果是（   ）。

A）1,2   B）4,l   C）3,4   D）2,3

23. 有以下程序

```
#include<stdio.h>
struct   ord
{ int x,y;} dt[2]={1,2,3,4};
main()
{ struct ord *p=dt;
 printf("%d,",++p->x);printf("%d\n",++p->y);
}
```

程序的运行结果是（   ）。

A）1,2   B）2,3   C）3,4   D）4，1

24. 有以下程序

```
#include   <stdio.h>
void main()
{ struct node{ int n; struct nodc *next;} *p;
    struct node x[3]={{2,x+1},{4,x+2},{6,NULL}};
    p=x;
```

```
        printf("%d,",p->n);
        printf("%d\n",p->next->n);
    }
```

程序运行后的输出结果是（   ）。

  A）2,3   B）2,4   C）3,4   D）4,6

25. 有以下程序

```
#include<stdio.h>
struct ord
{    int x,y;}dt[2]={11,12,13,14};
void main()
{
  struct ord*p=dt;
  printf("%d,",++(p->x));printf("%d\n",++(p->y));
}
```

程序运行后的输出结果是（   ）。

  A）11,12   B）12,13   C）13,14   D）14,11

26. 假定已建立以下链表结构，且指针 p 和 q 已指向如下图所示的结点：

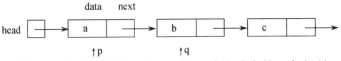

则以下选项中可将 q 所指结点从链表中删除并释放该结点的语句组是（   ）。

  A)(*p).next=(*q).next; free(p);   B）p=q->next; free(q);

  C）p=q; free(q);   D）p->next=q->next; free(q);

二、填空题

1. 以下程序中函数 fun 的功能是：统计 person 所指结构体数组中所有性别（sex）为 M 的记录的个数，存入变量 n 中，并作为函数值返回。请填空。

```
#include <stdio.h>
#define N 3
typedef struct
{
    int num; char nam[10]; char sex;
}
SS;
int fun(SS person[])
{ int i,n=0;
    for(i=0;i<N;i++)
    if(_____ = ='M')n++;
    return n;
}
void main()
{ SS W[N]={{1,"AA",'F'},{2,"BB",'M'},{3,"CC",'M'}}; int n;
    n=fun(W); printf("n=%d\n",n);
}
```

2. 下列程序的运行结果为_____。

```c
#include   <stdio.h>
#include<string.h>
struct   A
{ int a;   char b[10]; double   c;   };
void f(struct A *t);
main()
{ struct A a={1001,"ZhangDa",1098.0);
 f(&a);printf("%d,%s,%6.1f\n",a.a,a.b,a.c);
}
void f(struct A *t)
    { strcpy(t->b,"ChangRong");}
```

3. 设有定义

```c
struct person
{   int ID;char name[12];}p;
```

请将 scanf("%d", _____); 语句补充完整，使其能够为结构体变量 p 的成员 ID 正确读入数据。

4. 有以下程序

```c
#include <stdio.h>
typedef struct
{   int num;double s;}REC;
    void funl(REC x) {x.num=23;x.s=88.5;}
main()
{ REC a={16,90.0);
    fun1(a);
    printf("%d\n",a.num);
}
```

程序运行后的输出结果是_____。

5. 以下程序用来输出结构体变量 ex 所占存储单元的字节数，请填空。

```c
struct st
{   char name[20];double score;};
void main()
{   struct st ex;
printf("ex size:%d\n",sizeof( _____ ));}
```

6. 有以下程序

```c
#include <stdio.h>
struct STU
{ int num;
   float TotalScore; };
void f(struct STU p)
{ struct STU s[2]={{20044,550},{20045,537}};
    p.num = s[1].num; p.TotalScore = s[1].TotalScore;
```

```
}
void main()
{ struct STU s[2]={{20041,703},{20042,580}};
    f(s[0]);
    printf("%d %3.0f\n", s[0].num, s[0].TotalScore);
}
```

程序运行后的输出结果是_____

7. 有以下程序

```
struct s
{ int x,y; } data[2]={10,100,20,200};
void main(){ struct s *p=data;
    printf("%d\n",++(p->x));
}
```

程序运行后的输出结果是_____。

8. 以下定义的结构体类型拟包含两个成员，其中成员变量 info 用来存入整型数据；成员变量 link 是指向自身结构体的指针，请将定义补充完整。

```
struct node
{ int info;
_____ link; };
```

9. 以下程序把三个 NODETYPE 型的变量链接成一个简单的链表，并在 while 循环中输出链表结点数据域中的数据。请填空。

```
#include <stdio.h>
struct   node
{ int data;struct node *next;};
typedef struct node NODETYPE;
void main()
{ NODETYPE a,b,c,*h,*P;
    a.data=10;b.data=20;c.data=30;h=&a;
    a.next=&b;b.next=&c;c.next='\0';
    p=h;
    while(p){printf("%d,",p->data);_____}
    printf("\n");
}
```

三、程序设计题

1. 学生的记录由学号和成绩组成，N 名学生的数据已放入主函数中的结构体数组 s 中，请编写函数 fun,其功能是：把分数最高的学生数据放在 b 所指的数组中。注意：分数最高的学生可能不止一个，函数返回分数最高的学生人数。

2. 编写 input()和 output()函数输入，输出 5 个学生的数据记录。

3. 定义一个能正常反映教师情况的结构体 teacher,包含教师姓名、性别、年龄、所在部门和薪水；定义一个能存放两人数据的结构体数组 tea，并用如下数据初始化：{{"Mary", 'W',40, 'Computer', 1234},{"Andy", 'M',55, 'English', 1834}}；要求：分别用结构体数组 tea 和指针 p 输出各位教师的信息，写出完整定义、初始化、输出过程。

4．定义一个结构体变量（包括年、月、日）。计算该日在本年中是第几天，注意闰年问题。

5．构建简单的手机通讯录，手机通讯录包括信息（姓名、年龄、联系电话），要求实现新建、查询功能。假设通信录最多容纳 50 名联系人信息。

6．建立一个教师链表，每个结点包括学号（no），姓名（name[8]），工资（wage），写出动态创建函数 creat 和输出函数 print。

5.10 文 件

一、选择题

1．下列关于 C 语言文件的叙述中正确的是（   ）。

    A）文件由一系列数据依次排列组成，只能构成二进制文件

    B）文件由结构序列组成，可以构成二进制文件或文本文件

    C）文件由数据序列组成，可以构成二进制文件或文本文件

    D）文件由字符序列组成，其类型只能是文本文件

2．设 fp 已定义，执行语句 fp=fopen("file","w"); 后，以下针对文本文件 file 操作叙述的选项中正确的是（   ）。

    A）写操作结束后可以从头开始读　　　　B）只能写不能读

    C）可以在原有内容后追加写　　　　　　D）可以随意读和写

3．以下叙述中错误的是

    A）gets 函数用于从终端读入字符串

    B）getchar 函数用于从磁盘文件读入字符

    C）fputs 函数用于把字符串输出到文件

    D）fwrite 函数用于以二进制形式输出数据到文件

4．有以下程序

```
#include<stdio.h>
void main()
{ FILE   *f;
  f=fopen("filea.txt","w");
  fprintf(f,"abc");
  fclose(f);
}
```

若文本文件 filea.txt 中原有内容为：hello，则运行以上程序后，文件 filea.txt 中的内容为（   ）。

    A）helloabc　　　　B）abclo　　　　C）abc　　　　D）abchello

5．有以下程序

```
#include<stdio.h>
void main()
{    FILE *fp;char str[10];
     fp=fopen("myfile.dat","w");
```

```
      fputs("abc",fp);fclose(fp);
      fp=fopen("myfile.dat","a+");
      fprintf(fp,"%d",28);
      rewind(fp);
      fscanf(fp,"%s",str);puts(str);
      fclose(fp);
   }
```

程序运行后的输出结果是（　　　）。

    A）abc   B）28c

    C）abc28   D）因类型不一致而出错

6. 有以下程序

```
   #include  <stdio.h>
   void main()
   {  FILE *pf;
      char *s1="China",*s2="Beijing";
      pf=fopen("abc.dat","wb+");
      fwrite(s2,7,1,pf);
      rewind(pf);              /*文件位置指针回到文件开头*/
      fwrite(s1,5,1,pf);
      fclose(pf);
   }
```

以上程序执行后 abc.dat 文件的内容是（　　　）。

    A）China   B）Chinang   C）ChinaBeijing   D）BeijingChina

7. 有以下程序

```
   #include <stdio.h>
   void main()
   {  FILE *fp;   int a[10]={1,2,3},i,n;
      fp=fopen("d1.dat","w");
      for(i=0;i<3;i++) fprintf(fp,"%d",a[i]);
      fprintf(fp,"\n");
      fclose(fp);
      fp=fopen("d1.dat","r");
      fscanf(fp,"%d",&n);
      fclose(fp);
      printf("%d\n",n);
   }
```

程序的运行结果是（　　　）。

    A）12300   B）123   C）1   D）321

8. 有以下程序

```
   #include  <stdio.h>
   void main()
   { FILE *fp;
     int k,n,i,a[6]={1,2,3,4,5,6};
```

```
    fp=fopen("d2.dat","w");
    for(i=0;i<6;i++)    fprintf(fp,"%d\n",a[i]);
    fclose(fp);
    fp=fopen("d2.dat","r");
    for(i=0;i<3;i++)    fscanf(fp,"%d%d",&k,&n);
    fclose(fp);
    printf("%d,%d\n",k,n);
}
```

程序运行后的输出结果是（　　　）。

　　A）1,2　　　　　　　　B）3,4　　　　　　　　C）5,6　　　　　　　　D）123,456

9．有以下程序

```
#include <stdio.h>
void main()
{   FILE *fp; int k,n,a[6]={1,2,3,4,5,6};
    fp=fopen("d2.dat","w");
    fprintf(fp,"%d%d%d\n",a[0],a[1],a[2]);
    fprintf(fp,"%d%d%d\n",a[3],a[4],a[5]);
    fclose(fp);
    fp=fopen("d2.dat","r");
    fscanf(fp,"%d%d",&k,&n);    printf("%d%d\n",k,n);
    close(fp);
}
```

程序运行后的输出结果是（　　　）。

　　A）12　　　　　　　　　B）14　　　　　　　　C）1234　　　　　　　D）123456

10．有以下程序

```
#include<stdio.h>
void main()
{   FILE *fp; int i,a[6]={1,2,3,4,5,6};
    fp=fopen("d3.dat","w+b");
    fwrite(a,sizeof(int),6,fp);
    fseek(fp,sizeof(int)*3,SEEK_SET);/*该语句使读文件的位置指针从文件头向后移动 3 个 int 型数据*/
    fread(a,sizeof(int),3,fp); fclose(fp);
    for(i=0;i<6;i++)printf("%d,",a[i]);
}
```

程序运行后的输出结果是（　　　）。

　　A）4,5,6,4,5,6,　　　B）1,2,3,4,5,6,　　　C）4,5,6,1,2,3,　　　D）6,5,4,3,2,1,

11．当用户要求输入的字符串中含有空格时，应使用的输入函数是（　　　）。

　　A）scanf()　　　　　　B）getchar()　　　　　　C）gets()　　　　　　D）getc()

二、填空题

1．以下程序的功能是从名为 **filea.dat** 的文本文件中逐个读入字符并显示在屏幕上。请填空。

```
#include <stdio.h>
void main()
```

```
{   FILE *fp; char ch;
    fp=fopen(____);
    ch=fgetc(fp);
    while(!feof(fp)) { putchar(ch); ch=fgetc(fp); }
    putchar('\n'); fclose(fp);
}
```

2. 以下程序用来判断指定文件是否能正常打开，请填空。

```
#include <stdio.h>
void main()
{ FILE    *fp;
  if(((fp=fopen("test.txt","r"))= =____))
      printf("未能打开文件!\n");
    else
      printf("文件打开成功!\n");
}
```

3. 以下程序运行后的输出结果是_____。

```
#include<stdio.h>
void main()
{   FILE *fp;int x[6]={1,2,3,4,5,6},i;
    fp=fopen("test.dat","wb");
    fwrite(x,sizeof(int),3,fp);
    rewind(fp);
    fread(x,sizeof(int),3,fp);
    for(i=0;i<6;i++)printf("%d",x[i]);
    printf("\n");
    fclose(fp);
}
```

4. 以下程序打开新文件 f.txt，并调用字符输出函数将 a 数组中的字符写入其中，请填空。

```
#include<stdio.h>
void main()
{ _____ *fp;
    char a[5]={'1','2','3','4','5'},i;
    fp=fopen("_____ ","w");
    for(i=0;i<5;i++)fputc(a[i],fp);
    fclose(fp);
}
```

5. 以下程序的功能是从名为 filea.dat 的文本文件中逐个读入字符并显示在屏幕上。请填空。

```
#include   <stdio.h>
void main()
{ FILE   *fp;  char  ch;
    fp=fopen( _____ );
    ch=fgetc(fp);
    while(_____ (fp)) {  putchar(ch);  ch=fgetc(fp);  }
```

```
putchar('\n');fclose(fp);
}
```

6. 有以下程序

```
#include  <stdio.h>
void main()
{ FILE *pf;
  char *s1="China",*s2="Beijing";
  pf=fopen("abc.dat","wb+");
  fwrite(s2,7,1,pf);
  rewind(pf);                /*文件位置指针回到文件开头*/
  fwrite(s1,5,1,pf);
  fclose(pf);
}
```

以上程序执行后 abc.dat 文件的内容是_____。

7. 设有定义：FILE *fw;，请将以下打开文件的语句补充完整，以便可以向文本文件 readme.txt 的最后续写内容。

```
fw=fopen("readme.txt",_____);
```

8. 以下程序的运行结果是_____。

```
#include  <stdio.h>
void main()
{  FILE  *fp;   int  a[10]={1,2,3,0,0},i;
   fp=fopen("d2.dat","wb");
   fwrite(a,sizeof(int),5,fp);
   fwrite(a,sizeof(int),5,fp);
   fclose(fp);
   fp=fopen("d2.dat","rb");
   fread(a,sizeof(int),10,fp);
   fclose(fp);
   for(i=0;i<10;i++)printf("%d",a[i]);
}
```

9. 已知文本文件 test.txt，其中的内容为：Hello，everyone!。以下程序中，文件 test.txt 已正确为"读"而打开，由此文件指针 fr 指向文件，则程序的输出结果是_____。

```
#include<stdio.h>
void main()
{FILE *fr;
  char str[40];
……
  fgets(str,5,fr);
  printf("%s\n",str);
  fclose(fr);
}
```

10. fseek 函数的正确调用形式是_____。

三、程序设计题

1. 编写一个程序，建立一个 abc 文本文件，向其中写入"this is a test"字符串，然后显示该文件的内容。

2. 有 5 个学生，每个学生有 3 门课的成绩，从键盘输入以上数据（包括学生号、姓名、三门课成绩），计算出平均成绩，将原有数据和计算出的平均分数存放在磁盘文件 stud 中。

3. 将上题 stud 文件中的学生数据按平均分进行排序处理，并将已排序的学生数据存入一个新文件 stu-sort 中。

4. 将上题以排序的学生成绩文件进行插入处理。插入一个学生的 3 门课成绩，程序先计算新插入学生的平均成绩，然后将它按平均成绩高低顺序插入，插入后建立一个新文件。

5.11 习 题 解 答

在解答部分，有解析的就尽量给出解析，方便学生自学。

5.11.1 C 语言程序设计概述

一、选择题

1. B

2. D　【解析】运行一个 C 程序，要经过编辑源程序文件（.c）、编译生成目标文件（.obj）、连接生成可执行文件（.exe）和执行 4 个步骤。其中可执行文件计算机能直接执行。

3. C　【解析】在 C 语言中，注释可以加在程序中的任何位置，选项 A）错误。C 程序可以分模块写在不同的文件中，编译时再将其组合在一起，选项 D）错误。C 程序的书写风格很自由，不但一行可以写多个语句，还可以将一个语句写在多行中。所以正确答案为选项 C）。

4. D　【解析】运行一个 C 程序，要经过编辑源程序文件（.c）、编译生成目标文件（.obj）、连接生成可执行文件（.exe）和执行 4 个步骤。C 语言的每条可执行语句最终都将被转换成二进制的机器指令，但非执行语句（如注释部分）不会被执行处理。

5. A

6. D　【解析】一个 C 语言源程序可以由一个或多个 C 语言程序文件组成，每个 C 程序文件中可以没有 main()函数，但每个源程序都有一个且只能有一个 main 函数。每个源程序或程序文件均由一个或多个函数组成，在函数中不能定义另一个函数。

7. A

8. C　【解析】C 语言编写的每个函数可以被独立编译，但是除主函数外不能独立执行。

9. B

10. B　【解析】一个算法有一个或多个输出，以反映对输入数据加工后的结果。没有输出的算法是毫无意义的。

11. C　【解析】一个算法有 0 个或多个输入，以刻画运算对象的初始情况。所谓 0 个输入是指算法本身写出了初始条件；一个算法有一个或多个输出，以反映对输入数据加工后的结果。没有输出的算法是毫无意义的。

12. C　【解析】C 语言规定，标识符由字母、数字或下划线组成，它的第一个字符必须是字母或下划线。

13. C　【解析】函数是 C 程序的基本组成单位；C 语言书写风格很自由，不但一行可以写多个语句，还可以将一个语句写在多行中。故本题答案为 C）。

14．C　【解析】不论 main 函数在整个过程中的位置如何，一个 C 程序总是从 main 函数开始执行的。

15．B

二、填空题

1．清晰指令　　　　　2．输入、输出　　　　　3．时间

4．内存空间　　　　　5．程序流程图　　　　　6．主函数或 main 函数

7．分号　　　　　　　8．空格　　　　　　　　9．数字

10．编译方式

三、程序设计

1．参考程序如下：

```
#include<stdio.h>
void main()
{
    printf("welcome!\n");
}
```

2．参考程序如下：

```
#include<stdio.h>
void main()
{
    printf("**********\n");
    printf("program C!\n");
    printf("**********\n");
}
```

5.11.2　数据类型、运算符和表达式

一、选择题

1．B　【解析】strlen()用来返回字符串的长度，而 sizeof()返回的是一个对象或者类型所占的内存字节数，即数组所占的内存。

2．B　【解析】A）选项中如果 x 与 y 的值相等那么取余时就会有除数为 0 的情况。C）选项中取余的两个数据都应为整数，不能有一方为实型变量，而 a*y 的结果为 double 型。D）选项表达式本身就错误，不能给表达式赋值。所以，本题答案为 B）。

3．C　【解析】sizeof 的作用就是返回一个对象或者类型所占的内存字节数。在 VC6 中整型占 4 个字节，双精度实型占 8 个字节，所以选 C）。

4．D　【解析】C 语言中算术运算符的结合性均为自左向右。选项 D 中表达式计算结果是 4cdb/a，和题目要求的代数式不一致，因此选项 D 不能正确表示题目所给代数式的内容。

5．B　【解析】(int)((double)9/2)的值为 4,(9)%2 的值为 1，因此(int)((double)9/2)—(9)%2 的值为 3。

6．C　【解析】求余运算符"%"两边的运算对象必须是整型，而选项 B）和 D）中"%"两边的运算对象有浮点整数据，所以选项 B）和 D）是错误的表达式；在选项 A）中赋值表达式

的两边出现相同的变量 x，也是错误的；选项 C）是一个逗号表达式，所以正确答案为 C）。

7．A 【解析】(x*100+0.5)计算结果为 12346.17。由于类型转换运算符( )的优先级高于除法运算符/，所以先执行(int)12346.17，将 12346.17 转换为整型数 12346，再执行 12346/100.0，并在输出时按照格式化输出%f 的要求，将计算结果转换为 float 型后再输出。所以，最终结果为 123.460000。

8．B 【解析】(int)(x*100+0.5) 把 float 型数据(x*100+0.5)强转成 int，这样就可以去掉小数点，+0.5 就是为了四舍五入。例如 x=1.234，则 (1.234*100+0.5)=123.9，则 (int)123.9/100.0=123/100.0=1.23。

9．B 【解析】A）选项表达式本身就错误，不能给表达式赋值。C）选项中不能让变量 f 给 f 赋值。D）选项不是正确的浮点数表示形式。所以，本题答案为 B）。

10．B 【解析】A）选项中如果 x 与 y 的值相等那么取余时就会有除数为 0 的情况。C）选项中取余的两个数据都应为整数，不能有一方为实型变量，而 a*y 的结果为 double 型。D）选项表达式本身就错误，不能给表达式赋值。所以，本题答案为 B）。

11．D 【解析】本题考察逗号运算符的运算方式，逗号运算符的作用是将若干表达式连接起来，它的优先级别在所有运算符中是最低的，结合方向为"自左至右"。A）项和 C）项的结果是一样的，可展开为：x=x*(x+1)=2*3=6；B）项，因为++运算符有自加功能，逗号之前执行后 x 的值为 3，逗号后的值就是整个表达式的值，即 6；D）项逗号之前并未给 x 赋值，所以表达式的值就是 x+=2 的值，即 4。因此，本题答案为 D）。

12．C 【解析】逗号表达式的求解过程是：按表达式顺序从左往右依次求解。本题中由于判断条件 a>b 的值为假，所以选项 A）、B）、D）中 if 语句后面的语句均未被执行，而 C）中的后两条语句 a=b 和 b=c 被执行，因此选项 C）的执行效果与其他三个不同。

13．A 【解析】该题考查 if 条件语句，当条件为真时，将 b 值赋给 a，c 值赋给 b；当条件为假时，将 a 值赋给 c。该题中 if 条件为假，所以将 a 的值赋给 c，故 a=10 b=50 c=10。

14．C 【解析】C 语言中取余运算符两侧的操作数只能是整型（若为 char 型，则会自动转换成整型）。

15．D 【解析】在 C 语言所有的运算符中，逗号运算符的优先级最低。C 语言中区分大小写，所以 APH 和 aph 是两个不同的变量。赋值表达式 a=b 表示将 b 的值付给 a，而 b 本身的值保持不变；通过键盘可以向计算机输入允许的任何类型的数据。选项 D）中当从键盘输入数据时，对于整型变量可以输入整型数值和字符，对于实型变量可以输入实型数值和整型数值等。

16．D 【解析】本题考查逗号运算符的运算方式，逗号运算符的作用是将若干表达式连接起来，它的优先级别在所有运算符中是最低的，结合方向为"自左至右"。A）选项和 C）选项的结果是一样的，可展开为：x=x*(x+1)=3*4=12；B)项中先执行 x++，因为++运算符有自加功能，逗号之前执行后 x 的值为 4，逗号后的值就是整个表达式的值，即 12；D）选项逗号之前并未给 x 赋值，所以表达式的值就是 x+=6 的值，即 9。因此，本题答案为 D）。

17．B 【解析】题目中定义变量 x 和 y 为双精度 double 类型，根据给定算数表达式的优先级应先计算 5/2，结果为 2，将值代入后，由 x 和 y 的数据类型得出 y 为 3.0。整个逗号表达式的值为后面 y=x+5/2 的值，所以选择 B）。

18．B 【解析】选项 A）中包含一个不合法的运算符":="；选项 C）应改为(int)18.5%3；选项 D)可理解为两个表达式:a+7=c+b 和 a=a+7，其中第一个是错的，因为 C 语言规定赋值号的左边只能是单个变量，不能是表达式或常量等。因此，正确答案是选项 B），它实际上相当于 a=(b=c+2)，进而可分解为两个表达式:b=c+2 和 a=b。

19．A　【解析】"%"是求余运算符或模运算符，"%"两侧均应为整型数据，选项 A）中的 x 是 double 型数据。

20．A　【解析】对于 C 语言中的赋值运算符，必须遵循以下规则：赋值运算符优先级别只高于逗号运算符，比其他任何运算符的优先级都低，并且具有自右向左的结合性。因此先得到变量 c 的值为 50，变量 n 经过计算结果为 2，最后通过变量 f 的值 10 和 n 的值 2 相乘得到变量 x 的值为 20.000000。因此选项 A）正确。

21．B　【解析】x-=x+x 可化为：x=x-(x+x)，由于 x 初始值为 10，所以计算后，x=10-20=-10，因此选 B）。

22．D　【解析】C 语言中算术运算符的结合性均为自左向右。选项 D)中表达式计算结果是 2*a*b*d/c，和题目要求的代数式不一致，因此选项 D）不能正确表示题目所给的代数式不一致，因此选项 D）不能正确表示题目所给的代数式内容。

23．A　【解析】C 语言中注释可以放在任何位置，但不能夹在变量名或关键字中间，选项 A 正确；C 语言中的变量要在使用之前定义，C 标准规定定义位置在相关程序块的首部，选项 B 错误；C 语言中两侧数据类型可以不一致，系统可进行强制类型转换，选项 C 错误；C 语言数值常量中不允许存在空格，选项 D 错误。

24．D　【解析】011 转换成十进制为 9，并且 k++表示先使用 k 的值，再使 k 的值加 1，所以输出值为 9。

25．D　【解析】++（或--）的运算结果是使运算对象增 1（或减 1）；运算对象可以是整型变量、实型变量，也可以是字符型变量，但不能是常量或表达式。++（或--）的结合方向是"自右向左"。

26．A　【解析】赋值表达式左边必须是一个变量，而选项 B、C 中赋值号左边都是表达式，选项 D 进行强制类型转换时，应写为(double)x/10。

27．B　【解析】(x，y)考查逗号表达式，逗号运算符的结合性为从左到右，因此，最后一个表达式的值就是此逗号表达式的值，因此选项 B）正确。

28．C　【解析】本题考查的是逗号表达式。逗号表达式的求解步骤是先求解表达式 1，然后依次求解表达式 2，直到表达式 N 的值。整个逗号表达式的值就是最后一个表达式 N 的值。表达式(x=3*y,x+6)中，x=15。表达式 y=x-1=14。

29．A　【解析】对于 a/b&c，先求 a/b，得到 1，然后求 1&c（即按位与操作），显然得 0。

30．D　【解析】执行第一个 printf 语句时，b=a+b=1，所以输出 1，执行第二个 printf 语句时，a=2*b=2*1=2，所以输出结果为 2。

31．C　【解析】选项中的四个表达式执行后，m 的值都递增 1。选项 C）中，表达式的值是 m 递增前的值，为 0。选项 A、B、D 中，表达式的值都是 m 递增后的值，为 1。

32．C　【解析】语句 printf("%c,",b++);中 b++是先返回后自增，所以执行完该语句后，输出结果是 2，变量 b 的值为'3'。printf("%d\n",b-a); b='3'，ASCII 值是 51，a='1'，ASCII 值是 49，所以 b-a=51-49=2。

33．A　【解析】在 A）选项中，赋值语句 b=4 先把 4 赋值给整型变量 b，之后执行(b=4)=3 是把常量 3 赋值给常量 4，但是由于 C 语言规定赋值运算符的左侧只能是变量，不能是常量或者表达式，因此 A）选项错误。

34．A　【解析】本题考查赋值运算符及赋值表达式。赋值运算符左侧的操作数必须是一个变量，而不能是表达式或者常量，选项 C）和 D）错误。"%"运算符两侧都应当是整型数据，选项 B）错误。

35．C　【解析】本题考查复合的赋值表达式。本题中，程序先执行语句 x=1.2;，根据赋值运算的类型转换规则，先将 double 型的常量 1.2 转换为 int 型，即取整为 1，然后将 1 赋值给变量 x。接下来执行语句 y=(x+3.8)/5.0;根据运算符的优先级，先计算小括号内，再计算除法，最后执行赋值运算。小括号内的运算过程:先将整型变量 x 的值 1 转换为 double 型 1.0，然后与 3.8 进行加法运算，得到中间结果 4.8。接着进行除法运算 4.8/5.0，其结果小于 1.0，这里没有必要计算出精确值，因为接着进行赋值运算，赋值号左边变量 y 的类型为整型，于是对这个小于 1.0 的中间结果进行取整，结果为 0，于是变量 y 的值为 0，d*y 的值也为 0。

二、填空题

1．1　【解析】y=(int)(x/5)%2=(int)(3.4)%2=3%2=1。

2．3　【解析】本题考查的是 C 语言逗号表达式的相关知识。程序在计算逗号表达式时，从左到右计算由逗号分隔的各表达式的值，整个逗号表达式的值等于其中的最后一个表达式的值。本题中，首先 i 被赋值为 2，再自加 1，最后 i++的值计算为 3。

3．4　【解析】计算 5/2=2，其结果先转换为 double 类型，即 2.000000，然后加上 2.5 为 4.5000000，再转换为 int 型，所以结果为 4。

4．3　【解析】本题中 3/2=1，(double)(3/2)=1，(int)1.99*2=1*2=2，因此(int)(1+0.5+2)=(int)3.5=3。

5．10 20 0　【解析】本题考查的是混合运算。本题中"(a%b<1)||(a/b>1)"的运算顺序为先算括号→算术运算符→关系运算符→逻辑运算符。其中 a%b=10，a/b=0，所以 a%b<1 的值为 0，a/b>1 值也为 0，故整个表达式的结果为 0，所以输出的 a,b,c 的值为 10 20 0。

6．5　【解析】a++的含义是在使用 a 值以后，使 a 值加 1，所以 a++的值为 5。

7．1011　【解析】八进制数 011 等于十进制数 9。表达式++m 的值是 m 自增后的值，为 10；表达式 n++的值自增前的值，为 11。所以最终输出结果是 1011。

8．7　【解析】此表达式为三目运算符，++a 的值为 16，b--的值为 16，则整个表达式的值为++a 的值，++a 的值为 17。请注意前缀++，--和后缀++，--的区别。

9．20 0　【解析】本题中 if 选择的条件 x==y 不满足，因此直接执行后面的 x=y 和 y=t，则 x 的值 20，y 的值为 0。

10．a=-b　【解析】a-=a+b 等价于 a=a-(a+b)，等价于 a=-b。

11．20 0　【解析】本题中 if 选择的条件 x==y 不满足，因此直接执行后面的 x=y 和 y=t，则 x 的值 20，y 的值为 0。

12．0　【解析】题干中的表达式可以分解为以下表达式：① a=9；② a=a-a 即 a=9-9，此时 a 的值为 0；③ a=a+a 即 a=0+0，此时 a 的值为 0。

5.11.3　顺序结构程序设计

一、选择题

1．C　【解析】程序根据用户输入分别给字符型变量 a、b、c、d 赋值为'1'、'2'、'<CR>'、'3'，因此输出到屏幕得到选项 C 中的格式。

2．D　【解析】输出格式控制符%c 表示将变量以字符的形式输出；输出格式控制符%d

表示将变量以带符号的十进制整型数输出。所以第一个输出语句输出的结果为 a,97，第二个输出语句输出的结果为 k=12，所以选项 D）为正确答案。

3．C　【解析】在 C 语言循环语句中 continue 用来跳出当次循环，因此 B）项和 D）项不正确。if(i/8= =0)是指当 i 除以 8 的得数等于 0，即 i 的值小于 8 时，打印换行，因此 A）项不正确。if(i%8= =0)是指当 i 除以 8 的余数等于 0，即当间隔 8 个数时，打印换行，因此选项 C）正确。

4．A　【解析】　本题考查 printf 函数的输出格式控制符，%m.nf 表示指定输出的实型数据的宽度为 m（包含小数点），并保留 n 位小数。当输出数据的小数位大于 n 时，截去右边多余的小数，并对截去的部分的第一位小数做四舍五入处理；当输出数据的小数位小于 n 时，在小数的最右边补 0，输出数据的小数部分宽度为 n。若给出的总宽度 m 小于 n 加上整数位数和小数点，则自动突破 m 的限制；反之，数字右对齐，左边补空格。本题中 3.141593 数值长度为 8，小数位数为 6，因此左端没有空格，故正确答案为 A）。

5．A　【解析】c1 输出字符的 ASCII 码比字母 A 大 4，即字母 E；c2 以十进制数字形式输出，因此可以判断本题答案为 A）。

6．C　【解析】根据 scanf( )函数附加的格式说明字符，可知%后的"*"是附加说明符，用来表示跳过它相应得数据，所以本题中忽略第 2 个数据的输入，则 i=10，j=30，k 的值不变，还是 0，所以输出结果是 10300。

7．C　【解析】在 C 语言中 scanf 函数中输入数据时要严格按照所规定的样式输入。

8．A　【解析】标识符不能与 C 编译系统已经预定义的、具有特殊用途的保留标识符（即关键字）同名，否则程序在编译时会出现错误。题目源程序中使用了已经预定义的关键字 case，所以将出现错误。

9．B　【解析】由于 scanf 格式输入语句中，使用逗号作为输入值的间隔，所以在输入时需要使用逗号隔开。只有选项 B）中没有使用逗号，故本题选 B）。

10．D　【解析】在格式输入中，要求给出的是变量的地址，而 D）答案中给出的 s[1]是一个值的表达式。

11．C　【解析】本题考查的是 C 语句。"空语句出现在任何位置都不会影响程序运行"这句话是错误的，例如在 for 循环中，循环条件语句为空时，则不判断循环条件，循环将无休止地进行下去，导致了此循环为死循环。

12．C　【解析】选项中的四个表达式执行后，m 的值都递增 1。选项 C）中，表达式的值是 m 递增前的值，为 0。选项 A、B、D 中，表达式的值都是 m 递增后的值，为 1。

13．A　【解析】本题考查的是输入输出函数。函数 getchar()的作用是从终端（或系统隐含指定的输入设备）输入一个字符，且只能接受一个字符（回车符也算是一个字符）。故本题中变量 c1 被赋予字符 a，c2 被赋予回车符。

14．D　【解析】putchar(c1)输出 1，putchar(c2)输出 2，printf("%c%c\n",c5,c6)输出 45。

15．B　【解析】scanf()语句用"空格"区别不同的字符串，遇到空格结束，所以不能读入空格；getc()与 getchar()语句不能用于字符串的读入。

16．C　【解析】程序根据用户输入分别给字符型变量 a、b、c、d 赋值为'1'、'<CR>'、'2'、'3'，因此输出到屏幕得到选项 C）中的格式。

17．D　【解析】scanf 函数中的格式控制说明为"%3d%2d"，分别选中输入中的三位和两位，因此 a=123，b=45。因此正确答案为 D)选项。

18．B　【解析】(x，y)考查逗号表达式，逗号运算符的结合性为从左到右，因此，最后一个表达式的值就是此逗号表达式的值，因此选项 B）正确。

19．B　【解析】本题考查的是整型无符号数的输出。%u 的作用是按无符号的十进制形式输出整型数，整型无符号数的取值范围在 0～65535 之间，无符号数不能表示成小于 0 的负数，十六进制数 0xFFFF 转换为二进制位其值为 16 个 1，代表的整数就是 65535。

20．B　【解析】本题考查通过 scanf 函数输入数据时的格式控制问题。变量 j 的格式控制为"%2d"，即只接收输入数据的前两位，从第三位开始直到空格之间的输入都会被保存到变量 y 中，因为 y 为浮点型数据，所以输出结果为选项 B。

21．B　【解析】考查格式输入函数 scanf 的使用。scanf 函数的一般格式是：scanf（格式控制，地址表列）该格式中，地址表列中应是变量地址，而不是变量名。

22．B　【解析】scanf()函数用空格区分不同字符串的输入，因此 876 和 543.0 被看作两段输入。%2d 只选取了第一个输入中的前两位，%f 选取随后的数字作为浮点数，因此输出结果为 87 和 6.000000。

23．D　【解析】若在 scanf 的格式化控制串中插入了其他字符，则在输入时要求按一一对应的位置原样输入这些字符。格式化输入函数必须严格按照双引号里面的格式进行输入。所以选择 D，也可以输入 x=23],sum]y=56,line]z=78L<Enter>　即输入不输入最后的 L 都不影响前面三个变量的赋值。在格式化输出函数中，格式控制串中除了合法的格式说明外，可以包含任意的合法字符。

二、填空题

1．a=%d\nb=%d\n　【解析】"%d"表示按十进制整型输出，"\n"表示回车换行。

2．"x/y=%d"　【解析】printf 语句中，除了格式转换说明外，字符串中的其他字符(包括空格)将按原样输出。

3．printf("****a=%d,b=%d****",a,b);　【解析】本题考查的是 printf 函数的用法，prinrf 函数实际上是将所有参数按字符输出。

4．2008　【解析】整型变量 a 的值为 200，b 的值"010"是用八进制表示的"10"即十进制的"8"，最后输出格式均为%d，即十进制格式，所以输出为"2008"。

5．15　【解析】可以指定输入数据所占列宽，系统自动按所指定的格式截取所需数据。%2d 即将输入数据的 2 个列宽的数据赋给变量 x，因为输入的为"1234567"，所以前两个列宽的数据为 12，即 x 的值为 12，同理%1d 即把输入数据中前两个列宽所在数据后的一个列宽的数据赋给变量 y，所以 y 的值为 3，所以 x+y 的值为 15。

6．1 B　【解析】本题考查的是字符运算。将一个字符常量放到一个字符变量中，实际上就是将该字符相应的 ASCII 代码放到存储单元中。C 语言使字符型数据和整型数据之间可以通用。所以本题中执行"a=getchar();"后，a 的值 B，在内存中的表现形式为 ASCII 码 66；执行"scanf("%d",&b);"后，b 在内存中的表现形式为 33，然后经过"a=a-'A'+'0';b=b*2;"运算，得出 a 的值为字符'1'，b 的值为 ASCII 码 66，最后以字符型输出为 1 B。

7．printf("a=%d,b=%d",a,b);

8．a　【解析】'z'的 ASCII 码值为 122，经过 c-25 运算后，得 97，以字符形式输出是 a。

9．10 20 0　【解析】本题考查的是混合运算。本题中"(a%b<1)||(a/b>1)"的运算顺序为先算括号→算术运算符→关系运算符→逻辑运算符。其中 a%b=10，a/b=0，所以 a%b<1 的值为 0，a/b>1 值也为 0，故整个表达式的结果为 0，所以输出的 a,b,c 的值为 10 20 0。

10.09　【解析】本题中通过 ASCII 码对字符变量赋值，由于字符 0 的 ASCII 码是 48，因此字符变量 c1 为 0，c2 的 ASCII 码比 c1 大 9，因此 c2 为 9。

三、程序设计

1．参考程序如下：

```
#include <stdio.h>
void main()
{
      int x=560, h, m;
      h=x/60; m=x%60;
      printf("%d 分钟=%d 小时%d 分钟\n",x,h,m);
}
```

【解析】560 与 60 相除取整即为小时数，取余即为分钟数。

2．参考程序如下：

```
#include <stdio.h>
void main()
{
      char c;
      c=getchar();
      printf("字符:%c    八进制:%#o    十进制:%d    十六进制:%#X\n",c,c,c,c);
}
```

【解析】字符在内存中以 ASCII 码形式保存，本质上就是整型数据，使用%c 格式输出时是字符，使用%o %d %x %u 输出时就是数字。

3．参考程序如下：

```
#include <stdio.h>
void main()
{
      float a,b,c,s,v;
      printf("请输入长宽高:");
      scanf("%f%f%f",&a,&b,&c);
      s=(a*b+b*c+a*c)*2;
      v=a*b*c;
      printf("表面积=%f    体积=%f\n",s,v);
}
```

4．参考程序如下：

```
#include <stdio.h>
void main()
{
      int x,y,z;
      printf("请输入 x 和 y 值:");
      scanf("%d%d",&x,&y);
      z=x/10+x%10*100+y/10*1000+y%10*10;
      printf("z=%d\n",z);
}
```

【解析】把两位数和 10 相除取整和取余分别得到其十位数字和个位数字，然后乘以新数字的位权并相加即可。

5. 参考程序如下：

```
#include <stdio.h>
void main()
{
    double a,b,c,y;
    scanf("%lf%lf%lf",&a,&b,&c);
    y=(a+b+c)/3;
    y=(long)(y*10+0.5)/10.0;
    printf("y=%f\n",y);
}
```

【解析】要保留 n 位小数，将之后的小数四舍五入操作，需要先乘以 10 的 n 次方再加 0.5 之后取整，得到的整数就是需要保留下来的数字组成的，再除以 10 的 n 次方即可得到与原数大小相近的四舍五入后的数字。需要注意的是，上述程序中 10 作为被除数时写成了 10.0，如果直接写成 10 的话，需要在分子分母相除之前将其中一个数强制转换成 double 类型，否则两个整数相除，小数将丢失，直接得到一个整数。

5.11.4 选择（分支）结构程序设计

一、选择题

1. A 【解析】在 C 语言中，表示不等于不能用"< >"，而只能使用"!="。其他选项均满足题目的要求。

2. A 【解析】根据在 if...else 语句中，else 总是和最近的 if 配对的原则，本题中层次关系是：if(!a)与 else if(a= =0)是一组，在最外层。而 if(a)与 else 是一组，位于 else if（a= =0）条件的内层。据此所有条件均不成立，所以 b 未进行任何操作仍为初始值 0。

3. A 【解析】函数 strcmp（s2，s1）的作用是比较大小，函数 strcpy（s1，s2）的作用是进行字符串复制，所以选择 A）选项。B)和 D)都是比较的字符串 s1 与 s2 的地址是否一致而不是比较字符串内容是否一致。

4. D 【解析】考查 if 语句中的判断，可以由 A）、B）、C）三个选项看出，都是表示，只有当 a 不等于 0 时输出 x，否则输出 y，D）选项正好相反，所以选择 D）。

5. B 【解析】C 语言的字符以其 ASCII 码的形式存在，所以要确定某个字符是大写字母，只要确定它的 ASCII 码在'A'和'Z'之间就可以了，选项 A）和 C）符合此要求。在选项 D）中，函数 isalpha 用来确定一个字符是否为字母，大写字母的 ASCII 码值的范围为 65 到 90，所以如果一个字母的 ASCII 码小于 91，那么就能确定它是大写字母。

6. D 【解析】条件运算符组成条件表达式的一般形式为：表达式 1? 表达式 2：表达式 3。其求值规则为：如果表达式 1 的值为真，则以表达式 2 的值作为条件表达式的值，否则以表达式 3 的值作为条件表达式的值。本题中需要获得表达式 w 的逻辑值，即 w 是否为 0，不为 0 则为真，为 0 则为假。

7. B 【解析】执行 fun(3)语句时会返回 fun(3-1)+1，即 fun(2)+1；执行 fun(2)时会返回

fun(2-1)+1，即 fun(1)+1；执行 fun(1)时会返回 1，所以一共执行 fun 函数为 3 次。

8．B 【解析】考查运算符的相关知识，逻辑与运算符的规则是如果第一个参数的值为 0，那么就不会执行第二个参数的内容，在本题中，程序执行到第一个括号时，k1 的值变为 0，且括号内的值为 0，所以不会执行第二个括号中的语句，即 k2 仍然保持原值，所以答案为 0,20。

9．B 【解析】switch(a= =1)语句中，若 a 等于 1，则 a= =1 为"真"，则应该进行 a=b 的操作，故选项 B 错误。

10．D 【解析】根据在 if…else 语句中，else 总是和最近的 if 配对的原则，本题中层次关系是：if (!x)与 else if(x= =0)是一组，在最外层。而 if(x)与 else 是一组，位于 else if(x= =0)条件的内层。据此所有条件均不成立，所以 y 未进行任何操作，仍为 0。

11．C 【解析】程序首先执行第一个判断语句，a= =1 成立；b++= =2，先判断 b 是否为 2，再进行 b 加 1 操作，执行后 b 的值为 3。继续执行第二个判断语句，注意程序此时进行逻辑或运算，b!=2 的值为真，因此条件表达式 b!=2||c--!=3 的值为真，程序便不再执行第二个逻辑语句 c--!=3，而直接进行输出操作。

12．A 【解析】当 A= =1 时，（A= =1）||（A!=1）为真；当 A!=1 时，（A= =1）||（A!=1）也为真。

13．B 【解析】两个 if 语句的判断条件都不满足，程序只执行了 c=a 这条语句，所以变量 c 的值等于 3，变量 b 的值没能变化，程序输出的结果为 3，5，3。

14．A 【解析】该题考查 if 条件语句，当条件为真时，将 b 值赋给 a，c 值赋给 b；当条件为假时，将 a 值赋给 c。该题中 if 条件为假，所以将 a 的值赋给 c，故 a=10 b=50 c=10。

15．B 【解析】 if…else 控制结构中，else 总是与最近的未配对的 if 匹配。本题的执行过程为：如果输入整数小于 3 则不进行任何操作，否则判断是否不等于 10，若为真则进行输出。因此程序输出的数据为大于 3 且不等于 10 的整数。

16．B 【解析】本题中当变量 i 取值为 0、2、4 时，i 可以被 2 整除，程序执行 putchar(i+c)，分别输出 ACE；当变量 i 取值为 1、3、5 时，2 除 i 的余数不为 0，因此程序执行 putchar(i+b)，分别输出 bdf。所以最终输出 AbCdEf。

17．C 【解析】逗号表达式的求解过程是：按表达式顺序从左往右依次求解。本题中由于判断条件 a>b 的值为假，所以选项 A)、B)、D)中 if 语句后面的语句均未被执行，而 C)中的后两条语句 a=b 和 b=c 被执行，因此选项 C)的执行效果与其他三个不同。

18．A 【解析】表达式 k=a>b? (b>c? 1：0) ：0 表示：如果(a>b)条件为真，则 k 取值(b>c? 1：0)，否则 k 取值 0；当 a>b 的情况下，如果 b>c，则 k 值为 1，否则为 0。所以该表达式与选项 A)功能相同。

19．C 【解析】嵌套的 if 语句功能是将 k 赋值为 a、b、c 中的最小值，选项 A 中没有比较 a、c 的大小，选项 B 中语句"((b<c)?a:b):((b>c)?b:c)"错误，选项 D 中没有比较 b、c 大小。

20．C 【解析】本题考查运算符和选择语句，执行到 if 语句时，--a 为 0，所以不会执行后面的语句，但是会执行 else if 后面的语句，所以执行后，b=2。

二、填空题

1．3 【解析】因为 c=a，c 变为 3，是非 0 的数，所以条件为真，执行第一个 printf，输出 3。

2．3 【解析】C 语言的语法规定:else 子句总是与前面最近的不带 else 的 if 相结合。因为 x 不大于 y，所以执行 printf("%d\n",z);语句。

3．17 【解析】此表达式为三目运算符，++a 的值为 16，b-- 的值为 16，则整个表达式的值为++a 的值，++a 的值为 17。请注意前缀++，--和后缀++，--的区别。

4．4 【解析】a= =1 为真，b!=2 为假，c!=3 为假，所以 d=4。

5．0 【解析】字符空格的 ASCII 码不为 0，所以本题中表达式!c 的值为 0，b= 0&&1 的结果显然为 0。

6．1 0 【解析】第一个 printf 语句输出的结果是逻辑表达式(x>0||x<20)的值，显然为真，即为 1；第二个 printf 语句输出的是逻辑表达式(x>0&&x<20)的值，该值为假，即为 0。

7．1217 【解析】本题中输入 12 时，第一条 if 的条件 x>15 不满足因此不执行，第二条 if 的条件 x>10 满足因此输出 12，第三条 if 的条件 x>5 满足因此输出 17。

8．20 0 【解析】本题中 if 选择的条件 x= =y 不满足，因此直接执行后面的 x=y 和 y=t，则 x 的值为 20，y 的值为 0。

9．4 5 99 【解析】本题考查的是条件判断语句。本题需特别注意的是 "；" 的问题，不能把"t=a;a=c;c=t;"误认为是第一个 if 的语句，实际上，只有"t=a;"才是第一个 if 的语句。所以判断第一个 if 语句的表达式不成立后，执行的是"a=c;c=t;"，此时 a=5,c=99。然后判断第二个 if 语句的条件表达式，表达式成立，执行后面的三个语句，让 a，b 的值进行交换，最后输出 a、b、c 分别为 4、5 和 99。

10．(x%3= =0)&&(x%7= =0) 【解析】x%3= =0 能保证 x 是 3 的倍数，x%7= =0 能保证 x 是 7 的倍数，（x%3= =0）&&（x%7= =0）能保证 x 是 3 的倍数并且 x 是 7 的倍数。

三、程序设计

1．参考程序如下：

```c
#include <stdio.h>
#include <math.h>
void main( )
{
    double a,b,c,d;
    printf("输入一元二次方程 a= , b= , c=\n");
    scanf("a=%lf, b=%lf, c=%lf",&a,&b,&c);
    d=b*b-4*a*c;
    if(a= =0){
        if(b= =0){
            if(c= =0)
                printf("0= =0 参数对方程无意义!");
            else
                printf("C!=0 方程不成立");
        }
        else
            printf("x=%0.2f\n",-c/b);
    }
    else
        if(d>=0){
            printf("x1=%0.2f\n",(-b+sqrt(d))/(2*a));
            printf("x2=%0.2f\n",(-b-sqrt(d))/(2*a));
        }
```

```
        else{
            printf("x1=%0.2f+%0.2fi\n",-b/(2*a),sqrt(-d)/(2*a));
            printf("x2=%0.2f-%0.2fi\n",-b/(2*a),sqrt(-d)/(2*a));
        }
    }
```

【解析】此题通过开平方根求解一元二次方程,这里首先使用 if 嵌套语句判断 a 和 b 的值,由此决定方程是否成立并且调用哪种公式求解 X 的值。

2. 参考程序如下:

```
#include <stdio.h>
void main()
{
 /*输入一行字符,分别统计出其中英文字母、空格、数字和其他字符的个数。*/
    char ch;
    int char_num=0,kongge_num=0,int_num=0,other_num=0;
    printf("请输入 15 个字符: \n");
    while((ch=getchar())!='\n')          /*回车键结束输入,并且回车符不计入*/
    {
        if(ch>='a'&&ch<='z'||ch<='z'&&ch>='a')
            char_num++;
        else if(ch==' ')
            kongge_num++;
        else if(ch>='0'&&ch<='9')
            int_num++;
        else
            other_num++;
    }
    printf("字母= %d,空格= %d,数字= %d,其它= %d\n",char_num,kongge_num,int_num,other_num);
}
```

【解析】此题使用 if/else 语句多分支结构,根据输入字符的类型,更改相应变量的值。

3. 参考程序如下:

```
#include <stdio.h>
void main()
{
    int n;
    printf("Input a number: ");
    scanf("%d",&n);
    if(n<60)         printf("Fail\n");
    else         printf("Pass\n");
}
```

【解析】使用 if/else 语句,根据参数判断输出。

4. 参考程序如下:

```
#include <stdio.h>
#include <math.h>
```

```
void main()
{
    double s,area,perimeter;
    double a,b,c;
    scanf("%lf%lf%lf",&a,&b,&c);
    if((a+b>c)&&(a+c>b)&&(b+c>a))
    {
        s=(a+b+c)/2.0;
        area=sqrt(s*(s-a)*(s-b)*(s-c));
        perimeter=a+b+c;
        printf("%.2lf %.2lf\n",area,perimeter);
    }
    else
        printf("These sides do not correspond to triangle\n");
}
```

【解析】首先使用 if/else 语句，根据输入值判断三角形是否构成。符合构成条件的情况下判断执行计算三角形的面积和周长并输出，否则输出不能构成三角形。

5. 参考程序如下：

```
#include<stdio.h>
#define PI 3.14
void main()
{
    int k;
    float r,L,S;
    printf("|--------圆的计算--------|\n");
    printf("|-----1:求圆的周长------|\n");
    printf("|-----2:求圆的面积------|\n");
    printf("|--3:求圆的周长和面积---|\n");
    printf("请输入你的选项:");
    scanf("%d",&k);
    printf("请输入圆的半径:");
    scanf("%f",&r);
    switch(k)
    {
    case 1: L=2*PI*r;
            printf("该圆的周长为:%f\n",L);
            break;
    case 2: S=PI*r*r;
            printf("该圆的面积为:%f\n",S);
            break;
    case 3: L=2*PI*r;
            S=PI*r*r;
            printf("该圆的周长为:%f 该圆的面积为:%f\n",L,S);
            break;
    }
}
```

【解析】此题首先设计一个选项提示菜单，根据输入的选项参数 K 值判断执行计算圆的周长或面积并输出。

6．参考程序如下：

```
#include<stdio.h>
void main()
{
        int a,b,c,d,e;
        printf("输入一个不大于四位的数");
        scanf("%d",&a);
        if (a>=0&&a<10)
        {printf("一位数\n");
        printf("%d\n",a);}
        else if (a>=10&&a<100)
        {printf("两位数\n");
         b=a/10;
         c=a%10;
         printf("%2d%2d\n",c,b);}

        else if (a>=100&&a<1000)
        {printf("三位数\n");
         b=a/100;
         c=a/10%10;
         d=a%10;
         printf("%2d%2d%2d\n",d,c,b);}
        else
        {printf("四位数\n");
         b=a/1000;
         c=a/100%10;
         d=a/10%10;
         e=a%10;
         printf("%2d%2d%2d%2d\n",e,d,c,b);
         }
    }
}
```

【解析】此题首先使用 if/else 语句判断输入数是几位数，然后分解这个数各个数位上的数字并逆序输出。

5.11.5　循环结构程序设计

一、选择题

1．A　【解析】do-while 语句其基本特点是：先执行后判断，因此，循环体至少被执行一次。

2．C　【解析】当 i 加为 3 时判断 while（i++<4），此时满足条件，但是 i 变成 4。下次循环判断 while（i++<4）时，因为 i 为 4 不满足条件跳出循环，但是此时也要执行 i++，所以 i 变成了 5。

3．C　【解析】while(E)表达式中 E 的意思是 E 为真循环进行，只有 E＝＝0 是判断 E 不为真的表达式。

4．B　【解析】当 y 减为 1 时判断 while（y--），此时满足条件，但是 y 变成 0。下次循环判断 while（y--）时，因为 y 为 0 不满足条件跳出循环，但是此时也要执行 y--，所以 y 变成了-1。打印输出时输出-1。

5．A　【解析】循环条件 a<b<c 应该是先判断 a<b 为 1(真)或 0（假），然后用 1(真)或 0（假）和 C 比较来判断循环条件。

6．A　【解析】getchar()是给 ch 赋值，ch 读取值不是'N'时可以继续读取。

7．C　【解析】break 只能运用于 switch 语句和循环语句。

8．D　【解析】t 的初值为 1 是奇数，而且 t-2 后会变为负奇数，t!=n 要为假循环才能结束，n 也只能为负奇数。

9．C　【解析】当 i 加为 3 时判断 for（i=1;i++<4;），此时满足条件，但是 i 变成 4。下次循环判断 for（i=1;i++<4;）时，因为 i 为 4 不满足条件跳出循环，但是此时也要执行 i++，所以 i 变成了 5。

10．B　【解析】b 为 1 时，a 满足 a%2==1 为 6，本次循环结束，b 为 2 时，a 为 3，b 为 3 时，a 满足 a%2==1 为 8，b 为 4 时，a 满足 a>=8，break，循环终止，b 的结果为 4，答案 B。

11．A　【解析】考查 while 循环，当 a 为 0 时，while(a--)下面的语句不会执行，但是会执行 a--，所以最后 a 的结果为-1。

12．A　【解析】整个程序中只有对 i 增加的语句而没有对 i 减少的语句，所以 2、3 都不可能出现，选项 B）和 D）错误。而 i=5 时第一个 if 语句的表达式为假，所以选项 C）也错误。

13．A　【解析】项 A）中变量 n 的值，先自加 1，再进行循环条件判断，此时循环条件 n<=0 不成立，跳出循环。所以正确答案为 A）。

14．C　【解析】本题中 while 循环条件为 getchar()!='\n'，如果不按下回车键，则循环条件 getchar()!='\n'一直成立，形成一个空循环；如果按下回车键，则循环条件不成立使循环结束，程序继续执行。

15．B　【解析】第一次循环后 b 为 3，a 为 3；第二次循环后 b 为 6，a 为 5；第三次循环：执行 b+=a,所以 b 为 11；执行 a+=2 所以 a 为 7；执行 b%=10，所以 b 为 1。

16．D　【解析】本题考察 for 循环语句，注意第二个 for 语句的后面有一个分号，即 printf 函数不属于循环体，无论循环执行多少次，printf("*")语句只执行一次。因此，本题正确答案为 D。

17．D　【解析】初始值 a=1，b=2，第一次循环：b=b+a=2+1=3，a=a+2=1+2=3，a=a+1=3+1=4；第二次循环：b=b+a=3+4=7，a=a+2=4+2=6，a=a+1=6+1=7；第三次循环：b=b+a=7+7=14，a=a+2=7+2=9，a=a+1=9+1=10，故本题答案选 D。

18．D　【解析】本题程序中，for 循环的循环条件是 k=1，这个语句是赋值语句总是正确的，因此循环条件将一直满足，构成一个无限循环。

19．D　【解析】在本题中，程序每执行一次循环 x 的值就减 2，循环共执行 4 次。当 x 的值为 8,4,2 时，printf 语句先输出 x 的值，再将 x 的值减 1。而当 x 为 6 时，if 语句条件成立，程序先将 x 的值减 1，再将其输出。所以输出结果为选项 D

20．A　【解析】第一次循环时，k=1，在 switch 语句中，先执行 default 后面的语句，即

c=c+k=1，因为没有 break 语句，所以不会跳出 switch 结构，会接着执行 case2 后面的语句，即 c=c+1=2，然后跳出 switch；第二次循环时，k=2，直接执行 case2 后面的语句，即 c=c+1=3，然后跳出 switch 语句，结束循环，执行输出语句。

21．D　【解析】该题目主要考查 for 嵌套循环，要注意循环变量 i 和 j 的取值范围。输出结果为变量 i 和 j 的和。

22．A　【解析】第一次循环 i=1，j=3 和 j=2 时都能执行 m*=i*j，此时得到 m 的值为 6；然后进行第二次循环 i=2,j=3 时会执行 break 语句，内部循环直接结束，此时 i 再加 1，也会导致退出外部循环，所以最终结果 m 的值为 6。

23．C　【解析】在 C 语言循环语句中 continue 用来跳出当次循环，因此 B)项和 D)项不正确。if(i/8= =0)是指当 i 除以 8 的得数等于 0，即 i 的值小于 8 时，打印换行，因此 A)项不正确。if(i%8= =0)是指当 i 除以 8 的余数等于 0，即当间隔 8 个数时，打印换行，因此选项 C)正确。

24．B　【解析】考查 while 语句的使用，逻辑非运算符和不等于运算符的区别，逻辑非运算符"!"的优先级大于不等于运算符"!="的优先级。

25．D　【解析】本题考查逻辑运算符的"短路"现象，由于 k 的值为 0，表达式首先去求 k++的值，因为表达式 k++的值为 0，系统完全可以确定逻辑表达式的运算结果总是为 0，因此将跳过 n++>2，不再对它进行求值，即 k 的值加 1，n 的值不变。

26．C　【解析】x=1 是将 x 赋值为 1，所以循环控制表达式的值为 1。判断 x 是否等于 1 时，应用 x= =1，注意"="与"= ="的用法。

27．D　【解析】选项 A）的循环表达式的条件永久为 1，并且小于 100 的数与 100 取余不超过 99，所以在循环体内表达式 i%100+1 的值永远不大于 100，break 语句永远不会执行，所以是死循环；选项 B）的括号内没有能使循环停下来的变量增量，是死循环；选项 C）中先执行 k++，使 k=10001，从而使循环陷入死循环。

28．A　【解析】switch 语句执行完一个 case 后面的语句后，流程控制转移到下一个 case 语句继续执行，遇到 break 会跳出本次循环。本题中输入 1 时会输出 65，输入 2 时会输出 6，输入 3 时会输出 64，输入 4 时会输出 5，输入 5 时会输出 6，在输入 0 时不满足循环条件，程序执行结束。

29．D　【解析】本题考查的是 switch 语句。在 switch 语句中，表达式的值与某一个 case 后面的常量表达式的值相等时，就执行此 case 后面的语句，若所有的 case 中的常量表达式的值都没有与表达式的值匹配的，就执行 default 后面的语句，各个 case 和 default 的出现次序不影响执行结果。所以在本题中，当 k=5 和 k=4 的时候，case 都没有与其匹配的值，所以执行了 default 语句；当 k=3 时，执行"case 3 : n+=k;"得 n=3，然后执行 default；当 k=2 时，执行"case 2 : 　 case 3 : n+=k;"得 n=5，然后执行 default；当 k=1 时，执行"case 1 : n+=k;　　 case 2 : 　case 3 : n+=k;"使得 n 加两次 k，得到 n=7。

30．B　【解析】对于 do…while 循环，程序先执行一次循环体，再判断循环是否继续。本题先输出一次 i 的值"0,"，再接着判断表达式 i++的值，其值为 0，所以循环结束。此时变量 i 的值经过自加已经变为 1，程序再次输出 i 的值"1"。

二、填空题

1．7　【解析】执行 while(m<n)的循环，得到 m=14,n=7，然后执行 while(m>n)的循环，得到 m=7，n=7。此时所有循环结束，m=7。

2．5　【解析】第一次循环执行后，b=3，a=4，满足条件 b>1，循环继续；第二次循环执行后，b=1，a=5，不满足条件 b>1，结束循环。所以输出的 a 值为 5。

3．s=0 【解析】continue 语句用于跳出本次循环，直接进行下一次循环。进行 if 判断时 k 的值为 1 不能够被 2 整除，因此执行 continue 退出本次循环，不对 s 进行任何操作，直接进行循环条件判断，此时 k 的值为 1 不满足循环条件，退出 while 循环，输出 s 的值为 0。

4．##2##4 【解析】在 for 循环语句中，自变量 k 的自增表达式为 k++，k++。这是一个逗号表达式，所以输出结果为##2##4。

5．s=0 【解析】continue 语句用于跳出本次循环，直接进行下一次循环。进行 if 判断时 k 的值为 1 不能够被 2 整除，因此执行 continue 退出本次循环，不对 s 进行任何操作，直接进行循环条件判断，此时 k 的值为 1 不满足循环条件，退出 while 循环，输出 s 的值为 0。

6．1，-2 【解析】考查嵌套的循环结构。题中外层 while 循环的循环条件是 y--!=-1 ，即 y>=0；内层 do...while 循环的循环条件是 y--，即 y-->0，y>=1。

7．7 【解析】执行 while(m<n)的循环，得到 m=14,n=7，然后执行 while(m>n)的循环，得到 m=7,n=7。此时所有循环结束，m=7。

8．k<=n 【解析】本题要求将一个 for 循环改成 while 循环。首先要保证循环条件相同，所以空中应填入 k<=n，在 for 循环中，每次执行循环之后，循环控制变量 k 都会加 1，而 while 循环则没有，故需在循环体中增加改变 k 数值的语句"k++;"。

9．54321 【解析】程序运行过程中，变量 n 和 d 的取值变化如下：

N 的值 12345 1234 123 12 1
D 的值 5 4 3 2 1

可以看出，函数功能是对一个数逆序输出。

注意 语句 n/=10;中 n 的类型为整型，所以每次赋值时系统会自动进行类型转换，舍弃小数部分。所以程序输出为 54321。

10．1 1 【解析】程序运行过程中，变量 a 和 b 的取值变化如下：

a：18 9 9 7 5 3 1 1
b：11 11 2 2 2 2 2 1

while 循环结束时，a=1，b=1。但注意，输出要求是" %3d"，即按 3 位输出整型变量，右对齐，左边补 0。所以输出结果是" 1 1"。

11．s=0 【解析】continue 语句用于跳出本次循环，直接进行下一次循环。进行 if 判断时 k 的值为 1 不能够被 2 整除，因此执行 continue 退出本次循环，不对 s 进行任何操作，直接进行循环条件判断，此时 k 的值为 1 不满足循环条件，退出 while 循环，输出 s 的值为 0。

12．b=i+1 【解析】本题考查了 for 循环语句的执行过程。i+=2 是修正表达式，执行一次循环体后 i 的值就增加 2，i 的初始值为 0，每次加 2 后的和累加至 a，所以 a 的值就是 1 10 之间的偶数之和；b 的值是 1 11 之间的奇数和，但在输出 b 值时，c 去掉多加的 11，即为 1 10 之间的奇数之和。

13．s=s +1/n; 【解析】本题的考查点是查找程序运行错误的原因。主要考查运算中字符的转换。初看此题，可能不太容易发现错误，该题的运行结果是 1.0000，算法错误。s=s+1/n; 1/2=0，因为 n 为整型，所以 1/n 都为 0。这就是导致本题出错的原因。s=s+1/n 应改为 s=s+1.0/n。

14．3 【解析】第一次循环时，k=1，在 switch 语句中，先执行 default 后面的语句，即 c=c+k=1，因为没有 break 语句，所以不会跳出 switch 结构，会接着执行 case2 后面的语句，即 c=c+1=2，然后跳出 switch；第二次循环时，k=2，直接执行 case2 后面的语句，即 c=c+1=3，然后跳出 switch 语句，结束循环，执行输出语句。

15．＊ 【解析】本题考察 for 循环语句，注意第二个 for 语句的后面有一个分号，即 printf 函数不属于循环体，无论循环执行多少次，printf("*")语句只执行一次。因此，本题正确答案为 D)。

16．1 【解析】本题考查循环语句的嵌套以及条件的判断问题。在程序中，内层循环判断条件为" j<=i "，而 j 的初值为 3，故当 i 的值为 1 和 2 时，内层循环体都不会被执行。只有当 i 和 j 都等于 3 时才会执行一次。m 的值为 55 对 3 取模，计算结果为 1。

17．a=4,b=5 【解析】continue 语句的作用是跳过本次循环体中余下尚未执行的语句，接着再一次进行循环条件的判定。当能被 2 整除时，a 就会增 1，之后执行 continue 语句，直接执行到 for 循环体的结尾，进行 i++，判断循环条件。

18．t*10 【解析】1、12、123、1234、12345 可以写成 1=0*10+1、12=1*10+2、123=12*10+3、1234=123*10+4、12345=1234*10+5，按照这种规律后一项可以等于前一项乘以 10 再加上循环变量。这属于循环里面比较难的题目，需要考生找出其数据的内在规律，并转化为计算机语言，基本上都是累加和累积两种。

19．＊7 【解析】整个程序中只有对 i 增加的语句而没有对 i 减少的语句。只有 i 增加到 7 时满足两个 if 条件，执行 break，循环终止。

三、程序设计

1．参考程序如下：

```
#include<stdio.h>
void main()
{
    int n, s=0, i=0, temp;
    printf("Input an integer:");
    scanf("%d", &n);
    while (n != 0)
    {
        temp=n%10;
        s+=temp ;
        n /=10;
        i += 1;
    }
    printf("%d   %d\n", s, i);
}
```

【解析】设 s 为求和变量，i 为统计位数变量。利用取余计算把输入整数 n 的每一位求出相加存放在 s 中，然后求了几次也就是有几位位数，用变量 i 统计。

2．参考程序如下：

```
#include<stdio.h>
#include<math.h>
void main()
{
    double esp;
    double s=0.00;
```

```
    double tmp = 1.0;
    int i=1, m=1;
    printf("Inputeps:");
    scanf("%lf", &esp);
    while(fabs(tmp)>esp) {
        tmp = 1.00/i;
        s += (m*tmp);
        i +=4;
        m *= -1;
    }
    printf("S = %lf\n", s);
}
```

【解析】略。

3．参考程序如下：

```
#include <math.h>
#include <stdio.h>
void main( )
{
    long int j,n,p,q,
    int flagp,flagq;
    printf("please input n :\n");
    scanf("%ld",&n );
    if (((n%2)!=0)||(n<4))
        printf("input data error!\n");
    else
    {
        p = 1 ;
        do {
            p = p + 1 ;
            q = n - p ;
            flagp = 1 ;
            for(j=2;j<=(int)(sqrt(p));j++)      /*判断 p 是否为素数*/
            {
                if ((p%j) = =0)
                {
                    flagp = 0 ;
                    break;              /*不是素数,退出循环*/
                }
            }
            flagq=1 ;
            for(j=2;j<=(int)(sqrt(q));j++)       /*判断 q 是否为素数*/

            {
                if ((q%j) = =0)
                {
                    flagq = 0 ;
```

```
                break ;                    /*不是素数,退出循环*/
            }
        }
    } while(flagp*flagq= =0);
    printf("%d = %d + %d \n",n,p,q) ;
}
```

【解析】先不考虑怎样判断一个数是否为素数，而从整体上对这个问题进行考虑，可以这样做：读入一个偶数 n，将它分成 p 和 q，使 n = p + q。怎样分呢？可以令 p 从 2 开始，而令 q = n - p，如果 p、q 均为素数，则正为所求，否则使 p 加 1 后再试。判断一个数是否为素数我们采用与例题 5-5 相同的方法：使用状态变量 flagp 和 flagq 来分别指示变量 p 和 q 是否为素数：0 值代表非素数，1 代表素数。

以上思路可用如下算法描述：

（1）读入整数 n。

（2）如果 n 不是大于 3 的偶数 n 则退出程序。

（3）令 p=1。

（4）执行循环体{ p = p + 1；q = n - p；判断 p 是否为素数；判断 q 是否为素数} 当 p 或者 q 中有一个不是素数时重复（4）。

（5）输出 n=p+q。

4. 参考程序如下：

```
#include <stdio.h>
void main()
{
    int    digit, letter, other;
    char ch;
    digit = letter = other = 0;
    printf("请输入一行字符  ");
    ch = getchar();
    while (ch!='\n')
    {   if(ch >= '0' && ch <= '9')
            digit ++;
        else
            if((ch >= 'a' && ch <= 'z' ) || ( ch >= 'A' && ch <= 'Z'))
                letter ++;
            else
                other ++;
        ch = getchar();
    }
    printf("letter=%d, digit=%d, other=%d\n", letter, digit, other);
}
```

【解析】题目的已知条件是"输入一行字符"，一行的字符个数未知，但可以以是否输入回车换行符号'\n'作为一行是否结束的标志，当输入字符不是'\n'，则对该字符进行分别判断，对符合三类之一者进行统计即可。

5. 参考程序如下：

```c
#include <stdio.h>
void main()
{
    int number,x,i,j,count,digit,pow;
    printf("input an integer:");
    scanf("%d",&number);
    if(number<0)
        number=-number;
    x=number;
    count=0;
    do
    {
        x=x/10;
        count++;
    }while(x!=0);
    for(i=count;i>0;i--)
    {
        x=number;
        pow=1;
        for(j=1;j<i;j++)
        {
            pow=10*pow;
        }
        digit=(x/pow)%10;
        printf("%d,",digit);
    }
}
```

【解析】先求出输入长整型的位数用 count 统计，然后从高位取值，依次输出每位数据。

6. 参考程序如下：

```c
#include <stdio.h>
void main()
{
    int i,j,k;
    printf("\n");
    for(i=1;i<5;i++)
        for(j=1;j<5;j++)
            for (k=1;k<5;k++)
            {
                if (i!=k&&i!=j&&j!=k)
                printf("%d,%d,%d\n",i,j,k);
            }
}
```

【解析】可填在百位、十位、个位的数字都是 1、2、3、4。组成所有的排列后再去 掉不满足条件的排列。

7．参考程序如下：

```c
#include<stdio.h>
void main()
{
    int i,j,k;
    for(i=0;i<1000 ;i++)
        for(j=10;j<100    ;j++)
            for(k=13; k<100 ;k++)
                if(i+100= =j*j&&i+168= =k*k)
                {
                    printf("%d\n",i);
                    break;
                }
}
```

【解析】完全平方即用一个整数乘以自己例如 1*1，2*2,3*3 等等，依此类推。若一个数能表示成某个数的平方的形式，则称这个数为完全平方数。完全平方数是非负数。在 1000 以内判断，先将该数加上 100 后再开方，再将该数加上 168 后再开方，如果开方后的结果满足条件，即是结果。

8．参考程序如下：

```c
#include<stdio.h>
void main()
{
    int n,i;
    printf("\nplease input a number:\n");
    scanf("%d",&n);
    printf("%d=",n);
    for(i=2;i<=n;i++)
    {
        while(n!=i)
        {
            if(n%i= =0)
            {
                printf("%d*",i);
                n=n/i;
            }
            else
                break;
        }
    }
    printf("%d",n);
}
```

【解析】对 n 进行分解质因数，应先找到一个最小的质数 k，然后按下述步骤完成：

（1）如果这个质数恰等于 n，则说明分解质因数的过程已经结束，打印出即可。

（2）如果 n<>k，但 n 能被 k 整除，则应打印出 k 的值，并用 n 除以 k 的商,作为新的正整数你 n,重复执行第一步。

（3）如果 n 不能被 k 整除，则用 k+1 作为 k 的值,重复执行第一步。

9．参考程序如下：

```c
#include<stdio.h>
void main()
{
    int a,b,c,n,m;
    scanf("%d,%d",&n,&m);
    if(m<n)
    {
        a=m;
        m=n;
        n=a;
    }
    c=n*m;
    while(n!=0)
    {
        b=m%n;
        m=n;
        n=b;
    }
    printf("公约数%d\n 公倍数%d\n",m,c/m);
}
```

【解析】设两数为 a、b(a>b)，求 a 和 b 最大公约数(a,b)的步骤如下：用 b 除 a,得 a÷b=q……r1(0≤r1)。若 r1=0，则（a，b)=b；若 r1≠0，则再用 r1 除 b，得 b÷r1=q……r2 (0≤r2).若 r2=0，则（a，b)=r1，若 r2≠0，则继续用 r2 除 r1，……如此下去，直到能整除为止。其最后一个非零除数即为（a，b)。

10．参考程序如下：

```c
#include <stdio.h>
#include <cstdlib>
void main()
{ int i;
  float sum,hight;
  sum=100.0;
  hight=100.0;
  for(i=2;i<=10;i++)
  {
    hight/= 2;  /*第 i 次反跳高度*/
    sum+= hight*2; /*第 i 次落地时共经过的米数*/
    printf("第%d 次:%.2f  %.2f\n", i, sum, hight);
  }
  printf("%.2f  %.2f\n", sum, hight);
}
```

【解析】请见程序注释。

11．参考程序如下：

```
#include <stdio.h>
void main()
{
        int n,t,number=20;
        float a=2,b=1,s=0;
        for(n=1;n<=number;n++)
        {
                s=s+a/b;
                t=a;
                a=a+b;
                b=t;
        }
        printf("sum is %9.6f\n",s);
}
```

【解析】请抓住分子与分母的变化规律。

5.11.6　函数

一、选择题

1．C　【解析】一个 C 语言源程序由一个或多个函数组成，但必须有，也只能有一个主函数 main，不管主函数在程序中的什么位置，C 程序的执行总是从 main 函数开始。

2．B　【解析】在函数中允许有多个 return 语句，但每次调用只能有一个 return 语句被执行，因此只能返回一个函数值。

3．A　【解析】函数值的类型和函数定义中函数的类型应保持一致，如果两者不一致，则以函数类型为准，自动进行类型转换。

4．B　【解析】主函数可以定义在程序中的任意位置，函数内不能再定义其它函数。

5．D　【解析】在函数内的复合语句定义的变量只在复合语句块中有效。

6．C　【解析】全局变量在函数外定义，可以放在程序的任意位置。Static 定义的变量是静态变量，存储在静态存储区，在程序运行期间一直存在，而要访问定义于其它文件中的全局变量，必须要用 extern 说明。

7．D　【解析】预处理是指在进行词法扫描和语法分析之前所做的工作，在处理完预处理部分后，再进入对源程序的编译。

8．B　【解析】plus(int x,int y)函数主要实现求两个数的和。

9．C　【解析】f(int x)函数是一个递归函数。3 传递给函数 f 中的形参 x,其中 y=3*3-f(1)=9-3=6。

10．D　【解析】HDY(a+c,b+d)中的参数传递给 HDY(A,B),则 A/B 等于 a+c/b+d=1+3/2+4=6。

11．C　【解析】#ifdef　N 的功能是：如果 N 已被#define 定义过，则执行 printf("hello!")，否则执行 printf("welcome!");而#ifndef　N 的功能正好相反。#if N 是判断 N 的值是否为真，为真则执行 printf("hello!")。

12．B　【解析】文件包含的文件名可以用尖括号也可以用双引号括起来，则 A 是错的。

一个被包含的文件中可以再包含另一个文件，允许实现嵌套，则 C 是错的。当被包含文件中的内容修改时，包含该文件的所有源文件都要重新进行编译处理，则 D 是错的。答案是 B。

13．A　【解析】函数 fun 中的实参传递给形参是传值，形参的改变不会影响实参的值，则答案为 A。

14．D　【解析】函数 fun 将数组 K 的地址传给了数组 a，则函数体中对数组 a 的改变直接改变了数组 k。其中函数体中 a[0]与 a[5-1-0]交换值，a[1]与 a[5-1-1]交换值。

15．C　【解析】函数 fun 将数组 a 的地址传给了数组 b，则函数体中对数组 b 的改变直接改变了数组 a，函数体是对数组 b[2]-b[5]的值*2，则等价于 a[2]-a[5]*2

二、填空题

1．函数

2．库函数和用户定义函数

3．有参函数和无参函数

4．main 函数

5．整型

6．main

7．被调用

8．形参

9．全局变量、局部变量、全局变量

10．extern

11．字符串

12．#include<stdio.h>、#include "stdio.h"

13．i

14．i-1

三、程序设计

1．参考程序如下：

```c
#include<stdio.h>
int f(int x)
{
    if(x%2= =0)
        return 1;
    else
        return 0;
}
void main()
{
    int a;
    printf("请输入一个整数:");
    scanf("%d",&a);
    if(a= =1)
        printf("%d 是偶数\n");
    else
        printf("%d 不是偶数\n");
}
```

2. 参考程序如下：

```c
#include <stdio.h>
int sxhs(int x)
{
        int a,b,c;//a,b,c 分别表示 x 的个位十位和百位
        a=x%10;
        b=x/10%10;
        c=x/100;
        if(a*a*a+b*b*b+c*c*c= =x)
                return 1;
        else
                return 0;
}
void main()
{
        int x;
        printf("please input a integer:");
        scanf("%d",&x);
        if(sxhs(x) = =1)
                printf("%d 是水仙花数\n",x);
        else
                printf("%d 不是水仙花数\n",x);
}
```

3. 参考程序如下：

```c
#include <stdio.h>
void hw(int x)
{
        int ge,shi,qian,wan;
        if(x>=10000&&x<=99999)
        {
                wan=x/10000;
                qian=x/1000%10;
                shi=x/10%10;
                ge=x%10;
                if(wan= =ge && qian= =shi)
                        printf("%d 是五位数,也是回文数。\n",x);
                else
                        printf("%d 是五位数,但不是回文数。\n",x);
        }
        else
                printf("%d 不是五位数\n",x);
}
void main()
{
        int x;
```

```
        printf("please input a integer:");
        scanf("%d",&x);
        hw(x);
    }
```

4. 参考程序如下：

```
#include <stdio.h>
int isprime(int n)
{
    int i;
    int flagn=0;
    for(i=2;i<=n-1;i=i+1)
        if(n%i= =0)
            flagn=1;
    if(flagn= =0)
        return 1;
    else
        return 0;
}
void main()
{
    int n;
    printf("please input a integer:");
    scanf("%d",&n);
    if(isprime(n) = =1)
        printf("%d 是素数!\n",n);
    else
        printf("%d 不是素数!\n",n);
}
```

5. 参考程序如下：

```
#include <stdio.h>
long fun(long num)
{
    long k=1;
    while(num)
    {
        k*=num%10;
        num\=10;
    }
    reurn k;
}
void main()
{
    int n;
    printf("please input a long:");
    scanf("%ld",&n);
```

```
        printf("%ld 各位上的数字之积为:%ld\n",n,fun(n));
    }
```

6. 参考程序如下：

```
#include <stdio.h>
double fun(int num)
{
        double y=1.0;
        int i;
        for(int=2;i<=m;i++)
                y+=1.0/(i*i);
        return(y);
}
void main()
{
        int n;
        printf("please input a interger:");
        scanf("%f",&n);
        printf("y=%lf\n",fun(n));
}
```

5.11.7　数组

一、选择题

1. B　【解析】一位数组下标从 0 开始，所以 a[0]至 a[4]得到值。

2. D　【解析】答案 A，下标越界，答案 B 下标不能有小数，答案 C 下标要用[]，答案 D 表示 a[0]正确。

3. C　【解析】答案 C 表示只有一个元素的一维数组，正确。其余都不对。见教材一维数组初始化方法。

4. C　【解析】"China"是字符串，系统自动给添加\0',所以长度为 6。

5. C　【解析】答案 A 二维数组定义时不能省略列下标维度，答案 B 和 D 格式不对，只有 C 正确。

6. C　【解析】答案 A 列下标越界，答案 B 和 D 格式不对，只有 C 正确。

7. D　【解析】答案 A 和 C 赋值超过数组元素个数，答案 B 二维数组初始化时不能省略列下标维度。

8. C　【解析】m[0]的值为 5，m[m[0]]相当于 m[5]，下标越界。

9. A　【解析】strlen()是求字符串的实际长度，不含'\0'。

10. B　【解析】a[i][j]元素前有 i 行（行下标从 0 开始），每行 m 个元素，则前 i 行元素个数为 i*m，a[i][j]在 j 列，它所在行的前面有 j 个元素（列下标从 0 开始）。所以共有 i*m+j 个元素，画个图一目了然。

11. C　【解析】str+2 指向 str[]字符串的首地址向后偏移 2 个字符的位置，即指向字符 z。strcat(p1,p2)是将字符串 p2 连接到字符串 p1 的后面，连接后的 p1="abcABC"，strcpy(str+2,strcat(p1,p2))将连接后的 p1 复制到 str+2 所指向的字符 Z 处，故最后的字符串 str 为"xyabcABC"。

12. D　【解析】定义数组时下标不能用变量

13．B　【解析】选项 A 错在赋初值个数超过了数组的最大容量 5；选项 C 中错在定义 a 时没有带方括号；选项 D 错在数组的数据类型 int 与字符串不匹配。

14．B【解析】scanf("%2d%f%s",&j,&y,name)把输入串"55566 7777abc"中前两位读入赋给变量 j,j=55 把接下来的数字串读入赋给变量 f,遇空格截止，f=556。

15．C　【解析】自定义函数 fun(int ﹡s，int n1，int n2)的功能是将字符串 s 以 n1 为起始位置，以 n2 为结束位置中的字符两两交换，交换一个字符后 n1 向后移 1 个字符的位置，n2 则向前移动 1 个字符的位置，再将 s[n1]与 s[n2]交换,直到 n2<n1 结束。函数调用语句 fun(a,0,3)执行后，数组 a 变为{4,3,2,1,5,6,7,8,9,0};fun(a,4,9)执行后数组 a 变为{4,3,2,1,0,9,8,7,6,5};fun(a,0,9)执行后数组 a 变为{5,6,7,8,9,0,1,2,3,4,}。所以答案选 C。

16．B　【解析】当 N=4 时，x[N][N]为一个 4 行 4 列的二维数组，函数 fun()中的 for 循环一共循环 4 次，当 i=0 时，b[0]=a[0][0]-a[0][3]；当 i=1 时，b[1]=a[1][1] -a[1][2]；当 i=2 时，b[2]=a[2][2] -a[2][1]；当 i=3 时，b[3]=a[3][3] -a[3][0]；

17．C　【解析】for(i=0; i<12; i++)　c[s[i]]++;是统计在 s[i]中 1、2、3、4 分别出现的次数并分别赋给数组元素 c[1]到 c[4]。

18．C　【解析】s=s+a[b[i]]中 a 数组的下标又是一个数组 b，它是把数组元素 b[i]的值作为数组 a 的下标。S 累加的过程是 s=0+1+3+2+4+1，a[0]被加了 2 次，a[4]一次都没有被加，因为数组 b 中的元素没有一个 4，所以在 a[b[i]]中 a[4]没有被引用。

19．C　【解析】for 循环中嵌套两重 switch 分支结构。i=0 时，执行 a[0]++，使 a[0]=3；i=1 时，执行 a[1]=0；i=2 时，执行 a[2]--，使 a[2]=4；当 i=3 时，执行 a[3]=0；

20．C　【解析】m[0]是 5，m[m[0]]即为 m[5]，而根据数组的定义只有 5 个元素分别是 m[0]至 m[4]（C 语言数组下标是从 0 开始的），因此，答案 C 是错误的。

21．B　【解析】此程序是统计一周七天中英文名称首字母为"T"的个数。P[i][0]是字符串的首字符，一共有两个"T"，所以 n=2。

22．C　【解析】选项 C 中数组行数为 2 行，而所给的初值为 3 行，与定义的数组不匹配。

23．C　【解析】s=s+a[b[i]]中 a 数组的下标又是一个数组 b,它是把数组元素 b[i]的值作为数组 a 的下标。S 累加的过程是 s=0+1+3+2+4+1

24．C　【解析】根据题目的意思，是对 a[b[0]]至 a[b[4]]求和，即 a[0]+a[2]+a[1]+a[3] +a[0]，即为 11。

25．C　【解析】二维数组的初始化，必须有列下标，因此答案 C 是错误的。

26．C　【解析】t+=b[i][b[j][i]]中数组 b 的第二维下标嵌套了数组 b，在 3 次循环中 t 累加的过程为 s=1+b[0][0]+b[1][1]+b[2][2]=1+0+1+2=4。

27．C　【解析】前两个 for 循环给二维数组中一维和二维下标为 0 到 2 的数组元素赋值，双重循环终止时 j=3,最后一个 for 循环中累加式 x+=a[i][j]中的 j 在整个循环中都没有变化，始终为前面双重循环结束时的 j=3,故累加式累加的实际就是数组的第 4 行元素，而第 4 行为全 0。

28．A　【解析】strcmp()函数比较两个字符串若相等则返回值 0。

29．A　【解析】sizeof(m)测试的是为数组分配的内存空间的大小，strlen(m)返回的是字符数组的实际长度。m[]经前两个函数处理后其实际内容为"abcabcdeabc"。

30．C　【解析】strcpy(m+strlen(n),k);是从 m+strlen(n)的位置复制 k 并且复制'\0'，strlen(n)是 3，函数值为"abcabcde"，因此 strlen(m)的值是 9。而 sizeof(m)的值是数组的大小是 20，一

个数组元素占一个字节。

二、填空题

1．I　【解析】循环地扫描整个数组，如果比较某个数组元素比当前找到的最小值还小，则把该数组元素的下标 i 赋值给变量 k。

2．i-1　【解析】向前移动操作实际上为循环地把相邻位置上的前一个数组元素的值赋值为后一个数组元素，而 a[i]的前面一个数组元素为 a[i-1]。

3．14　【解析】循环 2 次，i=1 时，输出 n[1]的值 1,i=2 时，输出 n[2]的值 4。

4．3　【解析】第 2 个 for 循环共循环 3 次，当 i=0 时，数组 n 的值变为{1，1，1}，当 i=1 时，n[]={2,2,2},当 i=2 时，n[]={3,3,3}。

5．101418　【解析】当循环变量 i=0 时，执行 b[0]=a[0][2]+a[2][0]=3+7=10;当 i=1 时，b[1]=a[1][2]+a[2][1]=6+8=14;当 i=2 时，b[2]=a[2][2]+a[2][2]=9+9=18。

6．13715　【解析】从 b[1]开始到 b[4]每个数组元素都是前一个数组元素的值乘以 2 再加1，即 b[1]=1,b[2]=3,b[3]=7,b[4]=15。

7．213　【解析】k-'A'得到的是变量 k 与大写字母 A 的 ascii 码差值。该程序统计了输入的一串字符中'A', 'B', 'C'出现的次数并将结果分别存放到数组 c[0]、c[1]、c[2]中。

8．4 13 40　【解析】从 n[1]开始到 n[4]每个数组元素都是前一个数组元素的值乘以 3 再加 1，即 n[1]=1,n[2]=4,b[3]=13,b[4]=40。

9．123569　【解析】数组为一个 3 行*3 列的矩阵，输出循环输出的的矩阵的右上三角的元素值。

10．a[row][col]　【解析】双重循环把二维数组最大值的行下标赋给 row，最大值的列下标赋给 col。

11．a[0][I]　　b[I][0]　【解析】i 从 0 变化 N-1,N 为常数，可知 b[I][N-1]表示 b 的最后一列，a[N-1][I]表示 a 的最后一行，a[0][I]表示 a 的第 0 行，b[I][0]表示 b 的第 0 行。

12．7 2　【解析】sizeof(a)测试数组 a 的空间大小为 7 个字节，strlen(a)测试字符串中实际字符的个数，char a[7]="a0\0a0\0"中\0 是字符串的结束标志，故实际 a 中只存放了"a0"就结束了。

13．welcome　【解析】if(strcmp(a[i], a[j])>0)比较字符串 a[i]大于 a[j],则交换 a[i]和 a[j],双重循环的作用是把 5 个字符串按从小到大的顺序排序。

14．x+(i++)　【解析】

15．1,2,3,4,5,6,7,8,9,0,　【解析】函数 fun(int a，int b)的参数 a 和 b 均为传值调用，a、b 的变化不会影响到实际参数的值。所以数组元素的值在调用函数后没有变化。

16．1,2,6,8,10,12,7,8,9,10,　【解析】函数 f()的作用是把传递过来的数组的 a[2]到 a[5]这 4个数组元素的值乘以 2。

17．-3，-1,1,3，　【解析】函数 fun()的功能给数组 b[]逐个元素赋值，b[i]的值为二维数组a[][]的对角线上的元素减去本行中列标值与 i 相加为 N-1 的数组元素的值。

18．4　【解析】数组 a 为 3 行*3 列，经双重 for 循环后数组被赋值为{{0,2,4}，{2,2,4}，{4,4,4}}。*(a[1]+2))表示的是第 2 行 3 列的数组元素即：a[1][2]的值。

19．4　【解析】a[1]+2 指向第 2 行的第 3 列，因此*(a[1]+2)即为 a[1][2]，答案为 4。

20．a[row][col]　【解析】根据题意，把最大值的行下标存储在 row 中，列下标存储在 col中。

三、程序设计

1. 参考程序如下:

```
#include<stdio.h>
void main()
 {
    int a[6] = {1,3,6,7,9};
    int i,j,x,t;
    printf("insert data:");
    scanf("%d",&x);
    for(i=0;i<5;i++)
        if(x<a[i])
            break;
    for(j=5;j>i;j--)
        a[j]=a[j-1];
        a[j]=x;
    printf("Now array a:\n");
    for(i=0;i<6;i++)
        printf("%4d",a[i]);
    printf("\n");
 }
```

【解析】 定义数组大小要能放得下插入后元素个数,把要插入的数 x 从数组第一个元素开始比较,小于某元素则插入该元素之前,并将位置记下,从最后一个元素开始往后移动数据,直至把要插入元素的放入合适位置。

2. 参考程序如下:

```
#include <stdio.h>
#include"stdlib.h"
#include"string.h"
void X_D(char a[],int k)
 {
    int i,j,s=0;
    int result=0;
    int b[30];
    for(i=0;i<k;i++)
    {
        if(a[i]<='9'&&a[i]>='0')
        {
            b[i]=a[i]-48;
        }
        else
        {
            switch(toupper(a[i]))
            {
                case 'A': b[i]=10;break;
                case 'B': b[i]=11;break;
                case 'C': b[i]=12;break;
```

```
                    case 'D': b[i]=13;break;
                    case 'E': b[i]=14;break;
                    case 'F': b[i]=15;break;
                    default:  s=1;、
                }
            }
        }
    for(i=1,j=k-1;j>=0;j--,i*=16)
    {
        result+=b[j]*i;
    }
    if(s= =1)
        printf("您的输入有误!请重新输入\n");
    else
        printf("\n 转换后的数为:%d\n",result);

}
void main()
{
    char str[30];
    int k;
    gets(str);
    k=strlen(str);
    X_D(str,k);
}
```

　　【解析】16 进制转换成 10 进制是按位权展开的多项式之和，可以把 16 进制数看成一个数组，16 进制各个位的字符代为相应数组的元素，然后把每个元素转换成对应的 10 进制的值，存入一个临时数组 b 中按位权相加即可。

　　3．参考程序如下：

```
#include <stdio.h>
#include <stdlib.h>
void main()
{
    int i,j,t,a[10];
    printf("Please input 10 integers:\n");
    for(i=0;i<10;i++)
        scanf("%d",&a[i]);
    for(i=0;i<9;i++) /* 冒泡法排序 */
        for(j=0;j<10-i-1;j++)
            if(a[j]>a[j+1])
            {
                t=a[j];
                a[j]=a[j+1];
                a[j+1]=t;
            }
```

```
        printf("The sequence after sort is:\n");
        for(i=0;i<10;i++)
            printf("%-5d",a[i]);
        printf("\n");
    }
```

【解析】排序方法　将被排序的记录数组 R[1..n]垂直排列，每个记录 R 看作是重量为 R.key 的气泡。根据轻气泡不能在重气泡之下的原则，从下往上扫描数组 R：凡扫描到违反本原则的轻气泡，就使其向上"飘浮"。如此反复进行，直到最后任何两个气泡都是轻者在上，重者在下为止。（1）初始 R[1..n]为无序区。（2）第一趟扫描　从无序区底部向上依次比较相邻的两个气泡的重量，若发现轻者在下、重者在上，则交换二者的位置。即依次比较(R[n]，R[n-1])，(R[n-1]，R[n-2])，…，(R[2]，R[1])；对于每对气泡(R[j+1]，R[j])，若 R[j+1].key<R[j].key，则交换 R[j+1]和 R[j]的内容。 第一趟扫描完毕时，"最轻"的气泡就飘浮到该区间的顶部，即关键字最小的记录被放在最高位置 R[1]上。（3）第二趟扫描　扫描 R[2..n]。扫描完毕时，"次轻"的气泡飘浮到 R[2]的位置上……最后，经过 n-1 趟扫描可得到有序区 R[1..n] 注意：第 i 趟扫描时，R[1..i-1]和 R[i..n]分别为当前的有序区和无序区。扫描仍是从无序区底部向上直至该区顶部。扫描完毕时，该区中最轻气泡飘浮到顶部位置 R 上，结果是 R[1..i]变为新的有序区。

4. 参考程序如下：

```
#include<stdio.h>
void main ( )
{
    int a[10],i,j,t;
    for(i=0;i<10;i++)
        scanf("%d",&a[i]);
    for(i=0;i<5;i++)
    {
        j=9-i;
        t=a[i];
        a[i]=a[j];
        a[j]=t;
    }
    for(i=0;i<10;i++)
        printf("%5d",a[i]);
    printf("\n");
}
```

【解析】建立数组后将数组中第一个元素和最后一个元素交换，第二个元素和倒数第二个元素交换，…，直至交换至中间元素位置。

5. 参考程序如下：

```
#include <stdio.h>
void main()
{
    int s[15]={3,6,9,10,13,15,19,20,22,23,27,50,80,83,90};
    int x,left=0,right=14,mid;
    printf("Input the number to find:");
```

```
        scanf("%d",&x);
        while(left<=right)
        {
            mid=(left+right)/2;
            if(s[mid] = =x) break;
            else
                if(s[mid]>x) right=mid-1;
                else    left=mid+1;
        }
        if(s[mid] = =x)
            printf("%d is the NO.%d\n",x,mid);
        else    printf("无此数\n");
    }
```

【解析】折半查找法是效率较高的一种查找方法。其基本思想是：设查找数据的范围下限为 left=0，上限为 right=14，求中点 mid=（left+right）/2，用 x 与中点元素 mid 比较，若 x 等于 mid，即找到，停止查找；否则，若 x 大于 mid，替换下限 left=mid+1，到下半段继续查找；若 x 小于 mid，换上限 right=mid-1，到上半段继续查找；如此重复前面的过程直到找到或者 left>right 为止。如果 left>righ，说明没有此数，打印找不到信息，程序结束。

6．参考程序如下：

```
#include <stdio.h>
void main()
{
I    int i,j,upp,low,dig,spa,oth;
    char text[3][80];
    upp=low=dig=spa=oth=0;
    for (i=0;i<3;i++)
    {
        p rintf("please input line %d:\n",i+1);
        gets(text[i]);
        for (j=0;j<80&&text[i][j]!='\0';j++)
        {
            if (text[i][j]>='A'&&text[i][j]<='Z')
                upp++;
            else
                if(text[i][j]>='a'&&text[i][j]<='z')
                    low++;
                else
                    if (text[i][j]>='0'&&text[i][j]<='9')
                        dig++;
                    else
                        if(text[i][j] = =' ')
                spa++;
                        else
                oth++;
        }
```

```
        }
        printf("\nupper case: %d\n",upp);
        printf("lower case:    %d\n",low);
        printf("digit        : %d\n",dig);
        printf("space        : %d\n",spa);
        printf("other        : %d\n",oth);
    }
```

【解析】定义二维数组大小 text[3][80],用变量 upp、low、dig、spa、oth 分别统计大写字母个数、小写字母个数、数字、空格以及其他字符个数，每行遇'\0'结束。

7. 参考程序如下：

```
#include <stdio.h>
void main()
{
    int i;
    char str1[100],str2[100];
    gets(str1);
    for(i=0;str1[i]!='\0';i++)
            if(str1[i]>='A'&&str1[i]<='Z')
                    str2[i]=2*'A'+25-str1[i];
            else
                    if(str1[i]>='a'&&str1[i]<='z')
                            str2[i]=2*'a'+25-str1[i];
                    else
                            str2[i]=str1[i];
    str2[i]='\0';
    printf("密文:%s\n 原文:%s\n",str2,str1);
}
```

【解析】str1[i]表示第（str1[i]-'A'+1）个字母，变成（26-（str1[i] -'A'+1）+1）个字母，对应的 ASCII 是 26-（str1[i] -'A'+1）+1+'A'-1=2*'A"+25-str1[i]。

8. 参考程序如下：

```
#include "stdio.h"
void main()
{
    char s[81],c;
    int i,num=0,word=0;
    printf("请输入一行英文:\n");
    gets(s);
    for(i=0;(c=s[i])!='\0';i++)
            if(c= =' ') word=0;
            else
                    if(word= =0)
                    {
                            word=1;
                            num++;
                    }
```

```
            printf("本行中共有%d 个单词.\n",num);
    }
```

【解析】用一个标志 word 来进行判断，初值 word=0，对每个字符进行判断，如果是空格就把变量 word 标记为 0，如果不是空格就判断 word 是不是 0（即判断之前有没有空格），如果存在空格单词量加 1，然后复位 word 变量为 0。就这样重复，统计 word 由 0 变 1 的次数，直至句子结束。

9. 参考程序如下：

```
#include<stdio.h>
void fun(int a[])
{
    int i,temp=a[5];
    for(i=5;i>0;i--)
        a[i]=a[i-1];
    a[i]=temp;
    for(i=0;i<=5;i++)
        printf("%d ",a[i]);
    printf("\n");
}
void main()
{
    int a[6]={8,1,4,2,5,6},i;
    for(i=0;i<=5;i++)
        printf("%d ",a[i]);
    printf("\n");
    for(i=0;i<5;i++) fun(a);
}
```

【解析】由题可知数组 a 输出四次，但每次数组的元素内容变化位置的规律是 a[0]a[1]a[2]a[3]a[4]a[5]。

8	1	4	2	5	6
6	8	1	4	2	5
5	6	8	1	4	2
2	5	6	8	1	4

fun 函数中先用中间变量保留最后一个元素值，再将其他元素值往后移动一位，最后将中间值放入第一个元素即可完成移动操作。如此移动三次，就可得到题目所要求输出内容。

10. 参考程序如下：

```
#include   "stdio.h"
#include   "string.h"
void main( )
{
    char string[80];
    int i,j,n,k=1;
    gets(string);
```

```
        n=strlen(string);
        j=n-1;
        for(i=0;i<j;i++,j- -)
        {
            if (string[i]!=string[j])
            {    k=0;
                 break;
            }
        }
        if(k= =1)
            printf("Yes\n");
        else printf ("No\n");
    }
```

　　【解析】求出字符数组的实际长度，设 i 为第一个，j 为最后一个，依次判断第 i 个和第 j 个是否相等，如相等，则 i++,j- -，直至遇见不等则可认定不是回文，若 i，j 相遇时依旧相等则是回文。设立一标志 k 来判断字符串是否是回文。

　　11. 参考程序如下：

```
        #include"stdio.h"
        void main()
    {   int    a[4][4],b[4][4],i,j;
        printf("input 16 numbers: ");
        for(i=0;i<4;i++)
            for(j=0;j<4;j++)
            {    scanf("%d",&a[i][j]);
                b[3-j][i]=a[i][j];
            }
        printf("array b:\n");
        for(i=0;i<4;i++)
        {    for(j=0;j<4;j++)
                 printf("%6d",b[i][j]);
             printf("\n");
        }
    }
```

　　【解析】这是矩阵转置问题，转置前矩阵的行变为转置后矩阵的列，转置前矩阵的列变为转置后矩阵的行，即将原来矩阵 a 的元素 a[i][j]变为转置后矩阵 b 的 b[j][i]。

5.11.8　指针

一、选择题

　　1. A　【解析】在 f(int *p，int *q)函数中，执行 p=p+1 将 p 所对应的地址加 1，而*q=*q+1 是将 q 所指向的 n 的地址所对应的值加 1，即 m 的地址所对应的值不变，而 n 的值为 3。

　　2. D　【解析】考查指针和函数的相关知识，a[3]指向的是数据值为 4 的地址，那么相当于是 p 指向数据值 4 的地址，那么 p[5]指向就是数据值 9 的地址，所以输出 9。

3．D　【解析】在程序中指针变量 p 初始指向 a[3]，执行 p 减 1 后，p 指向 a[2]，语句 y=*p 的作用是把 a[2]的值赋给变量 y，所以输出为 y=3。正确答案为 D)。

4．A　【解析】直接将二维数组 a 赋给 p 不合法，两者类型不匹配。

5．D　【解析】指针 r 所指的位置一直是数组 a 的起始地址即 a［0］的地址，而形参 p 通过传递参数开始也指向 a 数组起始地址，但通过 p=p+3 后指向了 a［3］的地址，所以先打印输出 a［3］中数据"4"，然后返回主函数输出 r 所指 a［0］中数据"1"。

6．A　【解析】语句 p=s 的作用是把字符数组 s 的首地址作为初值赋给了指针变量 p，并且使 p 指向了字符数组 s 的第一个字符 s[0]。

7．D　【解析】本题中调用函数 fun()，可以输出字符串中 ASCII 码值为奇数的字符，字符串"BYTE"中各字符的 ASCII 码分别为 66、89、84 和 69，因此最终输出 YE。

8．D　【解析】定义了一个指向一维数组的指针，该一维数组具有三个 int 型元素，按照 C 语言中二维数组的定义知，二维数组先按照行排列，再按照列排列，故选 D。

9．A　【解析】函数 fun(char *s[]，int n)的功能是对字符串数组的元素按照字符串的长度从小到大排序。在主函数中执行 fun(ss,5)语句后，*ss[]={"xy"，"bcc"，"bbcc"，"aabcc"，"aaaacc"}，ss[0]，ss[4]的输出结果为 xy，aaaacc。所以选项 A)为正确答案。

10．B　【解析】x[5]={1.0,2.0,3.0,4.0,5.0}，说明数组 x 有 5 个元素。下标范围为 0 到 4，选项 B)中 x[5]超过了下标范围，故引用错误。

11．B　【解析】s 指向数组首元素，s+3 表示指针 s 向后移动 3 个位置，即数组的第 4 个元素 a[3]，故选 B。

12．C　【解析】本题中定义了数组 x 和指向数组首元素的指针 p，因此可以用 x［6］的地址或者 p 指针偏移 6 个单位来定位数组下标为 6 的元素。另外，由于数组 x 的元素类型为 double 型，因此输入的格式控制符应为%lf。

13．C　【解析】fun 函数中使用 for 循环语句和 if 条件语句对 m 进行赋值，主函数的功能是将 fun 函数中的 m 返回主调函数并输出。

14．C　【解析】函数 fun(int *s，int n1，int n2)的功能是对数组 s 中的元素进行首尾互相调换。所以在主函数中，当 fun(a,0,3)执行完后，数组 a[12]={4,3,2,1,5,6,7,8,9,0}；再执行 fun(a,4,9)，数组 a[12]={4,3,2,1,0,9,8,7,6,5}；再执行 fun(a,0,9)后，数组 a[12]={5,6,7,8,9,0,1,2,3,4}。所以正确答案为 C)。

15．C　【解析】在函数 fun(char *a，char *b)中，while(*a= ='*')a++的功能是：如果*a 的内容为'*'，则 a 指针向后移动，直到遇到非'*'字符为止，退出循环进入下一个 while 循环，在 while(*b=*a){b++；a++；}中，把字符数组 a 中的字符逐个赋给字符数组 b。所以在主函数中，执行 fun(s，t)语句后，字符数组 t 中的内容为"a*b****"。所以选项 C）为正确答案。

16．A　【解析】a 为一个指针数组，其中的每个元素都是一个指针。该程序的功能是分别打印 4 个字符串的首字母。因此本题答案为 A）。

17．C　【解析】可以将二维数组 str 看成是一个特殊的一维数组，其元素也是一个数组。那么，str[0]为"One*World"，str[1]为"One*Dream!"。

18．D　【解析】"&"是求址运算符，"*"是指变量说明符。选项 A)、B)应改为 scanf("%d",p)；选项 C)中指针变量 p 未指向一确定的内存单元，不能为其赋值，并且这样做很危险，建议不使用。

19. A　【解析】本题综合考查字符数组的赋值和 strcpy 函数的用法。C 语言不允许用赋值表达式对字符数组赋值，如下面的语句就是非法的:str1="China"，　如果想把"China"这 5 个字符放到数组 str1 中，除了逐个输入外，还能使用 strcpy 函数，该函数的功能是将一个字符串复制到一字符数组中。例如:strcpy(str1,"China")或 strcpy(str1,str2);注意，不能企图用以下语句来实行赋值(将 str2 的值传给 str1):str1=str2;不能用赋值语句将一个字符串常量或字符数组直接赋值给一个字符数组。

strcpy 函数的结构是:strcpy(字符数组 1,字符串 2)

　　其中，需要注意的是，字符数组 1 的长度不应小于字符串 2 的长度，"字符数组 1"必须写成数组名形式，如(str1),"字符串 2"可以是字符数组名，也可以是字符串常量，不能用赋值语句将一个字符串常量或字符数组直接给一个字符数组。

20. A　【解析】本题考查的是指针变量的赋值。题目中各变量定义后，指针变量 p 指向了变量 n2 所在的存储单元，指针变量 q 指向了变量 n1 所在的存储单元，要使得 n1 的值赋给 n2，可用指针变量 q 所指向的存储单元的值赋给指针变量 p 所指向的存储单元，即*p=*q。

21. B　【解析】本题考查的是指针作为函数的参数和函数的调用。题目中定义了一个指针变量作为函数 f()的形参。主函数 main()中调用 f()函数，当 i=0 时，执行语句(*q)++，此处*q 代表的就是数组元素 a[0]的值，即将 1 进行加 1 操作;当 i=1 时，q 仍指向数组元素 a[0]的地址，因为在函数 f()中并未对指针变量 q 作任何变动，也即*q 仍代表了数组元素 a[0]的值，所以此次(*q)++即 2+1，所以 a[0]的值变为 3;……直到 i=4 时，执行(*q)++（即 5+1）后 a[0]的值变为 6。所以最后的输出结果为：6,2,3,4,5,。

22. C　【解析】本题考查了二维数组元素引用的方法。题中用动态存储分配函数 malloc 分配了一个 int 型数据长度大小的内存，然后指针 p 指向了这段内存，函数 f()中对 p 所指向的数据进行了赋值，p[1][1]为二维数组第二行第二列的元素，对应于实参 a 的元素 9，所以输出结果为 9。

23. D　【解析】该程序中 f 函数的功能是交换两个位置字符的值，f 函数共调用 3 次，依次更改了字符串中 1 和 o、e 和 m、w 和 e 的值，因此更改后的字符串的值是 emoclew。

24. A　【解析】表达式*b=*a 是将 a 所指的字符赋给 b 所指的空间，然后，指针 a 和 b 依次后移，直到到达指针 a 所指字符串的结尾。

25. C　【解析】本题考查两个知识点:strlen 函数的功能是求字符串的长度，并返回字符个数，不计最后的'\0', strcpy 函数的功能是把后面的字符串复制到前面字符串所指向的空间。

二、填空题

1. 2　2468　【解析】在主函数中根据整型数组 x[]的定义可知，x[1]的初值等于 2。在 for 循环语句中，当 i=0 时，p[0]=&x[1]，p[0][0]=2；当 i=1 时，p[1]=&x[3]，p[1][0]=4；当 i=2 时，p[2]=&x[5]，p[2][0]=6；当 i=3 时，p[3]=&x[7]，p[3][0]=8。所以程序输出的结果为 2 4 6 8。

2. 4　【解析】在主函数中，语句 p=a; p++使用指针 p 指向数组 a[1]，所以输出结果为 4。

3. 9911　【解析】由 switch 语句的用法可知，case 3 的语句执行了一次，case 2 的语句执行了两次。

4. 135　【解析】当 i=0 时，k[0]=&a[0]；当 i=1 时，k[1]=&a[2]；当 i=2 时，k[2]=&a[4]，则打印结果为 135。

5. *s　【解析】因为题目中有 if(*p>*s) s=p;语句，可知如果 p 所指的元素的值比 s 所指的元素的值大，就把指针 p 的地址赋予指针 s，即 s 指向当前值最大的元素，所以最后应该输出的元素的值为*s。

6．3　【解析】fun 函数中 while 循环语句得到变量 j 的值，当 s[j]=4 时跳出循环，此时 j=3，并返回给主调函数。

7．Fabcde　【解析】在函数 fun 中，先求出字符串 str 的长度，并将最后一个字符暂存到 temp 中，然后使用循环语句将所有字符向右移动一个位置，最后将 temp 中的字符放到字符串的第 1 个位置，所以结果为 fabcde。

8．p　【解析】s 指向当前最大的元素，当*p>*s 时，表示当前 p 所指向的那个元素比 s 指向的元素大，则 s 应该记录当前最大的元素的地址。

9．2　【解析】本题中 f 函数的功能是返回指针 p 与指针 q 所指的元素中较大的那个元素的地址，从函数调用可知，在参数传递过程中变量 m 的地址传给了指针 p，变量 n 的地址传给了指针 q，因为 n 的值 2 大于 m 的值 1，所以返回的是变量 n 的地址。在主函数中用来接收 f 函数返回值的变量是指针型变量 r，所以 r 就变成了变量 n 的地址，所以*r 即为 2。

10．*pmax=*px　【解析】首先将变量 x 的值放到 max 中，然后依次和变量 y、z 进行比较。若有比 max 大的数，将该数存放到 max 中，这样最后在 max 中的值就是 x、y、z 中的最大值。

11．*s-*t　【解析】两字符串大小比较必须从它们的首字符开始，在对应字符相等情况下循环，直至不相等结束。相等时，若字符串已到了字符串的结束标记符，则两字符串相同，函数返回 0 值；如还有后继字符，则准备比较下一对字符。对应字符不相同，循环结束。循环结束时，就以两个当前字符的差返回，所以在空框处应填入*s-*t，保证在 s＞t 时，返回正值，当 s＜t 时，返回负值。

12．字符串 a 和 b 的长度之和　【解析】本题首先通过第一个 while 循环计算字符串 a 的长度，再通过第二个循环，将字符串 a 和 b 相连，最后返回连接后的总长度。

13．*(str+i)　【解析】str 是指针变量，它指向字符型数据，在循环过程中，可以用 *(str+i) 来访问字符串中的第 i 个元素，判断是否为结束标志，如果不是，i=i+1，继续取下一个元素进行判断，直到 *(str+i)的值为'\0'为止，也可以用下标的方式引用字符，如*(str+i)相当于 str[i]。

14．efgh　【解析】程序从 main 函数开始执行，首先执行的函数是 str=fun(str);，由程序可知 str="abcdefgh"，传递到 char* t,char *p=t;指向 char 的指针 p 包含的是 t 的首地址 str[0]，由 p+strlen(t)/2; 可知 t 的长度是 8 除以 2 等于 4，因此 p+strlen(t)/2 就是 str[4] 即 e 字符那个位置，输出结果为 efgh。

15．字符串 a 和 b 的长度之和　【解析】本题首先通过第一个 while 循环计算字符串 a 的长度，再通过第二个循环，将字符串 a 和 b 相连，最后返回连接后的总长度。

三、程序设计

1．参考程序如下：

```
#include <stdio.h>
#define N 10
float fun(float a[], int n, float *pmin, float *pmax)
{
        int i; float s=0;
        *pmin=*pmax=a[0];
```

```
        for(i=1;i<n;i++)
        {
            if(a[i]<*pmin) *pmin=a[i];
            if(a[i]>*pmax) *pmax=a[i];
            s+=a[i];
        }
        return s/n;
    }
    void main()
    {
        int i;
        float score[N], min, max, average;
        for(i=0;i<N;i++) scanf("%f ",score+i);
        average=fun(score,N,&min,&max);
        printf("min=%.1f max=%.1f average=%.1f\n",min,max,average);
    }
```

【解析】最高分和最低分通过形参传回主调函数，意味着主调函数必须定义好相关变量，并将地址传给被调函数，在被调函数中通过指针修改主调函数中相关变量的值。

2．参考程序如下：

```
    #include <stdio.h>
    #define N 80
    void fun(char *s, char c)
    {
        char *p=s;
        while(*s)
        {
            if(*s!=c) {*p=*s; p++;}
            s++;
        }
        *p=0;
    }
    void main()
    {
        char str[N], ch;
        gets(str); ch=getchar();
        fun(str,ch);
        puts(str);
    }
```

【解析】在原字符串上进行删除操作时，需要使用两个指针，一个指针用来遍历原字符串，即上述程序 fun 函数中的 s，另个指针用来指向删除后的剩余串，即 fun 函数中的 p。不要删除的字符需要从 s 所指位置复制到 p 所指位置，碰到需要删除的字符则只需要往后移动 s 而保持 p 的位置不变就行了。

3．参考程序如下：

```
    #include <stdio.h>
```

```
#define N 80
char *strcat(char *s, char *t)
{
    char *p=s;
    while(*p) p++;
    while(*t) *p++=*t++;
    *p=0;
    return s;
}
int main(void)
{
    char s1[N], s2[N];
    gets(s1); gets(s2);
    puts(strcat(s1,s2));
    return 0;
}
```

　　【解析】要将字符串 t 复制到 s 的末端，首先要遍历字符串 s，将指针 p 从 s 的首字符移动到 s 末尾空字符的位置，然后在遍历字符串 t 的同时，将 t 中的字符一个一个复制到 p 所指的位置，并将 p 后移即可，最后别忘了在合并好的字符串末尾添上空字符作为字符串结束标记。程序中的"*p++=*t++"等价于"*p=*t,p++,t++"，即先将 t 所指字符复制到 p 的位置，然后 p 和 t 同时后移。

　　4. 参考程序如下：

```
#include <stdio.h>
#define N 80
int fun(char *s)
{
    int x=0;
    while(*s)
    {
        if(*s>='0'&&*s<='9')
            x=x*10+*s-'0';
        s++;
    }
    return x;
}
void main()
{
    char str[N]; int y;
    gets(str);
    y=fun(str);
    printf("%d\n",y);
}
```

　　【解析】遍历整个字符串时，将满足条件的数字字符直接减去字符'0'即得到这个字符对应的整数值，然后按照要求将这个十进位上的整数值累加到最终的整数中。因为是按原顺序排列，每碰到一个数字，则将前面的结果往高位推一位，也就是将前面的结果乘以 10 再加上当前数字值。

5．参考程序如下：

```c
#include <stdio.h>
#include <string.h>
#define M 5
#define N 80
void fun(char *q[],int m)
{
    int i,j,min;
    char *t;
    for(i=0;i<m-1;i++)
    {
        min=i;
        for(j=i+1;j<m;j++)
            if(strcmp(q[j],q[min])<0) min=j;
        if(min!=j)
        {
            t=q[i];
            q[i]=q[min];
            q[min]=t;
        }
    }
}
void main()
{
    char str[M][N], *p[M]; int i;
    for(i=0;i<M;i++) p[i]=str[i];
    for(i=0;i<M;i++) gets(p[i]);
    fun(p,M);
    for(i=0;i<M;i++) puts(p[i]);
}
```

【解析】因为要求不能改变原始二维字符数组，也就是排序操作不影响所有字符串的存放位置，仅仅是通过改变指针数组的指向来确定顺序。初始时，将指针数组按顺序依次指向二维字符数组的每行字符串的首字符，然后通过任意一种排序方式（这里用的是简单选择排序算法）改变这个指针数组中指针的指向，使其第一个指针指向最小字符串，第二个指向第二小的字符串，以此类推，这样做的好处是排序操作不会产生大量的移动操作。

6．参考程序如下：

```c
#include <stdio.h>
#include <stdlib.h>
float fun(float *a,int m)
{
    int i; float sum=0;
    for(i=0;i<m;i++)
```

```
                sum+=*(a+i);
            return sum/m;
        }
        void main()
        {
            int i, n;
            float *pscore;
            scanf("%d",&n);
            pscore=(float *)calloc(n,sizeof(float));
            if(pscore= =NULL)
            {
                printf("内存不足!\n");
                exit(1);
            }
            for(i=0;i<n;i++) scanf("%f ",pscore+i);
            printf("平均分=%.1f\n",fun(pscore,n));
            free(pscore);
        }
```

【解析】由于 n 在运行时才能确定，因此需要使用动态内存分配。待获得 n 值后，使用 calloc 函数分配 n 个连续的 float 数据类型空间，用于存放 n 个成绩，需要注意的是，在分配后需要判断是否分配成功，同时在用完之后使用 free 函数释放该片内存。

5.11.9　结构体、共用体与枚举

一、选择题

1．A　【解析】本题考查的是 typedef 的用法和结构体变量的定义方法。typedef 可用于声明结构体类型，其格式为"typedef struct {结构元素定义}结构类型；"。本题正确答案为 A）。

2．B　【解析】本题中，typedef 声明新的类型名 PER 来代替已有的类型名，PER 代表上面指定的一个结构体类型，此时，也可以用 PER 来定义变量。

3．B　【解析】此题考察的是结构体的定义方式。S 是我们定义的结构体的名字，在题目中顺便将 T 定义为 struct S 类型，即 T 被定义为一个类型名。这样就可以用 T 来定义说明新的变量了。在此 S 与 T 都不是变量的名称。

4．B　【解析】定义结构体变量有三种方式：①先声明结构体类型，再定义变量名，如选项 A）所示；②在声明类型的同时定义变量，如选项 C）所示；③直接定义结构体类型变量，如选项 D）所示。

5．D　【解析】本题中定义了一个结构体数组 data[2]，其中 data[0].a=10,data[0].b=100，data[1].a=20，data[1].b=200。在 main 函数中结构体数组的第 2 个元素 data[1]赋值给 p，即 p 指向结构体数组的第 2 个元素，因此 p.a 的值为 20，进行自加运算后结果为 21。

6．D　【解析】在主函数中，通过 a=f(a)实现函数调用，所以输出的结构体变量相应变为 1002，ChangRong,1202.0。

7．C　【解析】字符串赋值不能通过指针来简单赋值。结构体可以进行整体的赋值。

8．D　【解析】结构体 structure workers 中的成员 s 是结构体类型，给 w 中成员 year 赋值的语句是 w.s.year=1980，故选 D。

9. D 【解析】结构体 structure workers 中的成员 s 是结构体类型，给 w 中成员 year 赋值的语句是 w.s.year=1980，故选 D。

10. A 【解析】本题考查的是结构体知识和函数调用的参数传递知识点。通过函数调用把主函数中 c 变量的所有数据传给了子函数中的形参 a，在子函数中将 b 中的数据均复制到了 a 中，所以返回 a 的值给 d，使得 d 的值为 zhao，m,85,90。但是主函数中 c 变量的值没有任何变化，所以选择 A）。

11. A 【解析】本题考查的是函数调用时的参数传递问题。程序在调用函数 f 时，传给函数 f 的参数只是结构变量 c 在栈中的一个复制，函数 f 所做的所有操作只是针对这个数据复制进行的修改，这些都不会影响变量 c 的值。

12. B 【解析】本题的考查点是结构体变量的定义。
定义一个结构体类型的变量，可采用三种方法：
（1）先定义结构体类型再定义变量；
（2）在定义类型的同时定义变量；
（3）直接定义结构体类型变量，即不出现结构体名。
选项 B 符合第三种定义方法。

13. B 【解析】定义结构体变量有三种方式：①先声明结构体类型，再定义变量名，如选项 A）所示；②在声明类型的同时定义变量，如选项 C）所示；③直接定义结构体类型变量，如选项 D）所示。

14. C 【解析】结构体变量中的第一成员都是数组，不能直接将变量 t1 的成员 mark 数组的地址赋给另一个变量 t2 的成员 mark 数组的地址。因为地址都是固定值，不能被赋值。结构体可以进行整体的赋值。

15. C 【解析】->的运算优先级比++高，此时，pt->x=10，执行自加运算后为 11。

16. C 【解析】本题主要考查了结构体变量引用成员数据的方法，主要有以下两种：结构体变量名.成员名或结构体指针->成员名。

17. B 【解析】选项 B 需要强制转换数据类型，应该为(struct complex){2,6};。

18. C 【解析】数组名的值即为数组首地址，所以 p->y 可得第一个元素的 y 值，(++p)->x 可得第二个元素的 x 值。

19. A 【解析】本题考查的是结构体成员的引用。在主函数 main() 中定义了一个整型变量 i 和一个结构体变量 s。f() 函数中，通过指针 a 来引用数组中的元素；通过 for 循环语句将数组中除最后一个元素外的其他元素（由条件 i<n-1 决定的）分别加上由 0 开始的递增数据（即 0、1、2…8)，所以最后的输出结果为 2,4,3,9,12,12,11,11,18,9,。

20. A 【解析】本题考查的是结构体成员的引用。在主函数 main() 中定义了一个整型变量 i 和一个结构体变量 s。f() 函数中，定义了一个结构体类型的指针 p，外层循环变量 i 表示数组的第 i 个元素，内层循环变量 j 表示数组的第 i+1 个元素，调用 f() 函数，通过指针变量 p 来引用结构体成员。执行 if 语句，当 p->a[i]>p->a[j] 时进行互换，其作用就是从小到大进行排序，最后将排序后的元素输出：1,2,3,4,5,6,7,8,9,10,。

21. B 【解析】本题考查的是结构体。本程序将结构体数组 s 的首地址传递给了结构体指针变量 p，并在函数 f 中改变了指针变量 p 所指向的第二个结构体中的成员变量，这一改变，也就是改变了主函数中 s[1] 的成员变量，故程序输出的值为 Penghua 20045 537。

22. D 【解析】本题中定义了一个结构体数组 dt [2]，其中 dt [0] .x=1, dt [0] .y=2,

dt［1］.x=3，dt［1］.y=4。在 main 函数中指针 p 指向了结构体数组的第一个元素，因此 p->x 值为 1，p->y 值为 2，自加运算的结果分别为 2 和 3。

23. B　【解析】p->x 初始时为 1，因为"->"的优先级大于"++"，所以先计算 p->x 的值加 1 等于 2 并输出，再计算 p->y 的值加 1 等于 3 并输出。因此，本题答案为 B）。

24. B　【解析】p 指向 a 的第一个元素，所以 p->n 的值为 2，p->next 指向 x+1，即指向 a 的第二个元素，所以 p->next->n 为 4。

25. B　【解析】本题中定义了一个结构体数组 dt[2]，其中 dt[0].x=11，dt[0].y=12，dt[1].x=13，dt[1].y=14。在 main 函数中指针 p 指向了结构体数组的第一个元素，因此 p->x 值为 11，p->y 值为 12，自加运算的结果分别为 12 和 13。

26. D　【解析】要将结点 b 从链表中删除，应先将 a 的指针域指向 b 结点的下一个结点，即 p->next=q->next，然后释放指针 q 的空间。

二、填空题

1. person[i].sex　【解析】在函数 fun(SS person[])中对 person[]的性别进行判断，所以其正确的调用格式为 person[i]. sex。

2. 1001,ChangRong,1098.0　【解析】此题考的是结构体用法。函数 f 的功能为将结构体的第二个变量修改为 ChangRong。主函数为运行 f 函数后，将结构体输出。

3. &p.ID　【解析】结构体成员的引用通过符号"."来表示，通过 scanf 语句对变量进行赋值时，要用取地址符&。

4. 16　【解析】主函数中，通过 funl( )函数将 a 值传递给 x，但没有把形参 x 的值返回，此时变量 a 的值并没有发生变化，所以输出 a.num 的值为 16。

5. ex　【解析】考查了结构体变量的存储分配结构。结构体类型数据，其数据成员各自占据不同的存储空间，整个结构体变量所占存储单元的字节数为每一个数据成员所占的存储空间的和。

6. 20041 703　【解析】结构成员引用的"."运算符有最高优先级，嵌套结构成员的引用是从右向左进行的。

7. 11　【解析】本题的考查点是结构体变量的初始化。该题是对外部存储类型的结构体变量进行初始化。初始化后，x 的值为 10，y 的值为 100。++(p->x)中首先 p->x 是把 p 指向结构体变量 s 中的 x 成员，此时++(p->x)就相当于++x，这时 x 先自增，再使用，所以此时 x 的值为 11。

8. struct node *　【解析】本题中的结构类型名为 struct node，所以空白处应填:struct node *，即定义一个指向自身的结构体指针。

9. p=p->next　【解析】打印完一个链表结点的数据域中的数据域后，用 p=p->next 使链表指针指向下一个链表结点。

三、程序设计题

1. 参考程序如下：

```
#include <stdio.h>
#define    N    16
typedef  struct
{  char   num[10];
    int    s;
```

```
} STREC;
int   fun( STREC   *a, STREC *b )
{
  int i,j=0,max=a[0].s;
/*找出最大值*/
for(i=0;i<N;i++)
   if(max<a[i].s) max=a[i].s;
for(i=0;i<N;i++)
if(max= =a[i].s)
b[j++]=a[i] /*找出成绩与 max 相等的学生的记录,存入结构体 b 中*/
return j; /*返回最高成绩的学生人数*/
}

void main()
{   STREC   s[N]={{"GA05",85},{"GA03",76},{"GA02",69},{"GA04",85},
        {"GA01",91},{"GA07",72},{"GA08",64},{"GA06",87},
        {"GA015",85},{"GA013",91},{"GA012",64},{"GA014",91},
        {"GA011",77},{"GA017",64},{"GA018",64},{"GA016",72}};
    STREC   h[N];
    int   i,n;
    n=fun( s,h );
    printf("The %d highest score :\n",n);
    for(i=0;i<n; i++)
       printf("%s   %4d\n",h[i].num,h[i].s);
    printf("\n");
}
```

2．参考程序如下：

```
#define N 5
struct student
{ char num[6];
char name[8];
int score[4];
} stu[N];
input(stu)
struct student stu[];
{ int i,j;
for(i=0;i { printf("\n please input %d of %d\n",i+1,N);
printf("num: ");
scanf("%s",stu[i].num);
printf("name: ");
scanf("%s",stu[i].name);
for(j=0;j<3;j++)
{ printf("score %d.",j+1);
scanf("%d",&stu[i].score[j]);
}
printf("\n");
```

```
}
}
print(stu)
struct student stu[];
{ int i,j;
printf("\nNo. Name Sco1 Sco2 Sco3\n");
for(i=0;i{ printf("%-6s%-10s",stu[i].num,stu[i].name);
for(j=0;j<3;j++)
printf("%-8d",stu[i].score[j]);
printf("\n");
}
}
void main()
{
input();
print();
}
```

3. 参考程序如下：

```
#include<stdio.h>
    struct    teacher
    { char    name[8];
      char sex;
      int    age;
      char    department[20];
      float    salary;
    };
    struct    teacher    tea[2]= {{"Mary ", 'W',40, "Computer" , 1234 },{"Andy ", 'M',55, "English" , 1834}} ;
    void main()
    {   int i;
        struct teacher    *p;
        for( i=0;i<2;i++)
        printf("%s,\t%c,\t%d,\t%s,\t%f", tea[i].name,tea[i].sex,tea[i].age,tea[i].department,tea[i].salary);
         for(p=tea;p<tea+2;p++)
         printf("%s,\t%c,\t%d,\t%s,\t%f", p->name, p->sex, p->age, p->department, p->salary);
    }
```

4. 参考程序如下：

```
#include<stdio.h>
struct
{int year;
 int month;
 int day;
}date;
void main()
{int days;
  printf("Input    year,month,day: ");
```

```
        scanf("%d,%D,%d",&date.year,&date.month,&date.day);
        switch(date.month)
            {case 1: days=date.day;              break;
            case 2: days=date.day+31;            break;
            case 3: days=date.day+59;            break;
            case 4: days=date.day+90;            break;
            case 5: days=date.day+120;           break;
            case 6: days=date.day+31;            break;
            case 7: days=date.day+181;           break;
            case 8: days=date.day+212;           break;
            case 9: days=date.day+243;           break;
            case 10: days=date.day+273;          break;
            case 11: days=date.day+304;          break;
            case 12: days=date.day+334;          break;
            }
        if((date.year%4= =0&&date.year%100!=0||date.year%400= =0)&&date.month>=3)
            days+=1;
        printf("\n%d/%d is the %dth day in%d.",date.month,date.day,days,date.year);
        }
```

5. 参考程序如下：

```
#include<stdio.h>
#include<string.h>
/*手机通讯录结构定义*/
struct friends_list{
    char name[10];          /* 姓名 */
    int age;                /* 年龄 */
    char telephone[13];     /* 联系电话 */
};

int Count = 0;              /* 定义全局变量 Count,记录当前联系人总数 */
void new_friend(struct friends_list friends[ ] );
void search_friend(struct friends_list friends[ ], char *name);

voit main()
{
    int choice;
    char name[10];
    struct friends_list friends[50];    /* 包含 50 个人的通讯录 */

    do{
        printf("手机通讯录功能选项:1:新建  2:查询  0:退出\n");
        printf("请选择功能:");
        scanf("%d", &choice);
        switch(choice){
        case 1:
                new_friend(friends);
```

```
                    break;
                case 2:
                    printf("请输入要查找的联系人名:");
                    scanf("%s", name);
                    search_friend(friends, name);
                    break;
                case 0: break;
            }
        }while(choice != 0);
        printf("谢谢使用通讯录功能!\n");

        return 0;
    }


/*新建联系人*/
void new_friend(struct friends_list friends[ ])
{
    struct friends_list f;

    if(Count == 50){
        printf("通讯录已满!\n");
        return;
    }
    printf("请输入新联系人的姓名:");
    scanf("%s", f.name);
    printf("请输入新联系人的年龄:");
    scanf("%d", &f.age);
    printf("请输入新联系人的联系电话:");
    scanf("%s", f.telephone);
    friends[Count] = f;
    Count++;
}

/*查询联系人*/
void search_friend(struct friends_list friends[ ], char *name)
{
    int i, flag = 0;

    if(Count == 0){
        printf("通讯录是空的!\n");
        return;
    }
    for(i = 0; i < Count; i++)
        if(strcmp(name,friends[i].name) == 0){    /* 找到联系人*/
            flag=1;
            break;
        }
```

```
        if(flag){
            printf("姓名: %s\t", friends[i].name);
            printf("年龄: %d\t", friends[i].age);
            printf("电话: %s\n", friends[i].telephone);
        }
        else
            printf("无此联系人!");
    }
```

6. 参考程序如下:

```
#include<stdio.h>
#include<stdlib.h>
#define  NULL  0
#define  LEN  sizeof(struct  teacher)
struct  teacher
    {int  no;
     char  name[8];
     float  wage;
     struct  teacher * next;
    };
int n;
struct  teacher  *creat(void)
{ struct  teacher  *head;
  struct  teacher *p1,*p2;
  n=0;
  p1=p2= (struct  teacher *)malloc(LEN);
  scanf("%d%s%f",&p1->no,p1->name, &p1->wage);
  head=NULL;
  while(p1->no!=0)
  { n=n+1;
    if(n= =1) head=p1;
    else p2->next=p1;
    p2=p1;
    p1=( struct  teacher *)malloc(LEN);
    scanf("%d%s%f",&p1->no,p1->name, &p1->wage);
  }
  p2->next=NULL;
  return(head);
}
  void  print(struct  teacher  *head)
  { struct  teacher *p;
    p=head;
    if (head!=NULL)
      do{
```

```
            printf("%d\t%s\t%f\n", p->no, p->name, p->wage);
            p=p->next;
        } while(p!=NULL);
    }
```

5.11.10　文件

一、选择题

1．C　【解析】文件由数据序列组成，可以构成二进制文件，也可以构成文本文件。

2．B　【解析】本题中用"w"方式打开文件，只能向文件写数据。如果原来不存在该文件，则新创建一个以指定名字命名的文件；如果已存在该文件，则把原文件删除后重新建立一个新文件，而不是把内容追加到原文件后。

3．B　【解析】getchar 函数的作用是从终端读入一个字符。

4．C　【解析】"w"表示建立一个供写入的文件。如果文件不存在，系统将用在 fopen 调用中指定的文件名建立一个新文件，如果指定的文件已存在，则将从文件的起始位置开始写入，文件中原有的内容将全部消失。

5．C　【解析】首先打开文件写入字符串"abc"，然后关闭文件，再打开时文件指针定位到了最后，写入"28"，然后重定位位置指针到开始，读取字符串为"abc28"。

6．B　【解析】该题目考查文件相关知识。"wb+"用于打开或建立二进制文件并允许对其进行读和写操作。文件操作先写入了 s2，然后将文件指针移动到文件夹，再写入 s1，这样 s1 就会覆盖掉一部分 s2 的内容。

7．B　【解析】在函数中首先把整型数组 a[10]中的每个元素写入文件 d1.dat 中，然后再次打开这个文件，把文件 d1.dat 中的内容读入到整型变量 n 中，最后输出变量 n 的值。所以正确答案为 B）。

8．C　【解析】考查文件的相关操作，本题中，依次向 d2.dat 文件中写入数字 1、2、3、4、5、6，然后关闭后打开，每次读两个数出来，循环执行完后，k 为 5，n 为 6，所以结果为5,6。

9．D　【解析】本题考查的是文件的综合应用。本题首先以创建方式打开文件"d2.dat"，两次调用 fprintf()函数把 a[0],a[1],a[2],a[3],a[4],a[5]的值写到文件"d2.dat"中，文件"d2.dat"的内容为：1,2,3<回车>4,5,6。然后把该文件关闭再以只读方式打开，文件位置指针指向文件头，再通过 fscanf()函数从中读取两个整数到 k 和 n 中，由于格式符之间无间隔，因此输入数据可以用回车隔开，故输入的 k 的值为 123，n 的值为 456。

10．A　【解析】首先利用 fwrite 函数将数组 a 中的数据写到文件中，接着 fseek 函数的功能是读文件的位置，指针从文件头向后移动 3 个 int 型数据，这时文件位置指针指向的是文件中的第 4 个 int 数据"4"，然后 fread 函数将文件 fp 中的后 3 个数据 4,5,6 读到数组 a 中，这样就覆盖了数组中原来的前 3 项数据。最后数组中的数据就成了{4,5,6,4,5,6}。

11．C　【解析】本题综合考查了输入函数的使用。scanf 函数会将空格视为分隔符，getchar 函数只能输入单个字符，getc 函数是文件操作函数，显然都不符合题意。通过 gets 函数输入字符串时，输入的空格被认为是字符串的一个字符。

二、填空题

1．"filea.dat","r"　【解析】fopen 函数的调用方式通常为 fopen(文件名，使用文件方式)。

本题中要求程序可以打开 filea.dat 文件，并且读取文件中的内容。所以空白处应当填入 "filea.dat", "r"。

2．NULL   【解析】本题考查 fopen 函数的用法。若 fopen 不能实现打开任务时，函数会带回一个出错信息，出错原因可能是磁盘出现故障，磁盘无法建立新文件等，此时 fopen 函数将带回一个空指针 NULL。因此通过判断返回值是否为 NULL 即可判断是否读取文件正确。

3．123456   【解析】本题中 fwrite 函数向目标文件指针 fp 指向的文件 test.dat 中写入 3 个 int 数据，即 123。rewind 函数将文件内部的位置指针重新指向文件的开头。fread 函数将从 fp 所指文件中读取 3 个 int 数据到 x 指向的地址，因此数组 x 的元素没有变化。

4．FILE   f.txt   【解析】【1】空处需要定义文件指针，定义文件指针的格式为： FILE * 变量名。【2】空处考查 fopen()函数，该函数的格式为：fp=fopen（文件名，使用文件方式）;，此处应填入文件名即 f.txt。

5．"filea.dat", "r"   !feof   【解析】考查对文件的操作。fopen 函数的调用方式通常为 fopen(文件名,使用文件方式)。本题中要求程序可以打开 filea.dat 文件，并且是要读取文件中的内容，所以空白处应当填入 "filea.dat","r"。在 while 循环体中判断是否到文件结尾，所以空白处应填入!feof。

6．Chinang   【解析】该题目考查文件相关知识。"wb+"用于打开或建立二进制文件并允许对其进行读和写操作。文件操作先写入了 s2，然后将文件指针移动到文件夹，再写入 s1，这样 s1 就会覆盖掉一部分 s2 的内容。

7．"a"   【解析】本题考查的是文件操作的简单应用。文件常用打开方式"a"的作用是以追加方式打开文件，并把指针移动到文件末尾，向文本文件尾增加数据。

8．1230012300   【解析】本题考查文件读写函数 fread 和 fwrite 的用法。fwrite 函数将数组 a 的前 5 个元素输出到文件 fp 中两次，共 10 个字节，再调用 fread 函数从文件 fp 中读取这 10 个字节的数据到数组 a 中，此时数组 a 的内容就变为{1,2,3,0,0,1,2,3,0,0}，最后的输出结果为"1230012300"。

9．Hell   【解析】fgets()函数是用来从文件中读入字符串，调用形式如下：fgets(str,n,fp);，其中 str 是存放字符串的起始地址，n 是一个整型变量，fp 是文件指针。该函数的功能是从 fp 指向的文件中读入 n-1 个字符放入以 str 为起始的地址单元中。因此根据程序中语句 fgets(str,5,fr);可得出输出结果为 Hell。

10．fseek（文件指针，位移量，起始点）   【解析】本题考查函数 fseek 的用法。fseek 函数的调用形式为

fseek（文件指针，位移量，起始点） "起始点"用 0,1 或 2 代替，其中，0 代表"文件开始"；1 为"当前位置"；2 为"文件末尾"。"位移量"指以"起始点"为基点，向前移动的字节数。ANSI C 和大多数 C 版本要求位移量是 long 型数据，这样当文件的长度大于 64k 时不致出现问题。ANSI C 标准规定在数字的末尾加一个字母 L，就表示 long 型。

三、程序设计题

1．参考程序如下：

```
#include <stdio.h>
#include <string.h>
#include<stdlib.h>
main( )
```

```
{FILE *fp;
 char msg[ ]= "this is a test";
 char buf[20];
 if((fp=fopen("abc","w+"))= =NULL)
 {printf("不能建立 abc 文件\n");
  exit(0);
 }
fwrite(msg,strlen(msg)+1,1,fp);
fseek(fp,SEEK_SET,0);
fread(buf,strlen(msg)+1,1,fp);
printf("%s\n",buf);
fclose(fp);
 }
```

2. 参考程序如下：

```
#include<stdio.h>
  struct student
  {char num[10];
 char name[8];
 int score[3];
 float ave;
}stu[5];
main()
{int i,j,sum;
 FILE *fp;
 for(i=0;i<5;i++)
  {printf("\n input score of student%d:\n",i+1);
   printf("NO.:");
   scanf("%s",stu[i].num);
   printf("name:");
   scanf("%s",stu[i].name);
   sum=0;
   for(j=0;j<3;j++)
     {printf("score %d :",j+1);
      scanf("%d",&stu[i].score[j]);
      sum+=stu[i].score[j];
     }
      stu[i].ave=sum/3.0;
  }
 fp=fopen("stud","w");
 for(i=0;i<5;i++)
  if(fwrite(&stu[i],sizeof(struct student),1,fp)!=1)
     printf("File write error\n");
 fclose(fp);
 fp=fopen("stud","r");
 for(i=0;i<5;i++)
 {fread(&stu[i],sizeof(struct student),1,fp);
```

```
      printf("%s,%s,%d,%d,%d,%6.2f\n",stu[i].num,stu[i].name,stu[i].score[0], stu[i].score[1], stu[i].score[2] ,stu[i].ave);
      }
}
```

3．参考程序如下：

```
#include <stdio.h>
#include<stdlib.h>
#define N 10
    struct student
    {char num[10];
char name[8];
int score[3];
float ave;
}st[N],temp;
void main()
{
FILE *fp;
int i,j,n;
if((fp=fopen("stud","r"))= =NULL)
{printf("can not open the file");
exit(0);
}
printf("\n file 'stud':");
for(i=0;fread(&st[i],sizeof(struct student),1,fp)!=0;i++)
  {printf("\n%8s%8s",st[i].num,st[i].name);
    for(j=0;j<3;j++)
      printf("%8d",st[i].score[j]);
printf("%10.f",st[i].ave);
fclose(fp);
n=i;
}
for(i=0;i<n;i++)
  for(j=i+1;j<n;j++)
  if(st[i].ave<st[j].ave)
    {temp=st[i];
      st[i]=st[j];
      st[j]=temp;
}
printf("\nnow:");
fp=fopen("stu-sort","w");
for(i=0;i<n;i++)
  {fwrite(&st[i],sizeof(struct student),1,fp);
    printf("\n%8s%8s",st[i].num,st[i].name);
    for(j=0;j<3;j++)
    printf("%8d",st[i].score[j]);
  printf("%10.2f",st[i].ave);
      fclose(fp);
```

```
            }
        }
```

4. 参考程序如下：

```
#include <stdio.h>
#include<stdlib.h>
struct student
{char num[10];
 char name[8];
 int score[3];
 float ave;
}st[10],s;
main()
{
    FILE   *fp, * fp1;
    int i,j,t,n;
    printf("\n NO.:");
    scanf("%s",s.num);
    printf("name:");
    scanf("%s",s.name);
    printf("score1,score2,score3:");
    scanf("%d,%d,%d",&s.score[0], &s.score[1], &s.score[2]);
    s.ave=(s.score[0]+s.score[1]+s.score[2])/3.0;
    if((fp=fopen("stu_sort","r"))= =NULL)
    {printf("can    not open file.");
     exit(0);
    }
    printf("original data:\n");
    for(i=0;fread(&st[i],sizeof(struct student),1,fp)!=0;i++)
    { printf("\n%8s%8s",st[i].num,st[i].name);
       for(j=0;j<3;j++)
           printf("%8d",st[i].score[j]);
         printf("%10.2f",st[i].ave);
    }
    n=i;
    for(t=0;st[t].ave>s.ave&&t<n;t++);
    printf("\nnow:\n");
    fp1=fopen("sort1.dat","w");
    for(i=0;i<t;i++)
     {fwrite(&st[i],sizeof(struct student),1,fp1);
      printf("\n%8s%8s",st[i].num,st[i].name);
      for(j=0;j<3;j++)
          printf("%8d",st[i].score[j]);
      printf("%10.2f",st[i].ave);
     }
    fwrite(&s,sizeof(struct student),1,fp1);
    printf("\n%8s%7s%7d%7d%7d%10.2f",s.num,s.name,s.score[0],s.score[1],s.score[2],s.ave);
```

```
       for(i=t;i<n;i++)
       { fwrite(&st[i],sizeof(struct student),1,fp1);
         printf("\n %8s%8s",st[i].num,st[i].name);
         for(j=0;j<3;j++)
              printf("%8d",st[i].score[j]);
         printf("10.2f",st[i].ave);
       fclose(fp);
       fclose(fp1);
       }
   }
```

参 考 文 献

何钦铭，颜晖．2008．C语言程序设计．北京：高等教育出版社．

教育部考试中心．2013．全计算机等级考试二级教程：C语言程序设计．2013年版．北京：高等教育出版社．

姜学锋等．2007．基础课程C语言程序设计实验教程．西安：西北工业大学出版社．

廖雷，罗代忠．2005．C语言程序设计基础实验教程．北京：高等教育出版社．

蔺德军等．2007．C语言程序设计实验指导．北京：国防工业出版社．

苏小红等．2013．C语言程序设计学习指导．2版．北京：高等教育出版社．

苏小红等．2013．C语言大学实用教程学习指导．3版．北京：电子工业出版社．

童启等．2011．C语言程序设计实验指导．北京：国防工业出版社．

谭浩强，张基温．2006．C语言程序设计教程．3版．北京：高等教育出版社．

谭浩强．2000．C语言程序设计题解与上机指导．北京：清华大学出版社．

王成端，魏先民．2005．C语言程序设计实训．北京：中国水利水电出版社．

夏素霞．2007．C语言程序设计实验指导．北京：北京邮电大学出版社．

颜晖等．2012．C语言程序设计实验与习题指导．2版．北京：高等教育出版社．

颜晖．2008．C语言程序设计实验指导．北京：高等教育出版社．

张建伟，刘强等．2009．大学C语言程序设计实践教程．北京：高等教育出版社．